21世纪高等学校系列教材
Textbook Series of 21st Century

热电联产

主　编　刘志真
副主编　邱丽霞
编　写　李　琳
主　审　武学素

中国电力出版社
CHINA ELECTRIC POWER PRESS

内 容 提 要

本书阐述了热电联产、热电冷三联产的基本原理，热电厂的热经济性，热经济性指标，热力设备及热力系统等内容。主要内容包括凝汽式发电厂的能量转换及热经济性、热负荷概述、热电厂的热经济性及其指标、给水回热加热及除氧系统、供热设备及系统、水热网供热的调节方法、供热式汽轮机、发电厂的热力系统等。

本书为高等学校“热能工程”、“热电联产与城市集中供热”、“电厂热能与动力工程”、“电厂集控运行”专业本专科“热电联产”课程教材，也可供有关专业师生和相关企业的工程技术人员参考。

图书在版编目（CIP）数据

热电联产/刘志真主编．—北京：中国电力出版社，2006.11（2021.5重印）
21世纪高等学校规划教材
ISBN 978-7-5083-4640-3

Ⅰ.热…　Ⅱ.刘…　Ⅲ.热电厂-热能-综合利用-高等学校-教材　Ⅳ.TM611

中国版本图书馆CIP数据核字(2006)第099278号

中国电力出版社出版、发行
（北京市东城区北京站西街19号　100005　http://www.cepp.sgcc.com.cn）
北京雁林吉兆印刷有限公司印刷
各地新华书店经售

*

2006年11月第一版　2021年5月北京第十次印刷
787毫米×1092毫米　16开本　9.5印张　228千字
定价 28.00 元

前　　言

由于节能工作的需要、环境保护的要求，工业用热需求量增大，民用采暖和生活用热迅速增加，农村小热电的飞速发展，再加上政府的大力支持，中国的热电联产前景广阔。本书根据热电联产的发展现状及前景，结合世界热电联产呈现出的新发展趋势，如机组容量增大，使用天然气、煤层气等清洁燃料，出现主要使用天然气的小型热电冷三联产新型能源系统等，大小容量机组并重，重点阐述了热电联产及热电冷三联产的基本原理、热负荷特性及计算、热电厂的热经济性及其指标、热电厂热力设备的基本结构及工作原理、水热网供热的调节方法、热力系统以及热力计算等内容。

本书由山东电力研究院刘志真任主编，负责全书的统稿，编写绪论、第一、二、三、四、五章；山西大学工程学院邱丽霞任副主编，编写第六、七、九章；山东电力研究院李琳编写第八章。

全书由西安交通大学武学素教授主审。武教授对本书进行了认真仔细地审阅，提出了诸多宝贵意见，使我们获益匪浅，也使本书得以增辉，编者在此深表谢意。

本书在编写过程中借鉴了有关兄弟院校、制造厂、设计院和热电厂的诸多宝贵资料，编者在此表示诚挚的谢意。

由于编者水平所限，书中难免存在一些缺点和不妥之处，恳请读者批评指正。

编　者

2006 年 3 月

目　录

绪　　论

一、国内外热电联产的发展概况

热电联产是根据能源梯级利用原理，先将煤、天然气等一次能源发电，再将发电后的余热用于供热的先进能源利用形式。热电联产与热电分产相比具有如下优点：①节约能源；②减轻大气污染、改善环境质量；③增加电力供应；④节约城市用地；⑤提高供热质量；⑥便于综合利用；⑦改善城市形象；⑧减少安全事故等。因此世界各国都在大力发展热电联产。国内外热电联产的发展概况如下。

1. 国外热电联产发展概况

19世纪70年代末期，在欧洲一些人口密集的城区，开始出现了由往复式蒸汽机带动的发电机，并对蒸汽机的乏汽加以利用，这便是早期的热电联产系统。在20世纪早期，由于纯发电开始产生显著的规模效益，热电联产系统没能得到发展。二战后，区域供热在北欧、前苏联以及一些东欧国家得到普遍应用，并带动了热电联产的发展。而在欧洲其他国家，由于燃料丰富、廉价，热电联产发展缓慢。在经历了1973/1974年和1979/1980年两次石油危机后，热电联产开始受到西方国家的重视。特别是美国、俄罗斯、欧洲等国及我国台湾地区对热电联产都很重视。

欧共体在90年代支持了45项热电联产工程，2000年热电联产发电量已占总发电量的9%，计划2010年达到18%。荷兰目前热电联产已占发电市场的40%。丹麦是世界上对热电联产优惠政策最多的国家之一。丹麦积极鼓励发展热电联产，通过制定高能效标准来遏制发展单纯的火力发电机组。在丹麦实现了严格的能源环境税收机制，对于能效不达标的发电系统征收0.1丹麦克朗/（kW·h）的税款，对于达到标准的电力免税，对于可再生能源和超低排放，从该项税收直接进行补贴。这一政策的出台最终导致全国没有一个火电厂不供热，没有一个工业锅炉不发电，全国的能源利用效率超过60%，特别是火力发电系统。2000年丹麦热电联产的发电量占总发电量的61.6%，供热量占区域供热的60%。20年间国民生产总值增长了43%，而能源消耗实现零增长，其中最关键的技术就是大力发展热电联产。美国近年来热电联产发展迅速，热电联产装机容量在1980～1995年的15年间由12000MW增加至45000MW，2000年已占总装机容量的7%，计划2010年占总装机容量的14%，2020年占总装机容量的29%。在日本能源供应领域中，主要以热电联产系统为热源的区域供热（冷）系统是仅次于燃气、电力的第三大公益事业，到1996年共有132个区域供热（冷）系统。俄罗斯早在1993年热电装机已达6530万kW。热电厂的发电量占总发电量的33%以上，1993年热电机组的平均发电标准煤耗率仅为268.5g/（kW·h）。

2. 我国热电联产发展概况

我国政府也越来越重视发展热电联产。1997年制定的《中国21世纪议程》和《中华人民共和国节约能源法》，2000年制定的《中华人民共和国大气污染防治法》等法规，都明确鼓励发展热电联产。2004年国务院转发国家发改委的《节能中长期专项规划》中，已经将热电联产作为重点领域和重点工程。〔2000〕1268号文《关于发展热电联产的规定》是现阶段在鼓励发展热电联产方面最全面、最具体的指导我国热电联产发展的纲领性文件，在促进我国热电联产发展中已经发挥并将长期发挥重要指导作用。

我国早在建国初期，学习苏联经验，重视发展热电联产建设。在供热机组占全部火电设备总容量中，从1952年的2%增加到1957年的17%，仅低于苏联，居世界第二位。在经历了70年代的发展低潮后，随着改革开放和经济的发展，我国热电联产又取得了很大进展。截止到2003年底，全国6000kW及以上供热机组共2121台，总容量达4369万kW、6000kW及以上热电机组占全国火电同容量机组的15.7%，占全国发电机组总容量的11.16%，已远远超过核电机组比重。承担了全国总供热蒸汽的65.89%，热水的32.66%。

运行的热电厂中，规模最大的为太原第一热电厂，装机容量1386MW，在北京、沈阳、吉林、长春、郑州、天津、邯郸、衡水、秦皇岛和太原等大城市已有一批20万kW、30万kW大型抽汽冷凝两用机组在运行，星罗棋布的热电厂不仅在中国的大江南北，长城内外迅速发展，就连黑河，海拉尔、石河子和海南岛这些边疆城市也开花结果，区域热电厂从城市的工业区，蔓延到了乡镇工业开发区，苏州地区一些村镇办热电厂也在发挥着重要作用。最近几年由于市场经济的发展，一些大中城市也开始安装大型供热机组。已有一批热电冷三联产的实践经验。

在负责城市集中供热的热力公司中，规模最大的为北京市热力公司，现已有供热管网514km，供热面积7800万m^2。供应蒸汽105个工业用户897t/h，大小热力站共1317个。已建成的热力管网：蒸汽管直径1000mm，热水管直径1400mm。

城市民用建筑集中供热面积增长较快，并向过渡区发展。全国集中供热面积中，公共建筑占33.12%，民用建筑占59.76%，其他占7.11%，民用建筑集中供热有如下特点：①三北地区集中供热以民用建筑为主，如北京市民用建筑为72.66%，河北为66.54%，辽宁为67.5%，山东为51.97%。②城市集中供热逐步向过渡区发展，如上海、江苏、浙江、安徽等省市均已有集中供热，但以公共建筑和工厂为主，如上海为61.72%，江苏为53.35%，安徽为39.55%。城市供热管网的建设也有很大发展。

无论从供热能力上看，还是从供热总量上看，热电联产均占全国蒸汽总供热能力和总供热量的60%～70%。如2002年，全国总供热能力为83346t/h，热电联产为59946t/h，占72%。全国供热总量为57438万GJ，热电联产为37847万GJ，占66%。

3. 我国热电联产的发展前景

由于节能工作的需要、环境保护的要求、工业用热需求量大、民用采暖和生活用热迅速增加、农村小热电的发展具有十分广阔的市场，再加上政府的大力支持，中国的热电联产前景广阔。

热、电、冷三联产发展迅速：随着工业的发展和人民生活水平的提高，采暖范围已突破数年前中央的规定范围，由北方向南方的一些地区扩展，在南方的一些省、市，由于银行、宾馆、饭店、商场和文体设施等公用建筑的增加，人民居住条件的变化，对空调制冷的需要也日益迫切，为此，一些地区已发展一批以热电厂为热源的集中供热与制冷系统，溴化锂制冷负荷的增加，使热电厂的综合效益明显提高，现已出现迅速增加热、电、冷三联产的势头。

国家发展改革委员会编制的《2010年热电联产发展规划及2020年远景发展目标》提出：到2020年，全国热电联产总装机容量将达到2亿kW，其中城市集中供热和工业生产用热的热电联产装机容量都约为1亿kW。预计到2020年，全国总发电装机容量将达到9亿kW左右，热电联产将占全国发电总装机容量的22%，在火电机组中的比例为37%左右。根据上述规划，2001年～2020年期间，全国每年要增加热电联产装机容量约900万kW，年增加节能能力约800万t标准煤。

4. 世界热电联产主要发展趋势

①应用范围普遍化：世界各国尤其是西方等国都在大力发展热电联产，热电装机容量占总装机容量的比重越来越大。②机组容量大型化：台湾已有60万kW供热机组在运行，北京、沈阳等中心城市已有20万、30万kW大型抽汽冷凝两用机组在运行。③洁净煤技术高新化：在洁净煤技术系列中，与热电联产紧密相关的是脱硫、脱尘、脱氮技术。循环流化床锅炉煤种适应性广、燃烧效率高、脱硫率可达到98%，NO_x、CO也能低排放，因此得到大力推广应用。欧洲、美国、日本电站锅炉均配有静电除尘器和布袋除尘器，除尘效率在99.9%以上。④节能技术系统化：不但围绕供热机组开发应用节能技术，而且也围绕供热管网、采暖系统和住宅采暖开发应用节能技术。⑤热能消费计量化：西方等国的经验表明，采用按热计量收费可节约能源20%～30%，北京、天津、青岛、烟台、沈阳等城市在集中供热中按热量收费工作走在了全国的前列。⑥使用燃料清洁化：世界各国热电联产都在努力降低燃煤比重，积极开发利用天然气、煤层气、地热等各种清洁燃料。我国《关于发展热电联产的规定》1268号文就指出鼓励使用清洁能源，鼓励发展热、电、冷联产技术和热、电、煤气联供，以提高热能综合利用效率。积极支持发展燃气—蒸汽联合循环热电联产。⑦能源系统新型化：新型能源系统主要是使用天然气的小型热电冷联产系统，它具有三个特点，一是主要使用天然气，二是热电冷三联产，三是机组小型化。我国《关于发展热电联产的规定》1268号文就指出以小型燃气发电机组和余热锅炉等设备组成的小型热电联产系统，在有条件的地区应逐步推广。⑧投资经营市场化：西方国家已经实现了供热反垄断，并扩大国际开放。中国入世有力地推动了供热事业的市场化进程。

二、热电厂的类型

热电厂根据能源分为燃煤型、燃气型、核能等热电厂；根据原动机类型分为汽轮机型、燃气轮机型、内燃机型、燃料电池型、燃气轮机和汽轮机联合循环型热电厂等；根据热电厂功能分为热电联产型，热电冷三联产型，煤气、热力和电力三联产型热电厂等。

三、本课程的任务及作用

在已修完工程热力学、锅炉原理、汽轮机原理等课程的基础上，本课程着重阐述热电联产及热电冷三联产的基本原理、热电厂的热经济性及指标、热电厂热力设备的基本结构及工作原理、水热网供热的调节方法、热力系统以及热力计算等内容。

“热电联产”是一门与生产、工程实际紧密相联的综合性课程，通过本课程的学习将为学生从事这方面的工作打下一定的基础。

第一章　凝汽式发电厂的能量转换及热经济性

第一节　凝汽式发电厂能量转换过程中的损失和效率

凝汽式发电厂是将燃料化学能转换为电能的生产场所，其能量转换过程为燃料的化学能通过锅炉转换成蒸汽的热能，蒸汽在汽轮机中膨胀做功，蒸汽的热能转换成机械能，机械能通过发电机转换成电能。

在发电厂能量转换及传递过程的不同阶段，存在着大小不等、原因各异的能量损失。发电厂热经济性是通过能量转换过程中能量的利用程度或损失大小来衡量或评价的。评价发电厂热经济性的基本方法主要有两种：以热力学第一定律为基础的热量法（热效率法）；以热力学第二定律为基础的熵方法（做功能力损失法）或㶲方法（做功能力法）。

热量法以热效率的高低作为评价能量转换过程完善程度的指标。热效率是某一热力循环中装置或设备有效利用的能量占所消耗能量（输入能量）的百分数，其意义是表明能量转换的利用率。热量法的实质是能量的数量平衡，具有直观、计算方便、简捷等优点，目前被世界各国广泛应用于定量计算。本书主要用热量法来研究发电厂的能量转换过程和热经济性。

能量转换及传递过程的热平衡式为

$$\text{输入热量}=\text{有效利用热量}+\text{损失热量}$$

$$\text{热效率}=\frac{\text{有效利用热量}}{\text{输入总热量}}\times 100\% = \left(1-\frac{\text{损失热量}}{\text{输入总热量}}\right)\times 100\%$$

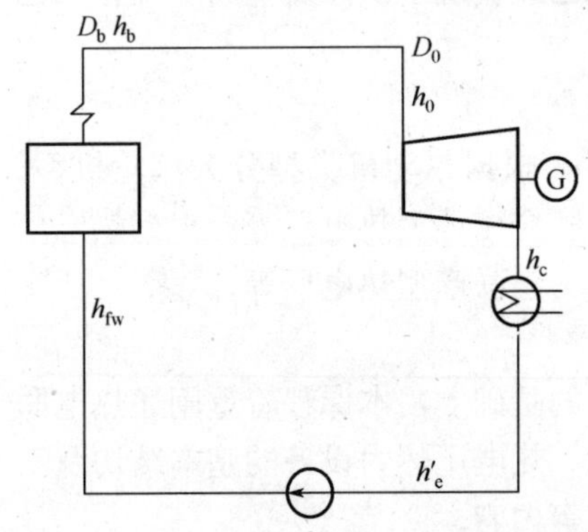

图 1 - 1　简单凝汽式发电厂热力系统

下面以图 1 - 1 所示的简单凝汽式发电厂为例，应用热量法阐述凝汽式发电厂的各种热损失和热效率。

一、锅炉的热损失与锅炉效率 $\boldsymbol{\eta_b}$

在锅炉内，燃料的化学能并不是全部转换为蒸汽的热能，主要的热损失有：排烟热损失、化学不完全燃烧热损失、机械不完全燃烧热损失、散热损失以及灰渣热损失等。

锅炉效率 η_b 等于锅炉的热负荷 Q_b 与锅炉消耗燃料热量 Q_{cp} 之比，即

$$\eta_b=\frac{Q_b}{Q_{cp}}=\frac{D_b(h_b-h_{fw})}{BQ_{net}} \tag{1 - 1}$$

式中　D_b——锅炉的蒸发量即每小时生产的蒸汽量，kg/h；

h_b——过热器出口蒸汽比焓，kJ/kg；

h_{fw}——锅炉给水比焓，kJ/kg；

B——锅炉每小时消耗燃料量，kg/h；

Q_{net}——燃料的低位发热量，kJ/kg。

锅炉效率的大小反映了锅炉设备的完善程度，其影响因素有：锅炉的参数、容量、结构

特性及燃料种类等。一般大型锅炉 $\eta_b = 0.90 \sim 0.94$ 。

二、管道热损失与管道效率 η_p

锅炉生产的蒸汽通过主蒸汽管道进入汽轮机时，会有一部分热损失，其大小用管道效率 η_p 表示，它等于汽轮机设备的热耗量 Q_0 与锅炉热负荷 Q_b 之比，即

$$\eta_p = \frac{Q_0}{Q_b} = \frac{D_0(h_0 - h_{fw})}{D_b(h_b - h_{fw})} \tag{1-2}$$

式中　h_0——汽轮机的进汽比焓，kJ/kg。

管道效率反映了管道设施保温的完善程度和工质损失热量的大小。不计工质损失，一般 $\eta_p = 0.98 \sim 0.99$ 。

三、汽轮机的冷源损失与汽轮机内效率

汽轮机的冷源损失包括固有冷源损失和附加冷源损失两部分。

1. 固有冷源损失与理想循环热效率 η_t

固有冷源损失是指理想情况下蒸汽在汽轮机中定熵膨胀时汽轮机排汽在凝汽器内的放热量（1kg 排汽放热量为 $h_{ca} - h_c'$ ），是理想情况下汽轮机也不可避免的冷源损失。这部分热损失的大小决定于热力循环的类型和参数，通常用理想循环热效率 η_t 来表示，它等于单位时间内循环理想功与循环热耗量之比，即

$$\eta_t = \frac{W_{ia}}{Q_0} = \frac{D_0(h_0 - h_{ca})}{D_0(h_0 - h_{fw})} \tag{1-3}$$

式中　W_{ia}——汽轮机理想内功率，kJ/h；

h_{ca}——理想情况下汽轮机排汽比焓。

理想循环热效率 η_t 说明热力循环类型与参数的先进性，一般 $\eta_t = 0.40 \sim 0.46$ 。

2. 附加冷源损失与汽轮机的相对内效率 η_{ri}

蒸汽在汽轮机中实际膨胀做功时存在进汽节流、排汽及内部（包括漏汽、湿汽等）损失，这些损失使蒸汽做功减少，实际排汽比焓 h_c 大于理想排汽比焓 h_{ca}，实际做功过程 1kg 排汽在凝汽器内的放热量（$h_c - h'_c$）大于理想情况下 1kg 排汽在凝汽器内的放热量（$h_{ca} - h_c'$），两放热量之差（$h_c - h_{ca}$）即为附加冷源损失。附加冷源损失的大小，用汽轮机的相对内效率 η_{ri} 来表示，它等于单位时间内蒸汽在汽轮机中所做的实际内功 W_i 与理想内功 W_{ia} 之比，即

$$\eta_{ri} = \frac{W_i}{W_{ia}} = \frac{D_0(h_0 - h_c)}{D_0(h_0 - h_{ca})} \tag{1-4}$$

式中　W_i——汽轮机实际内功率，kJ/h。

汽轮机的相对内效率 η_{ri} 说明汽轮机内部构造的完善程度。

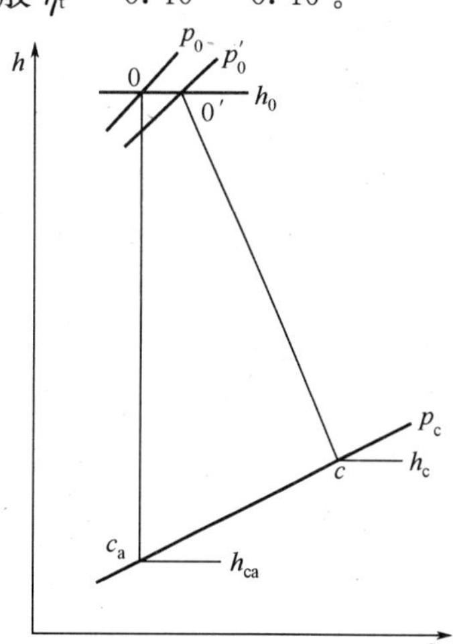

图 1-2　蒸汽膨胀过程线

3. 汽轮机的冷源损失与汽轮机的绝对内效率 η_i

固有冷源损失与附加冷源损失之和为汽轮机总的冷源损失，其大小用汽轮机的绝对内效率 η_i 来表示。绝对内效率 η_i 是实际循环热效率，为单位时间内实际内功与汽轮机的热耗量之比，即

$$\eta_{i}=\frac{W_{i}}{Q_{0}}=\frac{3600P_{i}}{Q_{0}}=\frac{D_{0}(h_{0}-h_{c})}{D_{0}(h_{0}-h_{fw})}=\eta_{t}\eta_{ri} \tag{1-5}$$

式中　P_i——汽轮机实际内功率，$P_i=W_i/3600$，kW。

汽轮机的绝对内效率 η_i 反映汽轮机热经济性的高低，不仅反映热量的利用率，还反映热功转换的程度，既是数量指标，又是质量指标。

四、汽轮机的机械损失及机械效率 η_m

汽轮机的机械损失包括汽轮机各轴承的摩擦损失、汽轮机调节系统和油系统的能耗。汽轮机机械损失的大小用汽轮机的机械效率 η_m 来评价。它等于汽轮机输出给发电机轴端的功率 P_{ax} 与汽轮机内功率 P_i 之比，即

$$\eta_{m}=\frac{P_{ax}}{P_{i}} \tag{1-6}$$

一般 $\eta_m=0.99$。

五、发电机的能量损失与发电机效率 η_g

发电机的能量损失包括机械方面的轴承摩擦损失、发电机内冷却介质的摩擦和铜损（线圈发热）、铁损（铁芯涡流发热等）造成的耗功。此项损失大小用发电机效率 η_g 进行评价。它等于发电机输出的电功率 P_e 与汽轮机输出给发电机轴端的功率 P_{ax} 之比，即

$$\eta_{g}=\frac{P_{e}}{P_{ax}} \tag{1-7}$$

大中型发电机效率一般为 $\eta_g=0.96\sim0.99$。

六、凝汽式发电厂的能量损失与效率 η_{cp}

上述能量损失的总和就是整个凝汽式发电厂能量损失，其大小用凝汽式发电厂效率 η_{cp} 来表示。它等于发电厂发出的电能与燃料供给的热量之比，即

$$\eta_{cp}=\frac{3600P_{e}}{Q_{cp}}=\frac{3600P_{e}}{BQ_{net}} \tag{1-8}$$

凝汽式发电厂热效率与各设备的分效率的关系为

$$\eta_{cp}=\frac{3600P_{e}}{BQ_{net}}=\frac{3600P_{e}}{Q_{cp}}=\eta_{b}\eta_{p}\eta_{t}\eta_{ri}\eta_{m}\eta_{g}=\eta_{b}\eta_{p}\eta_{i}\eta_{m}\eta_{g} \tag{1-9}$$

一般　　　　　$\eta_{cp}=0.259\sim0.42$。

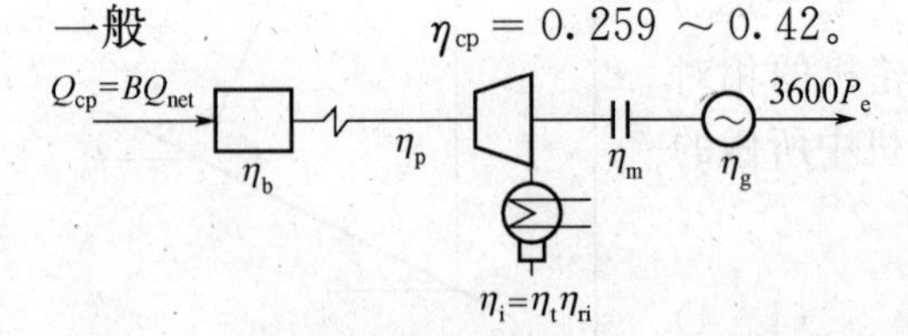

图 1-3　凝汽式发电厂能量转换过程的热效率

式（1-9）表明，凝汽式发电厂的总效率决定于各设备的分效率，其中任一设备热经济性的改善，都可能使电厂效率有所提高，两者提高的相对值相等。为了提高发电厂的热经济性，必须提高每一个设备对能量的利用率。从能量的数量上讲，汽轮机的固有冷源损失是所有热损失中最大的。在上述效率中，管道效率、汽轮机机械效率、发电机效率再提高的幅度不大，再提高对电厂效率的影响也较小；而理想循环热效率和汽轮机的相对内效率较低，即汽轮机的绝对内效率低，使凝汽式发电厂效率一般低于40%。因此，提高 η_{cp} 的主攻方向集中在提高 η_i 上，即要想提高整个电厂的热效率，除了要提高锅炉效率外，还要提高理想循环热效率和汽轮机的相对内效率，降低数量最大的固有冷源损失和数量较大的附加冷源损失。

与热量法结论不同，熵方法、㶲方法认为：凝汽式发电厂能量转换过程中存在各种做功能力损失，如温差换热、工质膨胀和压缩过程、工质节流等过程中的做功能力损失，其中锅炉的做功能力损失最大，汽轮机内部的做功能力损失次之，而凝汽器中做功能力损失却很小。原因在于锅炉的传热温差很大，引起的做功能力损失很大，凝汽器中虽然热量损失大，但其品位很低，所以做功能力损失很小。

要提高凝汽式发电厂热经济性，就要降低发电厂能量转换过程中的做功能力损失，具体途径主要有提高蒸汽初参数、降低蒸汽终参数，采用回热、再热、热电联产等。

第二节　凝汽式发电厂的主要热经济指标

目前，世界各国均用热量法制定了热经济性指标来定量评价凝汽式发电厂的热经济性。下面介绍凝汽式发电厂常用的几个主要热经济指标。

一、汽轮发电机组的主要热经济指标

1. 汽耗量 D_0

$$D_0 = \frac{3600P_e}{(h_0 - h_c)\eta_m\eta_g}, \text{kg/h} \tag{1-10}$$

2. 汽耗率 d_0

d_0 是指汽轮发电机组每生产 1kW·h 的电能所消耗的蒸汽量，用下式计算：

$$d_0 = \frac{D_0}{P_e} = \frac{3600}{(h_0 - h_c)\eta_m\eta_g}, \text{kg/(kW·h)} \tag{1-11}$$

汽耗率不适宜用来比较不同类型机组的经济性，而只能对同类型同参数汽轮机评价其运行管理水平。

3. 热耗量 Q_0

$$Q_0 = D_0(h_0 - h_{fw}) = \frac{3600P_e}{\frac{h_0 - h_c}{h_0 - h_{fw}}\eta_m\eta_g} = \frac{3600P_e}{\eta_i\eta_m\eta_g} = \frac{3600P_e}{\eta_e}, \text{kJ/h} \tag{1-12}$$

式中　η_e——汽轮发电机组的绝对电效率，$\eta_e = \eta_i\eta_m\eta_g$。

4. 热耗率 q_0

q_0 是指汽轮发电机组每生产 1kW·h 电能所消耗的热量，用下式计算：

$$q_0 = \frac{Q_0}{P_e} = d_0(h_0 - h_{fw}) = \frac{3600}{\eta_i\eta_m\eta_g} = \frac{3600}{\eta_e}, \text{kJ/(kW·h)} \tag{1-13}$$

式中　η_e——汽轮发电机组的绝对电效率。

汽轮发电机组的热耗率和绝对电效率都是衡量汽轮发电机组热经济性的主要指标，不同的是：热耗率以热量形式表示，绝对电效率以效率形式表示。由于热耗率物理概念明确，便于人们理解，所以国内外电力行业都习惯用它作为汽轮发电机组的主要热经济指标。热耗率的大小，不仅与热力循环类型、汽轮机设备的完善程度有关，还与运行、维修的工作质量有关。

二、全厂性的主要热经济指标

1. 发电厂热效率 η_{cp}

$$\eta_{cp} = \frac{3600P_e}{BQ_{net}} = \frac{3600P_e}{Q_{cp}} = \eta_b\eta_p\eta_t\eta_{ri}\eta_m\eta_g \tag{1-14}$$

2. 发电厂净热效率 η_{cp}^{n}

发电厂效率 η_{cp} 没有考虑发电厂厂用电（P_{ap}）的消耗，衡量电厂的热经济性应以电厂对外供多少电为依据，η_{cp} 是发电的热效率，或称发电厂的毛热耗率，扣除厂用电容量 P_{ap}（kW）的全厂热效率称发电厂的净热效率 η_{cp}^{n}，用下式计算：

$$\eta_{cp}^{n}=\frac{3600(P_{e}-P_{ap})}{BQ_{net}}=\frac{3600P_{e}\left(1-\frac{P_{ap}}{P_{e}}\right)}{Q_{cp}}=\eta_{cp}(1-\zeta_{ap}) \tag{1-15}$$

式中 P_{ap}——厂用电功率，kW；

ζ_{ap}——厂用电率，$\zeta_{ap}=P_{ap}/P_{e}$。

2001年，我国火力发电厂平均厂用电率为7.25%，水电为0.46%。

3. 发电厂热耗量 Q_{cp}

$$Q_{cp}=BQ_{net}=\frac{3600P_{e}}{\eta_{cp}}=\frac{3600P_{e}}{\eta_{b}\eta_{p}\eta_{i}\eta_{m}\eta_{g}}=\frac{1}{\eta_{b}\eta_{p}}\cdot\frac{3600P_{e}}{\eta_{i}\eta_{m}\eta_{g}}=\frac{Q_{0}}{\eta_{b}\eta_{p}},\mathrm{kJ/h} \tag{1-16}$$

4. 发电厂热耗率 q_{cp}

q_{cp} 是指发电厂每生产1kW·h电能所消耗的燃料总热量，用下式计算：

$$q_{cp}=\frac{Q_{cp}}{P_{e}}=\frac{3600}{\eta_{cp}}=\frac{q_{0}}{\eta_{b}\eta_{p}},\mathrm{kJ/(kW\cdot h)} \tag{1-17}$$

5. 发电实际煤耗量 B_{cp}

$$B_{cp}=\frac{3600P_{e}}{\eta_{cp}Q_{net}},\mathrm{kg/h} \tag{1-18}$$

6. 发电实际煤耗率 b_{cp}

b_{cp} 是指发电厂每生产1kW·h电能所消耗的煤量，用下式计算：

$$b_{cp}=\frac{B_{cp}}{P_{e}}=\frac{3600}{\eta_{cp}Q_{net}},\mathrm{kg/(kW\cdot h)} \tag{1-19}$$

发电实际煤耗率 b_{cp} 受实际煤的低位发热量 Q_{net} 影响。为便于各电厂横向比较，消除此影响，引入标准煤，标准煤的 $Q_{net}=29270\mathrm{kJ/kg}$，采用发电标准煤耗率 b_{cp}^{s} 作为通用的热经济性指标。

7. 发电标准煤耗率 b_{cp}^{s}

b_{cp}^{s} 是指发电厂每生产1kW·h电能所消耗的标准煤量，用下式计算：

$$b_{cp}^{s}=\frac{B_{cp}^{s}}{P_{e}}=\frac{3600}{29270\eta_{cp}}\approx\frac{0.123}{\eta_{cp}},\text{kg 标准煤}/(\mathrm{kW\cdot h})$$

$$=\frac{123}{\eta_{cp}},\text{g 标准煤}/(\mathrm{kW\cdot h}) \tag{1-20}$$

2001年，我国平均发电标准煤耗率为357g/（kW·h）。

8. 供电标准煤耗率 $b_{cp}^{s,n}$

$b_{cp}^{s,n}$ 是指发电厂每向外供出1kW·h电能所消耗的标准煤量，用下式计算：

$$b_{cp}^{s,n}=\frac{B_{cp}^{s}}{P_{e}-P_{ap}}=\frac{B_{cp}^{s}}{P_{e}(1-\zeta_{ap})}=\frac{b_{cp}^{s}}{1-\zeta_{ap}}\approx\frac{0.123}{\eta_{cp}(1-\zeta_{ap})},\text{kg 标准煤}/(\mathrm{kW\cdot h})$$

$$=\frac{123}{\eta_{cp}(1-\zeta_{ap})},\text{g 标准煤}/(\mathrm{kW\cdot h}) \tag{1-21}$$

表 1-1 我国火力发电厂历年平均供电标准煤耗率 g/(kW·h)

年份	1950	1960	1970	1980	1990	1998	1999	2000	2001	2002	2003
全国平均供电标准煤耗率	909	600	502	448	427	404	399	392	385	381	377

表 1-2 国产燃煤汽轮发电机组的主要技术参数

单机容量(MW)	蒸汽参数		η_{ri}	η_i	d [kg/(kW·h)]	q [kJ/(kW·h)]	供电标准煤耗与效率		
	压力(MPa)	温度/再热温度(℃)					煤耗[g/(kW·h)]	平均煤耗[g/(kW·h)]	供电效率(%)
6～25	3.43	435	0.82～0.85	0.31～0.33	4.7～4.1	12414～11250	500～510	505	24.33
50～100	8.83	535	0.85～0.87	0.37～0.40	3.9～3.5	10000～9231	391～429	409	30.04
125 200	13.24 12.75	550/550 535/535	0.86～0.89	0.43～0.45	3.1～2.9	8612～8238	382～386 376～388	384 382	31.99 32.16
300 600	16.18 16.67	550/550 537/537	0.88～0.90	0.45～0.48	3.2～2.8	8219～7579	376～382 320～342	379 331	32.42 37.12

表 1-3 根据中国电力企业联合会的资料，2004 年全国大中型火力发电厂供电煤耗

g/(kW·h)

容量等级	统计台数	全国平均	国产机最好水平	进口机最好水平
100～110MW	70	395	382.06	404.2
120～199MW	96	374.24	344.39	384
200～220MW	143	367.39	345.1	352
250～330MW	186	342.43	319.2	319.93
350MW	53	328.76	312.8	314.4
500～600MW	31	330.05	331.5	304.3
660MW 以上	7	321.81	无	312

第二章 热负荷概述

第一节 热负荷分类、特性及计算

一、热负荷概念

随着社会的进步，生产的发展，人民生活水平的提高，人们不仅需要电能，还需要消耗越来越多的热能。热能也与电能一样，几乎不能大量储存。热能生产过程必须随时保持产、供、销平衡，并应保证热能供应的可靠性和经济性。

从集中供热系统获得热量的用热单位称为该系统的热用户。若热量从热电厂来，用热单位称为热电厂的热用户。热用户单位时间内消耗的热量称为热负荷。由热电厂通过热网向热用户供应的不同用途的热量，称为热电厂的热负荷。

二、热负荷分类

无论是住宅建筑、社会公用建筑、还是工业企业建筑物等都有各种目的的热消耗。当热量用于达到不同目的时，它的需要量（单位时间供应的热量 GJ/h，或流量 t/h）、负荷随时间变化的规律（即热负荷特性）、对载热质的种类（蒸汽或热水）及参数（压力、温度）的要求都是不同的，这就要求把不同种类的热负荷分别研究。

根据热负荷用途，可以将各种各样的热负荷分为采暖热负荷、通风热负荷、空调热负荷（空调冬季采暖热负荷、空调夏季制冷热负荷）、热水供应热负荷、生产工艺热负荷等。

根据热用户的不同，可以将热负荷分为两大类：民用热负荷和工业热负荷。民用热负荷包括采暖、通风、空调及生活热水热负荷。工业热负荷包括生产工艺热负荷、生活热负荷和工业建筑的采暖、通风、空调热负荷。

根据热负荷随时间变化的特性，可以将热负荷分为两大类：全年性热负荷和季节性热负荷。全年性热负荷与气候条件及室外温度基本无关，一年四季变化不大，而一昼夜内变化可能较大，但在全年和每昼夜的变化规律大致相同。属于全年性热负荷的主要有生产工艺热负荷和热水供应热负荷。生产工艺热负荷直接取决于生产状况，热水供应热负荷与生活水平、生活习惯以及居民成分等有关。季节性热负荷与室外空气温度、空气湿度、风向、风速、太阳辐射等气候条件密切相关，其中对它的大小起决定性作用的是室外温度，它在全天中相对比较稳定而在全年中变化很大。属于季节性热负荷的有采暖、通风、空调热负荷等。为了增加热电厂的热经济性，提高供热机组供热设备的利用率，应努力发展反季节性热负荷，如已有采暖热负荷，就应谋求发展溴化锂制冷热负荷。

各类热负荷特点如表 2-1 所示。

三、热负荷特性及计算

确定热负荷是热电厂建设项目在可行性研究阶段的工作重点之一，要根据热负荷的大小等条件来决定建设的规模，并使建成的热电厂，在已知热负荷的条件下，热经济指标符合《关于发展热电联产的若干规定》（急计基础［2000］1268 号文）的要求，达到节约能源的目的。因此热电厂的计算都是从确定热负荷开始，经过热负荷的调查、核实、计算整理，最终确定设计热负荷。确定热负荷的主要内容有：

表 2-1　　各类热负荷特点

特点＼类别	生产工艺热负荷	热水供应热负荷	采暖及通风热负荷
用　途	用于生产工艺过程的加热、干燥，蒸馏等。用作动力，如驱动汽锤、压气机、水泵等	印染、漂洗等生产用热水，城市公用设施及民用热水	生产、城市公用事业及民用的采暖及通风
主要用户	石油、化工、轻纺、橡胶、冶金等	生产及人民生活	生产及人民生活
负荷特性	全年性，昼夜变化大，全年变化小	全年性，昼夜变化大，全年变化小	季节性，昼夜变化小，全年变化大
介质及参数	一般为 0.15～0.6MPa，也有高于 1.4～3.0MPa 的蒸汽	60～70℃热水	70～150℃或更高温度的热水或 0.07～0.28MPa 蒸汽
工质损失率	直接供汽 20%～100%间接供汽 0.5%～2%	100%	水网循环水量的 0.5%～2%

（1）确定计算热负荷，即每小时的最大热负荷；

（2）确定热负荷随时间的变化规律（绘制热负荷图）及确定所需的全年热负荷；

（3）确定载热质的种类及其参数。

利用热负荷的最大值以及载热质的种类和参数可以选择热电厂的设备，再加上热负荷随时间的变化规律的资料，即可计算热电厂的热经济指标，以及确定其运行方式。

当缺少有关热用户用热资料时，采暖、通风、空调及生活热水热负荷可采用概略计算方法。

（一）采暖热负荷

采暖的目的是补偿房屋向外界的散热损失，以使室内空气温度维持在规定标准上。采暖热负荷主要包括围护结构的耗热量和门窗缝隙渗透冷空气耗热量。采暖热负荷是城市集中供热系统中最主要的热负荷，其设计热负荷占全部设计热负荷的 80%～90%以上（不包括生产工艺热负荷）。采暖设计热负荷的近似计算，可采用体积热指标法或面积热指标法等。设计选用热指标时，总建筑面积大，围护结构热工性能好，窗户面积小，采用较小值；反之采用较大值。

1. 体积热指标法

冬季采暖系统的热负荷应包括加热由门窗缝隙渗入室内的冷空气的耗热量。

$$Q_h = (1+\mu)q_{h,V}V_o(t_i - t_{o,h}^d)\times 10^{-3}, \mathrm{kW} \quad (2-1)$$

式中　Q_h——采暖设计热负荷，kW；

μ——建筑物空气渗透系数，一般民用建筑物取 $\mu=0$，对于工业建筑物必须考虑 μ 值，不同建筑物的 μ 值是不同的，μ 值可从有关手册中查得；

$q_{h,V}$——建筑物的采暖体积热指标，W/（m^3·℃），它表示各类建筑物，在室内外温差 1℃时，每 1m^3 建筑物外围体积的采暖热负荷，它的取值大小与建筑物的构造和外形有关；查设计规范获得；

V_o——建筑物的外围体积，m^3；

t_i——采暖室内计算温度，℃；

$t_{o,h}^d$——采暖室外计算温度，℃。

采暖室内计算温度 t_i 一般指距地面 2m 以内人们活动地区的平均空气温度，其高低主要决定于人体的生理热平衡要求、生活习惯、人民生活水平的高低、生产要求、国家的经济情况等因素，各国有不同的规定数值。根据 GB 50019—2003《采暖通风和空气调节设计规范》的规定，我国民用建筑物的主要房间 t_i=16～24℃。一般取 16～18℃。

采暖室外计算温度 $t_{o,h}^d$ 的选取在采暖热负荷计算中是一个非常重要的问题。单纯从技术观点来看，采暖系统的最大出力，恰好等于当地出现最冷天气时所需要的冷负荷，是最理想的，但这往往同采暖系统的经济性相违背。$t_{o,h}^d$ 既不是当年当地的最低气温，更不是当地历史上的最低气温，而是取一个比最低室外温度稍高的较合理温度，原因有三：其一，极低的室外温度出现得很少（远非每年都遇到），并且持续时间不长，有时只连续几小时而已；其二，被采暖的房间有热惯性，如果只在短时间内破坏其热平衡状态，对室内温度并不会有多大影响；其三，如果以最低室外温度作为设计系统和选择采暖设备的依据，还会造成设备和投资的浪费。但若以较高的室外温度作为依据，虽投资减小，但会造成设备偏小，在较长的时间里不能保持必要的室内温度，达不到采暖的目的和要求。因此正确地确定和合理地选择采暖室外计算温度是一个技术与经济统一的问题。

我国在广泛调查研究的基础上，结合我国的具体情况确定的，采用当地历年平均每年不保证 5 天的日平均温度作为采暖室外计算温度，即在 20 年统计期间，总共有 100 天的实际日平均温度低于所取的采暖室外计算温度 $t_{o,h}^d$ 。

理论上当室外气温低于室内采暖计算温度时就应供热，实际上由于房屋具有热惯性，所以采暖开始或停止的时间一般滞后于室外气温的变化，我国采用全昼夜室外平均气温+5℃作为开始或停止采暖的日期。采暖期是这样一段时间，在这段时间内，室外温度每日平均不超过某一定值（我国为+5℃。目前，随着生活水平的提高，某些城市高于+5℃），而且采暖期不包括秋末春初时可能发生的个别温度特别低的日子，却包括冬季可能发生个别较暖和的（超过+5℃）日子。正确地选定开始或终止采暖的室外气温（或日期）对采暖质量和合理利用能源具有重要的意义。各地采暖天数和起止日期均有规定。我国北方一些城市的采暖起止时间及采暖室外计算温度 $t_{o,h}^d$ 值如表 2-2 所示。

表 2-2　我国北方一些城市的采暖起止时间及采暖室外计算温度 $t_{o,h}^d$ 值

城市	哈尔滨	长春	乌鲁木齐	沈阳	太原	大连	兰州	天津	北京	济南	青岛
采暖室外计算温度 $t_{o,h}^d$ 值（℃）	−26	−23	−23	−20	−12	−12	−11	−9	−9	−7	−6
采暖起止时间	每年10.20～次年4.20	每年11.1～次年4.15	每年10.15～次年4.15	每年11.1～次年3.31	每年11.1～次年3.31	每年11.15～次年3.31	每年11.1～次年3.31	每年11.15～次年3.15	每年11.15～次年3.15	每年11.15～次年3.15	每年11.16～次年4.5

采暖体积热指标 $q_{h,V}$ 的大小，主要与建筑物的结构及外形有关。建筑物围护层的传热系数越大、采光率越大、外部建筑体积越小、建筑物的长宽比越大，单位体积的热损失，亦即 $q_{h,V}$ 值也越大。因此，从建筑物的围护结构及其外形方面考虑降低 $q_{h,V}$ 值的种种措施，是建筑节能的主要途径，也是降低集中供热系统的采暖设计热负荷的主要途径。对于工业厂房由于采光率不定，不断地采用新式的轻型结构以及厂房内部设备、照明等的放热是变动的，使 $q_{h,V}$ 值变动很大，因此，工业厂房 $q_{h,V}$ 不能依靠纯粹的计算方法确定，而需要由经验来确定。

分析式（2-1）可以看出，采暖热负荷的大小与房屋内外的温度差成正比。由于采暖的室内温度应保持一定，当房屋结构一定时，采暖热负荷的大小主要决定于室外空气温度。采暖热负荷是季节性热负荷，一年中变化剧烈，非采暖期，热负荷为零；当 $t_o = t_{o,h}^d$ 时达最大值。根据以上室外温度的规定，在采暖年持续热负荷曲线上，采暖最大热负荷在20年期间平均每年持续5天时间。

2. 面积热指标法

$$Q_h = q_{h,A}A \times 10^{-3}, \mathrm{kW} \tag{2-2}$$

式中 Q_h——采暖设计热负荷，kW；

$q_{h,A}$——建筑物采暖面积热指标，W/m^2，它表示每 $1m^2$ 建筑面积的采暖设计热负荷，查设计规范获得；

A——建筑物的建筑面积，m^2。

采暖面积热指标法是目前国内、外供热工程中进行设计热负荷近似计算普遍采用的一种方法。建筑物的采暖设计热负荷，主要取决于通过垂直围护结构（墙、门、窗等）向外传递的热量，它与建筑物平面尺寸和层高有关，不是直接取决于建筑平面面积。因此用采暖体积热指标表征建筑物采暖设计热负荷的大小，物理概念清楚，但采用采暖面积热指标法，比体积热指标更易于近似计算。

总面积 A 是用统计方法确定的，准确的 A 值是确定采暖设计热负荷的前提条件（由于供热范围较大，建筑物情况复杂，要作过细的统计才能准确），同时还应把不同类型采暖建筑物的面积加以区别，因为它们的 $q_{h,A}$ 值不同。

正确地选择 $q_{h,A}$ 值，对准确地计算采暖设计热负荷 Q_h 有着重要的作用，它对供热工程中供热式机组的选择、供热面积的确定、热网投资及整个供热系统的热经济性都有重要影响。$q_{h,A}$ 的大小与建筑物的性质、构造和所处地区的气象条件等多种因素有关。规划阶段采用的建筑物采暖面积热指标一般不是单一建筑的热指标，而是包括各种不同性质建筑物（如住宅、公共建筑，工业建筑）综合的平均热指标。选取 $q_{h,A}$ 值应考虑不同国家的生活习惯和水平以及建筑物的特性。

3. 城市规划指标法

当对一个城市新区供热系统规划设计时，各类型的建筑面积尚未具体落实时，可用城市规划指标来估算整个新区的采暖设计热负荷。

根据城市规划指标，首先确定该区的居住人数，然后根据街区规划的人均建筑面积，街区住宅与公共建筑的建筑比例指标，来估算该街区的综合采暖热指标值。利用城市规划指标确定供热规划热负荷的方法，目前在我国应用不多，有待进一步整理和总结这方面的资料。

（二）通风热负荷

生产厂房、公共建筑及居住建筑等建筑物通风的主要任务是使室内空气的清洁度及温湿度达到规定标准。生产厂房的通风系统多数是为了把生产过程产生的有害气体（蒸汽、粉尘或过多的热量）排除，有时采用通风系统是技术或劳动保护的需要。公共建筑物（如机关、商店、剧院）用通风系统把二氧化碳、水分和过多的热量排除。

通风热负荷为加热从机械通风系统进入建筑物的室外空气的耗热量。只有装有强迫送风的通风系统的房屋内才有通风热负荷。其计算可采用通风体积热指标法或百分数法进行近似计算。

1. 通风体积热指标法

$$Q_V = q_V V_o (t_{i,V} - t_{o,v}^d) \times 10^{-3}, kW \quad (2-3)$$

式中 q_V——通风的体积热指标，W/（m^3·℃），它表示建筑物在室内外温差1℃时，每$1m^3$ 建筑物外围体积的通风热负荷。

V_o——建筑物的外围体积，m^3；

$t_{i,V}$——通风室内计算温度，℃；

$t_{o,v}^d$——通风室外计算温度，℃。

通风体积热指标 q_V 值，取决于建筑物的性质和外围体积。当建筑物的内、外部体积一定时，通风热指标的数值主要与通风次数有关，而通风次数取决于建筑物性质和要求，它可由生产、采暖通风资料提供。工业厂房的采暖体积热指标和通风体积热指标 q_V 值，可参考有关设计手册选用。对于一般的民用建筑，室外空气无组织地从门窗等缝隙进入，预热这些空气到室温所需的渗透和侵入耗热量，已计入采暖热负荷中，不必另行计算。

建筑物的通风室内计算温度 $t_{i,V}$ 一般取采暖室内计算温度 t_i。冬季通风室外计算温度 $t_{o,v}^d$，应采用累年最冷月平均温度，累年最冷月系指累年逐月平均气温最低的月份。每当室外气温低于该通风室外计算温度时，因时间不长可采用部分空气再循环以减少换气次数，而总耗热量却不再增加，这样可提高通风设备的利用率，降低运行费用和节约投资。

和采暖热负荷一样，通风热负荷也是季节性热负荷，其大小首先取决于日常的外界空气温度。和采暖热负荷不同的是通风热负荷不是全昼夜的，只有在通风系统工作的时候才有这种热负荷。由于通风系统的使用和各班次工作情况不同，一般公共建筑和工业厂房的通风热负荷在一昼夜间波动也较大。因此通风热负荷一年内是变化的，一昼夜内也是变化的。

2. 百分数法

对有通风空调的民用建筑（如旅馆、体育馆等），通风设计热负荷可按该建筑物的采暖设计热负荷的百分数进行近似计算，即

$$Q_V = K_V Q_h, kW \quad (2-4)$$

式中 K_V——计算建筑物通风热负荷系数，一般取0.3～0.5。

（三）空调热负荷

1. 空调冬季采暖热负荷

空调冬季热负荷主要包括围护结构的耗热量和加热新风耗热量。

$$Q_a = q_a A \times 10^{-3}, kW \quad (2-5)$$

式中 Q_a——空调冬季设计热负荷，kW；

q_a——空调热指标，W/m^2，查设计规范获得；

A——空调建筑物的建筑面积，m^2。

2. 空调夏季制冷热负荷

空调夏季制冷热负荷主要包括围护结构传热、太阳辐射、人体及照明散热等形成的制冷热负荷和新风制冷热负荷。

$$Q_c = \frac{q_c A \times 10^{-3}}{COP}, \text{kW} \tag{2-6}$$

式中 Q_c——空调夏季设计制冷热负荷；

q_c——空调冷指标，W/m^2，查设计规范获得；

A——空调建筑物的建筑面积，m^2；

COP——吸收式制冷机的制冷系数，可取0.7～1.2。

（四）生活热水热负荷

生活热水热负荷为洗脸、洗澡、洗衣服以及洗刷器皿等日常生活用热水所消耗的热量。热量消耗用于加热各种生活目的的水。热水供应热负荷的大小取决于热水用量。生活用热水热负荷全年都存在，在一年各季节内是比较平衡的，但具有昼夜的周期性。每天的热水用量变化不大，小时热水用量变化较大。

1. 生活热水平均小时热负荷 $Q_{hw,av}$

通常首先根据用热水的单位数（如人数、每人次数、床位数等）和相应的热水用水量标准，确定全天的热水用量和耗热量，然后再进一步计算热水供应系统的设计小时热负荷。

采暖期的生活热水平均小时热负荷 $Q_{hw,av}$ 可按下式计算：

$$Q_{hw,av} = \frac{cm\rho V(t_h - t_1)}{T}, \text{kW} \tag{2-7}$$

式中 c——水的比热容量，c=4.1868kJ/（kg·℃）；

m——用热水单位数（住宅为人数，公共建筑为每日人次数，床位数等）；

ρ——水的密度，按 ρ=1000kg/m^3 计算；

V——每个用热水单位每天的热水用量，L/d，查设计规范获得；

t_h——生活热水温度，℃，查设计规范获得，一般为60～65℃

t_1——冷水计算温度，℃，取最低月平均水温，无此资料可查设计规范获得；

T——每天供水小时数，h/d；对住宅、旅馆、医院等，一般取24h。

计算城市居住区生活热水平均热负荷 $Q_{hw,av}$ 还可用估算公式：

$$Q_{hw,av} = q_w A \times 10^{-3}, \text{kW} \tag{2-8}$$

式中 A——居住区的总建筑面积，m^2；

q_w——居住区热水供应的热指标，W/m^2，当无实际统计资料时，可查设计规范获得。

2. 生活热水最大热负荷 $Q_{hw,max}$

建筑物或居住区的热水供应最大热负荷取决于该建筑物或居住区每天使用热水的规律，最大热水热负荷与平均热水热负荷的比值称为小时变化系数。如图2-1中，纵坐标0A表示最大值 $Q_{hw,max}$。在一天 h=24h 内的总热水用热量，等于曲线所包围的面积。将全天总用热量除以每天供水小时数，即为平均热负荷 $Q_{hw,av}$。

$$Q_{hw,max} = K_{hw} Q_{hw,av}, \text{kW} \tag{2-9}$$

式中 K_{hw}——小时变化系数，根据用热水单位数，查设计规范获得。

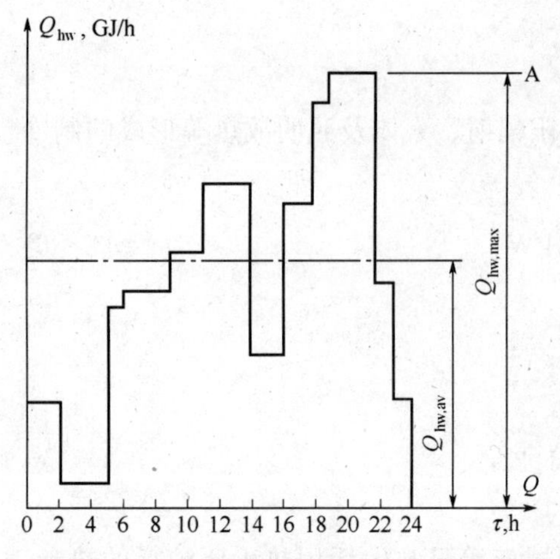

图 2-1　住宅区典型热水供应日热负荷图

建筑物或居住区的用水单位数越多，全天中的最大小时用水量（用热量）越接近于全天的平均小时用水量（用热量），小时变化系数 K_{hw} 值越接近1。热网的热水供应设计热负荷，与用户热水供应系统和热网的连接方式有关。当用户的热水供应系统中有储水箱时，可采用采暖期的热水供应平均热负荷 $Q_{hw,av}$ 计算。当用户无储水箱时，应以采暖期的热水供应最大热负荷 $Q_{hw,max}$ 作为设计热负荷。对城市集中供热系统热网的干线，由于连接的用水单位数目很多，干线的热水供应设计热负荷可按热水供应的平均热负荷 $Q_{hw,av}$ 计算。

除热水供应以外，在工厂、医院、学校等，还可能有开水供应、蒸饭等项用热。这些用热负荷的近似计算，可根据一些指标，参照上述方法计算。例如计算开水供应用热量，加热温度可取105℃，用水标准可取 2～3L/（天·人），蒸饭锅的蒸汽消耗量，当蒸煮量为 100kg 时，约需耗蒸汽 100～250kg（蒸煮量越大，单位耗汽量越小）。一般开水和蒸锅要求的加热蒸汽表压力为 0.15～0.25MPa。

（五）生产工艺热负荷

生产工艺热负荷是为了满足某些生产过程中用于加热、烘干、蒸煮、清洗、溶化等过程的用热，或作为动力用于驱动机械设备（拖动水泵的汽轮机、压气机、蒸汽锤等）。这种热负荷的大小及变化情况完全决定于工艺过程的性质及企业的生产制度。对于推动拖动水泵的汽轮机、蒸汽锤、锻压机、压气机等的用汽，蒸汽离开蒸汽机械后仍可以用作其他目的，因此设计供热系统时应把这种热量加以考虑。

集中供热系统中，生产工艺用热负荷的用热参数，根据生产要求载热质温度的不同，大致可分为低温供热、中温供热及高温供热三种。供热温度在 130～150℃以下称为低温供热，一般靠 0.392～0.588MPa 蒸汽供热；供热温度在 130～150℃以上到 250℃以下时，称为中温供热，热源往往是中、小型蒸汽锅炉或热电厂供热汽轮机的 0.78～1.27MPa 级抽汽；当供热温度高于 250～300℃时，称为高温供热，通常直接用大型锅炉房或热电厂锅炉的新蒸汽经过减温减压后供给热用户。

由于生产工艺用热设备繁多，工作性质不同，工作制度不一致，对载热质参数要求不一，因而生产工艺设计热负荷不可能用某一固定的公式来确定。对已有工厂的生产工艺热负荷应由工厂提供；对新增加的热负荷，应按生产工艺系统提供的设计数据为准，并参考类似企业确定其热负荷。为了保证数据的合理性，规划或设计部门可采用产品单位能耗指标法或全年实际耗煤量进行核算。

向工业企业供热的集中供热系统，当用热设备或热用户很多时，各个工厂或车间的最大生产工艺热负荷不可能同时出现，为了使供热系统的设计和运行更接近实际情况，集中供热系统热网的最大生产工艺热负荷取为

$$Q_{w,max} = k_{sh} Q_{rsh,max}, \text{kW} \tag{2-10}$$

式中　$Q_{rsh,max}$——经核实后的各工厂（或车间）的最大生产工艺热负荷之和，kW；

k_{sh}——生产工艺热负荷的同时使用系数，一般可取0.6～0.9，当各用户生产性质相同、生产负荷平稳且连续生产时间较长，同时系数取较高值，反之取较低值。

当热源（如热电厂）的蒸汽参数与各工厂用户使用的蒸汽压力和温度参数不一致时，确定热电厂出口热网的设计流量应进行必要的换算，换算公式为

$$D=\frac{10^6Q_{w,max}}{(h_r-h_{r,c})\eta_h}=\frac{k_{sh}\sum D_{g,max}(h_g-h_{g,c})}{(h_r-h_{r,c})\eta_h},\text{kg/h} \tag{2-11}$$

式中 D——热源出口的设计蒸汽流量，kg/h；

h_r，$h_{r,c}$——热源出口蒸汽的比焓与凝结水的比焓，kJ/kg；

$D_{g,max}$——各工厂核实的最大蒸汽流量，kg/h；

h_g，$h_{g,c}$——各工厂使用蒸汽压力下的比焓和凝结水比焓，kJ/kg；

η_h——热网效率，一般取η_h=0.9～0.95。

第二节 热负荷图

热负荷图是热负荷随室外温度或时间的变化图，反映热负荷的变化规律。热负荷图对集中供热系统设计、技术经济分析和运行管理等均具有重要意义。

根据目的和用途不同，热负荷图可分为热负荷时间图，热负荷随室外温度变化图和热负荷持续时间图。

一、热负荷时间图

热负荷时间图是描述某一时间期限内热负荷变化规律的曲线，亦称热负荷时间曲线。其特点是图中热负荷的大小按照它们出现的先后顺序排列。热负荷时间图中的时间期限可长可短，可以是一天，一个月或一年，相应称为日热负荷图；月热负荷图和年热负荷图。

（一）日热负荷图

日热负荷图表示整个热源或用户的小时热负荷，在一昼夜中变化规律图。日热负荷图是以小时（0～24h）为横坐标，以小时热负荷为纵坐标，从零时开始逐时绘制的。图2-1所示是住宅区典型热水供应日热负荷图。图2-5（a）和图2-5（b）是夏季与冬季典型日的生产热负荷图。曲线图下的面积为全日的热负荷值。

全年性热负荷受室外温度影响不大，在全天中每小时的变化较大，因此，对生产热负荷，必须绘制日热负荷图为设计集中供热系统提供基础数据。一般来说，工厂生产不可能每天一致，冬夏期间总会有差别。因此，需要分别绘制出冬季和夏季典型工作日的日生产热负荷图，由此确定生产的最大、最小热负荷和冬季、夏季平均热负荷值。

季节性的供暖、通风等热负荷，大小主要取决于室外温度，在全天中每小时的变化不大（对工业厂房供暖、通风热负荷，受工作制度影响而有些规律性的变化）。季节性热负荷的变化规律通常用其随室外温度变化图来反映。

各类相同性质日热负荷图的叠加图，是热电厂或区域锅炉房运行的重要参考资料。

（二）年热负荷图

年热负荷图表示一年中各月份热负荷变化规律图，以一年中的月份（1～12月）为横坐标，以每月的热负荷为纵坐标绘制的负荷时间图。图2-2为典型全年热负荷的示意图。它

是规划供热系统运行，确定设备检修计划和安排职工休假日等方面的基本参考资料。对季节性的供暖、通风热负荷，可根据该月份的室外平均温度确定，热水供应热负荷按平均小时热负荷确定，生产热负荷可根据日平均热负荷确定。

二、热负荷随室外温度变化图

供暖、通风等季节性热负荷的大小，主要取决于当地的室外温度。以室外温度为横坐标，以热负荷为纵坐标绘制的热负荷随室外温度变化图能很好地反映季节性热负荷的变化规律。图 2 - 3 为一个居住区的热负荷随室外温度的变化图。图中横坐标为室外温度，纵坐标为热负荷。图 2 - 3 中的线 1 代表供暖热负荷 随室外温度的变化曲线。开始供暖的室外温度定为 +5℃。根据式(2 - 1)，建筑物的供暖热负荷应与室内外温度差成正比，因此，$Q_h = f(t_o)$ 为线性关系。图 2 - 3 中的线 2 代表冬季通风热负荷随室外温度变化的曲线。根据式(2 - 3)，冬季通风热负荷 Q_V，在室外温度 $t_{ov}^d \leqslant t_o < 5℃$ 期间内，$Q_V = f(t_o)$ 亦为线性关系。当室外温度低于冬季通风室外计算温度 t_{ov}^d 时，通风热负荷为最大值，不随室外温度改变。图 2 - 3 还给出了热水供应随室外温度变化曲线（见曲线 3）。热水供应热负荷受室外温度影响较小，因而它呈一条水平直线，但在夏季期间，热水供应的热负荷比冬季的低。将这三条线的热负荷在纵坐标的表示值相加，得图 2 - 3 的曲线 4。曲线 4 即为该居住区总热负荷随室外温度变化的曲线图。

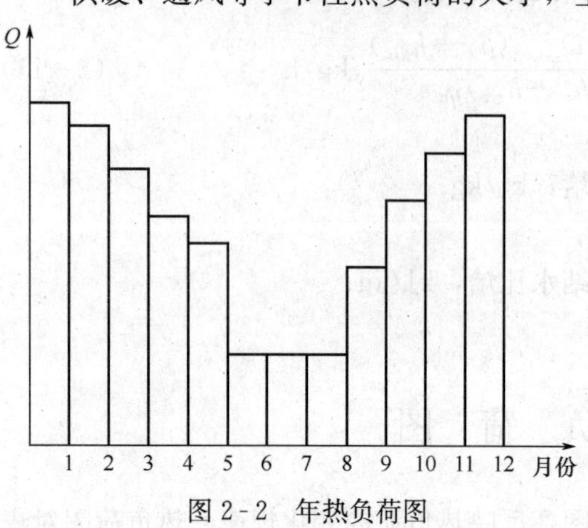

图 2 - 2 年热负荷图

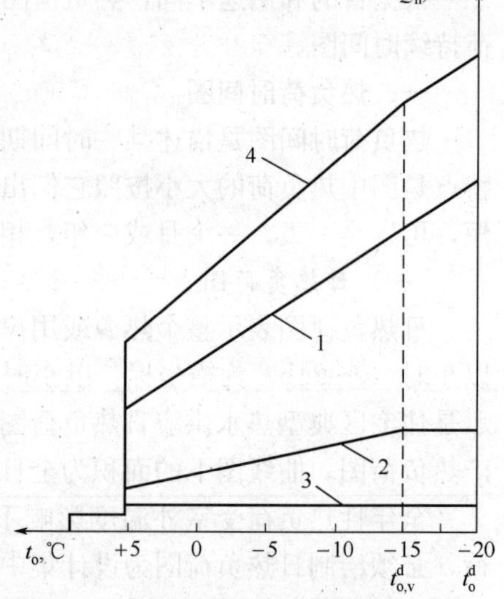

图 2 - 3 热负荷随室外温度变化示意图

1—供暖热负荷；2—冬季通风热负荷；
3—热水供应热负荷；4—总热负荷

三、热负荷持续时间图

热负荷持续时间图表示全年内热网热负荷大于等于某热负荷的持续小时数曲线图，描述了热负荷与持续时间的关系。该曲线上横坐标表示大于等于某热负荷的持续小时数，纵坐标表示热负荷。热负荷持续时间图的特点与热负荷时间图不同，热负荷不是按出现时间的先后顺序来排列，而按其数值的大小来排列。它是集中供热系统规划、设计、运行及技术经济分析的重要资料。可以直观方便地分析各种热负荷的年耗热量，还可用来计算有关经济指标，是确定热电联产系统的最佳热化系数、优化供热设备选择的依据，确定热网供、回水温度的最佳值，选择供热设备的经济工况，确定各供热设备间的热负荷分配等。特别是在制定经济合理的供热方案时，热负荷延续时间图是简便、科学的分析计算手段。

季节性热负荷持续时间图表示了季节性热负荷在采暖期不同小时用热量的持续性曲线，它描述了由不同室外气温持续时间确定的热负荷变化规律。

绘制季节性热负荷持续时间图的简便方法之一是作图法。作图必须具备以下资料：一是热负荷与室外气温的关系曲线 $Q=f(t_o)$，二是不同室外气温的持续时间曲线 $\tau=f(t_o)$。这里要说明的是，某地区室外气温持续时间，决定了图 2-4 中第Ⅲ象限中曲线的形状。供暖期的长短也是根据气象资料所确定的。供暖期内，室外温度每日平均不超过某一定值（我国为+5℃）。因此计算中所采用的供暖期持续时间不完全是真实的。由于这些因素使得在进行热负荷规划时，作出的相应热负荷图是一种近似，所以可以采用不同的近似方法。

热负荷与室外气温的关系曲线的绘制方法如图 2-4 所示。热网热负荷为热网中全部采暖热负荷与通风热负荷的总和。采暖期间不同室外气温的持续时间可以从热网所在地区气象部门的多年统计资料中获得（见图 2-4 中左下方）。

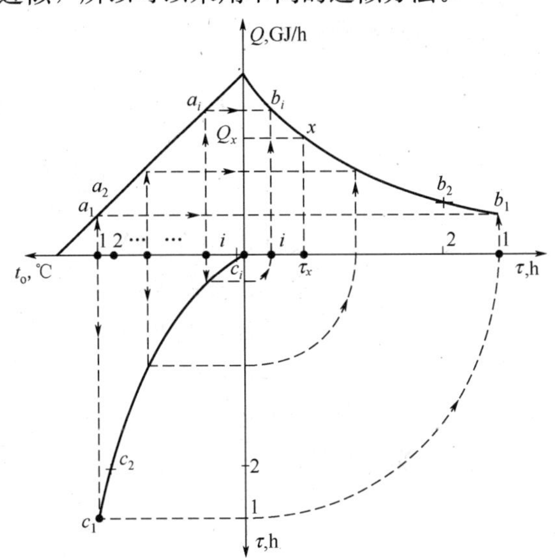

图 2-4 采暖热负荷持续时间图的绘制方法

作图时，先在第Ⅱ象限内绘出热网的热负荷 Q 与室外气温 t_o 的关系曲线，再在第Ⅲ象限内绘出室外气温 t_o 与持续时间 τ 的关系曲线。而后在室外气温坐标轴上每隔 3～4℃取一温度点(即 $t_1,t_2,t_3,\cdots,t_i$)，并通过 $t_1,t_2,t_3,\cdots,t_i$ 各点作垂直线与 $Q-t_o$ 曲线交于 $a_1,a_2,a_3,\cdots,a_i$ 各点，再通过 $a_1,a_2,a_3,\cdots,a_i$ 各点分别向第Ⅰ象限作水平线；垂直线下方与 $t_o^d-\tau$ 曲线交于 $c_1,c_2,c_3,\cdots,c_i$ 各点，再如图依次在第Ⅲ、Ⅰ象限的持续时间坐标轴上找到与 $t_1,t_2,t_3,\cdots,t_i$ 相对应的全年持续时间 $\tau_1,\tau_2,\tau_3,\cdots,\tau_i$，最后从第Ⅰ象限持续时间坐标轴上的 $\tau_1,\tau_2,\tau_3,\cdots,\tau_i$ 各点向上画垂线，分别与相对应的水平线交于 $b_1,b_2,b_3,\cdots,b_i$ 各点；$b_1,b_2,b_3,\cdots,b_i$ 各点的连线即为热网的热负荷持续时间曲线。

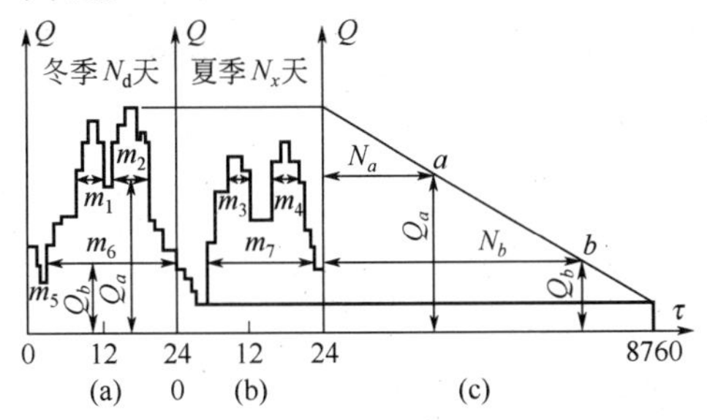

图 2-5 生产热负荷全年持续时间图

(a) 冬季典型日的热负荷图；(b) 夏季典型日的热负荷图；(c) 生产热负荷的全年持续时间图

在季节性热负荷持续时间图(图 2-4)中，横坐标的左半边为室外温度 t_o，纵坐标为供暖热负荷 Q_h，横坐标的右半边表示小于等于某一室外温度的持续小时数。曲线与横坐标轴之间的面积为全年供热量 Q_h^a。

全年性热负荷持续时间图，要根据若干典型日热负荷图上大于等于某一热负荷在全日的持续时间，再乘以全年该典型日的总天数，即可得出某一热负荷的全年持续时间。如生产热负荷持续时间图，要依据冬季和夏季典型日的生产热负荷图进行绘制。具体见图 2-5。

$$N_a=(m_1+m_2)N_d+(m_3+m_4)N_x,\mathrm{h}$$

$$N_b=(m_5+m_6)N_d+m_7N_x,\mathrm{h}$$

包括季节性与全年性热负荷的总热负荷持续时间曲线可用叠加的方法绘制，总负荷曲线与横坐标轴之间的面积为全年总的热负荷。

第三节 年耗热量计算

年耗热量是集中供热的可行性研究、规划、设计、确定热电联产系统最佳热化系数等的重要资料。

一、采暖年耗热量 Q_h^a

$$Q_h^a = Q_h \frac{t_i - t_{av}}{t_i - t_{o,h}^d} \times N \times 24 \times 3600 \times 10^{-6}$$

$$= 0.0864 Q_h \frac{t_i - t_{av}}{t_i - t_{o,h}^d} N, \text{GJ} \qquad (2-12)$$

式中 Q_h——采暖设计热负荷，kW；

t_i——采暖室内计算温度,℃；

$t_{o,h}^d$——采暖室外计算温度,℃；

t_{av}——采暖期平均室外温度,℃；

N——采暖期天数。

二、通风年耗热量 Q_V^a

$$Q_V^a = Q_V \frac{t_i - t_{av}}{t_i - t_{o,V}^d} \times T_V \times N \times 3600 \times 10^{-6}$$

$$= 0.0036 Q_V \frac{t_i - t_{av}}{t_i - t_{o,V}^d} T_V N, \text{GJ} \qquad (2-13)$$

式中 Q_V——通风设计热负荷，kW；

t_i——通风室内计算温度,℃；

t_{av}——采暖期平均室外温度,℃；

$t_{o,V}^d$——冬季通风室外计算温度，当采暖建筑物设置通风系统时，为保持冬季采暖室内温度，选择机械送风系统的空气加热器时，室外计算参数宜采用采暖室外计算温度,℃；

T_V——采暖期内通风装置每日平均运行小时数，h；

N——采暖期天数。

三、空调采暖耗热量 Q_a^a

$$Q_a^a = Q_a \frac{t_i - t_{av}}{t_i - t_{o,a}^d} \times T_a \times N \times 3600 \times 10^{-6}$$

$$= 0.0036 Q_a \frac{t_i - t_{av}}{t_i - t_{o,a}^d} T_a N, \text{GJ} \qquad (2-14)$$

式中 Q_a——空调冬季设计热负荷，kW；

t_i——空调室内计算温度,℃；

t_{av}——采暖期室外平均温度,℃；

$t_{o,a}^d$——冬季空调室外计算温度,℃；

T_a——采暖期内空调装置每日平均运行小时数，h；

N——采暖期天数。

四、空调制冷耗热量 Q_c^a

$$Q_c^a = Q_c \times T_{c,max} \times 3600 \times 10^{-6} = 0.0036 Q_c T_{c,max}, \text{GJ} \tag{2-15}$$

式中 Q_c——空调夏季设计热负荷，kW；

$T_{c,max}$——空调夏季最大负荷利用小时数，h，取决于制冷季室外气温、建筑物使用性质，室内的热情况、建筑物内人员的生活习惯等。

五、生活热水全年耗热量 Q_{hw}^a

$$Q_{hw}^a = Q_{hw,av} \times 350 \times 24 \times 3600 \times 10^{-6} = 30.24 Q_{hw,av}, \text{GJ} \tag{2-16}$$

式中 $Q_{hw,av}$——生活热水平均热负荷，kW。

350为全年（除去15天检修期）工作天数。生活热水热负荷的全年耗热量应按不同季节的统计资料计算，如生活热水热负荷占总热负荷的比例不大，可不考虑随季节的变化按平均值计算。

六、生产工艺热负荷年耗热量 Q_w^a

$$Q_w^a = \sum Q_{w,i} T_i \tag{2-17}$$

式中 $Q_{w,i}$——全年12个月中第 i 个月的日平均耗热量，GJ/d；

T_i——全年12个月中第 i 个月的天数。

第三章　热电厂的热经济性及其指标

第一节　热电联产概述

一、热电联产概念及主要形式

热电分别能量生产简称热电分产，是指一种热力设备只用来生产电能或热能的能量生产方式，又称单一能量生产，如以凝汽式发电厂发电、用工业锅炉或采暖锅炉等生产热能对热用户供热等，如图3-1所示。

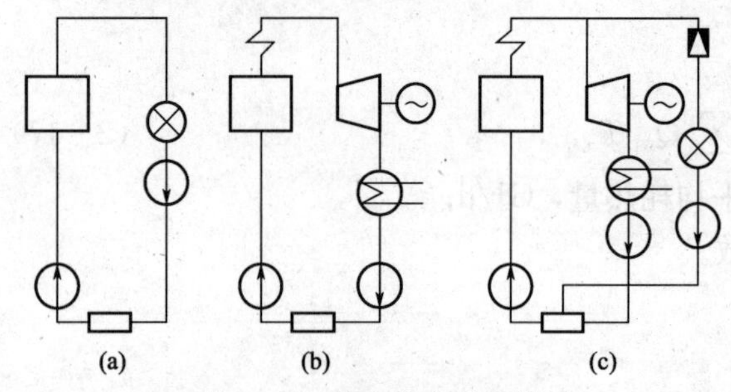

图3-1　热电分产系统简图

热电联合能量生产简称热电联产，是根据能源梯级利用原理，先将煤、天然气等一次能源发电，再将发电后的余热用于供热的能量生产方式。

热电联产的主要形式有下列几种：

(1) 锅炉加供热式汽轮机热电联产系统（又称为常规热电联产系统）。此种热电联产系统以煤为燃料。由于煤燃烧形成的高温烟气不能直接做功，需要经锅炉将热量传给蒸汽，由高温高压蒸汽带动汽轮发电机组发电，做功后的低品位的汽轮机抽汽或背压排汽用于供热。这也是我国的热电联产系统普遍采用的形式。这种系统的技术已非常成熟，主要设备也早已国产化。

(2) 燃气轮机热电联产系统。分为单循环和联合循环两种形式。单循环的工作原理是：空气经压气机与燃气在燃烧室燃烧后，温度达1000℃以上、压力在1～1.6MPa的范围内，进入燃气轮机推动叶轮，将燃料的热能转变为机械能，并拖动发电机发电。从燃气轮机排出的烟气温度一般为450～600℃，通过余热锅炉将热量回收用于供热。大型的燃气轮机效率可达30%以上，当机组负荷低于50%时，热效率下降显著，但热和电两种输出的总效率一般能够保持在80%以上。燃气轮机组启停调节灵活，因而对于变动幅度较大的负荷较适应。上述单循环中余热锅炉可以产生参数很高的蒸汽，如果增设供热汽轮机，使余热锅炉产生的较高参数的蒸汽在供热汽轮机中继续做功发电，其抽汽或背压排汽用于供热，可以形成燃气—蒸汽联合循环系统。这种系统的发电效率进一步得到提高，可达到50%以上。

(3) 内燃机热电联产系统。当规模较小时，它的发电效率明显比燃气轮机高，一般在30%以上，因而在一些小型的燃气热电联产系统中往往采用这种内燃机形式。但是，由于内燃机的润滑油和气缸冷却放出的热量温度较低（一般不超过90℃），而且该热量份额很大，几乎与烟气回收的热量相当，因而这种采暖形式在供热温度要求高的情况下受到了限制。

(4) 燃料电池。它是把氢和氧反应生成水放出的化学能转换成电能的装置。其基本原理相当于电解反应的逆向反应。H_2 和 O_2 在电池的阴极和阳极上借助氧化剂作用，电离成离子，由于离子能通过在两电极中间的电介质在电极间迁移，在阴电极、阳电极间形成电压。在电极同外部负载构成回路时就可向外供电。燃料电池种类不少，根据使用的电解质不同，主要有磷酸燃料电池（PAFC）、熔融碳酸盐型燃料电池（MCFC）、固体氧气物燃料电池（SOFC）和质子交换膜燃料电池（PEMFC）等。燃料电池具有无污染、高效率、适用广、无噪声和能连续运转等优点。它的发电效率可达40%以上，热电联产的效率也达到80%以上。目前，多数燃料电池正处于开发研制中，虽然磷酸燃料电池（PAFC）等技术成熟并已经推向市场，但仍较昂贵。鉴于燃料电池的独到优点，随着该项技术商业化进程的推进，必将在未来燃气采暖行业起到越来越重要的作用。

本书主要介绍我国热电联产系统普遍采用的锅炉加供热式汽轮机热电联产系统。它是指热电厂同时对热电用户供应电能和热能，而其生产的热能是取自汽轮机做过部分功的蒸汽，即同一股蒸汽流（热电联产汽流）先发电后供热。其热力循环称为供热循环。这种发电厂称为热电厂。图3-2所示是热电厂的热力系统简图。

供热式汽轮机有一次调节抽汽式（C型）汽轮机、两次调节抽汽式（CC型）汽轮机、背压式（B型）汽轮机或抽汽背压式（CB型）汽轮机等不同类型。在此要特别指出的是对于抽汽式汽轮机，只有先发电后供热的供热汽流 D_h 才属热电联产，而凝汽流 D_c 仍属于分产发电。如果热电厂用锅炉产生的新蒸汽经减温减压后供给热用户仍属分产供热。

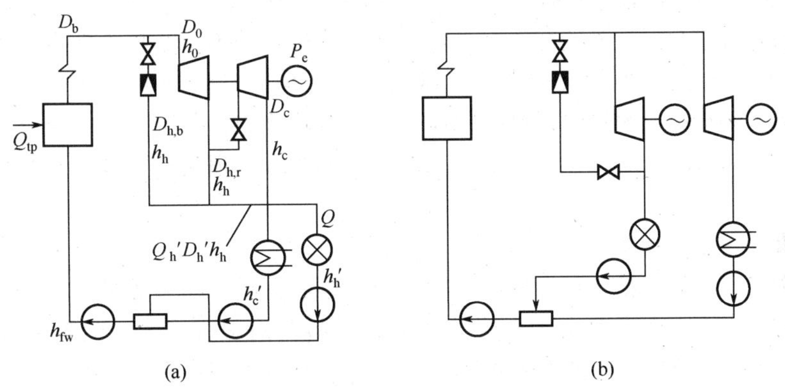

图3-2 热电厂热力系统简图

(a) 装有C型供热机组；(b) 装有B型供热机组

二、热电联产的主要优点

1. 节约能源

凝汽式发电厂，不可避免地要放热给冷源而带来冷源损失，这部分热能品位低，数量大，高达46%～52%以上，致使凝汽式发电厂热效率 η_{cp} 比较低，只能达到37%～40%左右。同时工农业生产和人们生活中，需要大量热能，其中大部分只需要低品位的热能，若用效率较低的工业锅炉或采暖锅炉，直接把燃料的高品位能量大幅度贬值转变为低品位能量使用，会造成能源的很大浪费。而热电联产蒸汽先做功后供热，将燃料化学能在锅炉中转换成高参数的高品位热能用以发电，这与分产供热只要求燃料在锅炉中转换成低参数、低品位热能相比，锅炉中的换热温差 ΔT_b 和相应的㶲损 ΔE_b 减小，大大减小了能量转换和利用过程中的不可逆性，降低了做功能力损失，燃料化学能质量利用率提高；同时利用做了部分功的

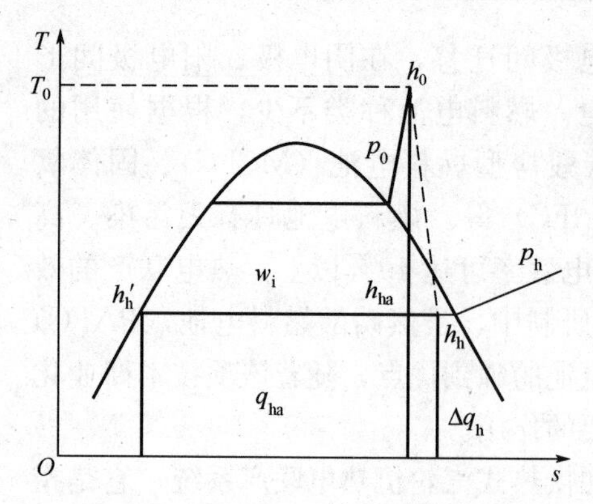

图 3-3 联产汽流供热循环的 T-s 图

蒸汽的低品位热能对外供热，避免了工质的冷源损失，极大地提高了燃料的利用率，且符合按质用能的原则，达到了“热尽其用”的目的，大大节约了能源。热电联产节约能源可用图 3-3 所示供热式汽轮机的联产汽流供热循环说明。

联产汽流供热循环的吸热量、做功量和供热量有如下关系：

吸热量
$$q_0 = h_0 - h_h' \tag{3-1}$$

实际供热循环做功量
$$w_i = h_0 - h_h = (h_0 - h_{ha}) - (h_h - h_{ha}) = w_{ia} - \Delta q_h \tag{3-2}$$

理想供热循环对外供热量
$$q_{ha} = q_0 - w_{ia} = (h_0 - h_h') - (h_0 - h_{ha}) = h_{ha} - h_h' \tag{3-3}$$

实际供热循环对外供热量
$$q_h = q_0 - w_i = (h_0 - h_h') - (h_0 - h_h) = h_h - h_h' = (h_h - h_{ha}) + (h_{ha} - h_h') = \Delta q_h + q_{ha} \tag{3-4}$$

因此有
$$\eta_{i,h} = \frac{w_i + q_h}{q_0} = \frac{(w_{ia} - \Delta q_h) + (\Delta q_h + q_{ha})}{q_0} = \frac{w_{ia} + q_{ha}}{q_0} = \eta_{t,h} = 1 \tag{3-5}$$

联产汽流供热循环理想排汽放热量 q_{ha} 和蒸汽做功的不可逆热损失 Δq_h 均用以对外供热，没有朗肯循环那样的冷源损失，$\eta_{i,h} = \eta_{t,h} = 1$ 均为 1，因而供应相同的电量和热量，热电联产与热电分产相比可大幅度节约能源。虽然热功转换过程的不可逆损失在热电联产中被利用来供给热用户而没有损失掉，但却减少了做功量，把高质量的能量变成低质量的能量来利用。所以为提高热电联产的热经济性，仍应力求使做功能力损失为最小。在满足热用户对参数要求的前提下，尽量增加热化发电量，减少不必要的节流损失，这样才能提高热电厂的热经济性。

2. 减轻大气污染、改善环境质量

分散供热的小锅炉一般单台容量小、烟囱低、热效率低、除尘效果差，有的小锅炉房甚至无正规的除尘设备。由于热电联产能节省大量燃料，锅炉容量大、热效率高、除尘效果好、烟囱高、能高空排放，故能有效地改善环境质量。由于节省燃料还减少了运煤和运灰渣的汽车尾气污染，所以对改善环境质量极为有利。最近几年推广使用的循环流化床电站锅炉还可在炉内脱硫，更有利于环境保护。

3. 增加电力供应

由于多种原因造成电力工业的发展赶不上国民经济的发展，长时期大范围地形成电力紧张的局面，热电联产有效地缓和了当地电力紧张的被动情况，有的热电厂已形成当地的重要电力来源。

4. 提高供热质量，改善劳动条件

分散小锅炉房由于设备条件限制和煤质变化，不易保证供热质量，压力和温度的波动会影响生产工艺，影响产品质量。居民采暖的小锅炉，一般为间断供热，供热时间短，温度低。热电厂集中供热为连续运行，稳定可靠、供热质量高。同时，因为供热设备大型化，易于实现机械化、自动化、减轻了工人的繁重体力劳动，改善了劳动条件。

5. 便于综合利用

分散供热时灰渣不好集中利用，热电联产则为灰渣综合利用创造了有利条件。现在有些热电厂附近新建有水泥厂、砖厂和保温材料厂等。

6. 节约城市用地

工业企业中的锅炉房连同煤灰场要占用比较大的面积，有的大城市连扩建一台锅炉的地方都很紧张，因而想尽快实现热电联产集中供热。原有的锅炉房和煤场灰场可移做他用以扩大再生产。

三、热电厂的不利因素

(1) 热电厂的投资比同容量凝汽式电厂的投资大。这主要是由热电厂锅炉容量大、供热式汽轮机结构复杂、水处理设备大等原因造成的，一般每千瓦的投资比凝汽式电厂大1～2倍。

(2) 热电厂的工质损失比凝汽式电厂大得多，因此补水率大，水处理设备投资和运行费用增加，热力设备运行的可靠性降低。热电厂补水率的大小取决于供热介质的选择、供热系统的供热方式、热负荷的特性以及管理水平等。

(3) 调节抽汽式汽轮机存在凝汽流发电，比凝汽式机组热经济性差。

此外，目前发展热电联产还存在热电建设资金不足、上网电价与联网问题、热价问题、环保效益问题，同一城市的电、热价格确定问题，科研设计力量较弱、自动化水平较低等问题。

热电厂存在的不利因素会消弱它的热经济性，存在的问题将限制它的快速正常发展。

第二节　热电厂总热耗量的分配及主要热经济指标

一、热电厂总热耗量 Q_{tp} 的分配

由于热电厂既发电又供热，为了确定其电能与热能的生产成本及分项的热经济指标，必须将热电厂总热耗量合理地分配给两种产品。

热电厂总热耗量

$$Q_{tp} = B_{tp}Q_{net} = \frac{Q_b}{\eta_b} = \frac{Q_0}{\eta_b\eta_p}, \text{kJ/h} \tag{3-6}$$

$$Q_{tp} = Q_{tp,h} + Q_{tp,e}, \text{kJ/h} \tag{3-7}$$

式中　B_{tp}——热电厂总燃料消耗量，kg/h；

$Q_{tp,h}$、$Q_{tp,e}$——热电厂供热、发电的热耗量，kJ/h。

热电厂总热耗量 Q_{tp} 分配的实质，是将 Q_{tp} 在热、电两种产品间分配为 $Q_{tp,h}$、$Q_{tp,e}$。通常先确定分配到供热方面的热耗量 $Q_{tp,h}$，再应用式（3-8）求出发电方面的热耗量 $Q_{tp,e}$。

$$Q_{tp,e} = Q_{tp} - Q_{tp,h}, \text{kJ/h} \tag{3-8}$$

对热电厂总热耗量分配方法的要求是：既要反映电、热两种产品的品位不同，又要反映热电联产过程的技术完善程度，且计算简便，并能为国家节约能源，促进热化事业的发展。

目前，国内外学者在热耗量的分配方法上进行了许多研究，提出了多种不同分配方法，各有其合理性和局限性。可以将这些分配方法归纳为三类典型的热电厂总热耗量分配方法，一类是热电联产效益归电法（热量法），另一类是热电联产效益归热法（实际焓降法），两者是 Q_{tp} 分配的两个不同极端方法，还有一类方法是将热电联产效益折衷分摊在发电、供热两个方面，这类方法有多种，如做功能力法、净效益法等。本书仅介绍三类方法中最基本的热量法、实际焓降法和做功能力法。

1. 热量法

热量法以热力学第一定律为依据，只考虑能量的数量，不考虑能量的质量差别，简单直观、便于应用，是目前我国法定的分配方法。

热量法将热电厂总热耗量按照生产热、电两种能量产品的数量比例来分配。首先确定分配给供热方面的热量。

分配给供热方面的热耗量为

$$Q_{tp,h}=\frac{Q_h}{\eta_b\eta_p}=\frac{Q}{\eta_b\eta_p\eta_{hs}},kJ/h \quad (3-9)$$

式中 Q_h——热电厂向外供出的热量，kJ/h；

Q——热用户需要的热量，kJ/h；

η_{hs}——热网效率。

热量法把热化发电的冷源损失以热量的形式供给热用户，并认为热化发电部分不再有冷源损失，热电联产的节能效益全部由发电部分独占，供热方面仅获得了热电厂高效率大锅炉取代低效率小锅炉的好处，但以热网效率 η_{hs} 表示的集中供热管网的散热损失，使之打了折扣。热量法的优点是简单直观、便于应用；缺点是未考虑联产供热汽流在汽轮机中做功后供热，品位降低的实际情况，未考虑热电两种产品间的质量差别，也不反映供热参数高低的影响（因为 $Q_h=Q/\eta_{hs}$，是以热用户处的热负荷为依据的），不能调动热用户降低供热参数的积极性，也不能促进热电厂改进热功转换过程的积极性。因而对发展热电事业不利，也会导致国家能源的浪费。热量法被称为热电联产效益归电法或“好处归电法”。

2. 实际焓降法

实际焓降法分配给供热方面的热耗量，按联产供热汽流在汽轮机中少做的内功占新汽所做内功的比例来分配总热耗量（以分产供热量 $Q_{tp,h}^b=0$ 为前提）。

分配给供热方面的热耗量

$$Q_{tp,h}=Q_{tp}\frac{D_{h,t}(h_h-h_c)}{D_0(h_0-h_c)},kJ/h \quad (3-10)$$

式中 $D_{h,t}$——热电厂联产供热蒸汽量，kg/h。

式（3-10）适用于非再热机组。

实际焓降法考虑了供热抽汽品质方面的差别，热用户要求的供热参数越高，供热方面分摊的热耗量越大，可以鼓励热用户降低用热参数，提高热化的节能效果；这种方法把热化发电的冷源损失无偿供给了热用户，热电联产的好处全部归供热所有，又称“好处归热法”。实际焓降法将冷源热损失全部划归了发电方面，联产汽流却因供热引起实际焓降不足少发了电，且抽汽式供热机组不可避免地要有一部分凝汽流发电量，使热电厂发电方面不但得不到好处，反而多耗煤。可见该方法也不尽合理。

3. 做功能力法

做功能力法分配给供热方面的热耗量，是按联产汽流的最大做功能力占新蒸汽的最大做功能力来分配总热耗量的（以分产供热量 $Q_{tp,h}^b=0$ 为前提）。

分配给供热方面的热耗量

$$Q_{tp,h}=Q_{tp}\frac{D_{h,t}e_h}{D_0e_0}=Q_{tp}\frac{D_{h,t}(h_h-T_{en}s_h)}{D_0(h_0-T_{en}s_0)},kJ/h \quad (3-11)$$

式中 h_0、h_h——新蒸汽和供热抽汽的比焓，kJ/kg；

e_0、e_h——新蒸汽和供热抽汽的比㶲，kJ/kg；

s_0、s_h——新蒸汽和供热抽汽的比熵，kJ/（kg·K）；

T_{en}——环境温度，K。

做功能力法以热力学第一定律和第二定律为依据，考虑了热能的数量和质量差别，使热电联产的好处较合理地分配给热、电两种产品，理论上也较有说服力。但是，供热毕竟不同于做功，且供热式汽轮机的供热抽汽或背压排汽温度与环境温度较为接近，此种方法与实际焓降法的分配结果相差不大，所以热电厂也不能接受这种分配方法。

综上所述，可见上述三种分配方法均有局限性。热量法简便实用，是一种传统的热电厂总热耗量分配方法，我国迄今仍采用。但是，按热量法分配，将导致国家能源的浪费。做功能力法应用不便。因此从理论上探讨热电厂总热耗量的合理分配，仍是发展热化事业中迫切需要解决的问题。

二、热电厂主要热经济指标

热经济指标用来表示热力设备或系统能量利用及转换过程的技术完善程度。凝汽式发电厂主要热经济指标，如全厂热效率 η_{cp}、全厂热耗率 q_{cp} 和标准煤耗率 b_{cp}^{s}，既是数量指标，又是质量指标，且算式简明，三者相互联系，知其一即可方便地求得其余两个。

热电厂的主要热经济指标要复杂得多，表现在：热电联产汽流既发电又供热，热电两种产品的质量不同；若供热参数不同，热能的品位也有所不同；热电厂有时还存在分产发电或分产供热。热电厂的热经济指标应能反映能量转换过程的技术完善程度，既能用于供热式机组间、热电厂间进行比较，也能便于在凝汽式电厂和热电厂间比较，又要计算简明。遗憾的是迄今尚无单一的热经济指标，既能在质量上又能在数量上来衡量两种能量转换过程的完善程度。热电厂只能采用既有总指标又有分项指标的综合指标来进行评价。

（一）热电厂总的热经济指标

1. 热电厂的燃料利用系数 η_{tp}

热电厂的燃料利用系数又称热电厂总热效率，是指热电厂生产的电、热两种产品的总能量与其消耗的燃料能量之比，即

$$\eta_{tp}=\frac{3600P_e+Q_h}{B_{tp}Q_{net}}=\frac{3600P_e+Q_h}{Q_{tp}} \tag{3-12}$$

式中　Q_h——热电厂的供热量，kJ/h；

B_{tp}——热电厂的煤耗量，kg/h。

热电厂的燃料利用系数 η_{tp} 将高品位的电能按热量单位折算后与对外供热量相加，是数量指标，不能表明热、电两种能量产品在品位上的差别，只能表明燃料能量在数量上的有效利用程度。电厂运行时，热电厂的燃料利用系数可能在相当大的范围内变动，尤其是装有抽汽式供热机组的热电厂：①当热负荷为零时，由于其绝对内效率比相同蒸汽初参数的凝汽式机组还小，所以 η_{tp} 也会比凝汽式发电厂的效率 η_{cp} 低；②供热式汽轮机带高热负荷时，η_{tp} 可高达 70%～80%；③当供热式汽轮机停止运行，发电量为零，直接用锅炉的新蒸汽减压减温后对外供热时，没有按质用能，但 $\eta_{tp}\approx\eta_b\eta_p$ 也很高，显然这是不合理的。

η_{tp} 既不能比较供热式机组间的热经济性，也不能比较热电厂的热经济性，因此不能作为评价热电厂热经济性的单一指标。在设计热电厂时，用以估算热电厂燃料的消耗量。

2. 供热式机组的热化发电率 ω

热化发电率又称电热比，只与联产汽流生产的电能和热能有关，联产汽流生产的电能 W_h 称为热化发电量，联产汽流生产的热量 $Q_{h,t}$ 称为热化供热量，热化发电量 W_h 与热化供热量 $Q_{h,t}$ 的比值称为热化发电率 ω，即

$$\omega = \frac{W_h}{Q_{h,t} \times 10^{-6}}, \text{kW} \cdot \text{h/GJ} \tag{3-13}$$

热化发电率 ω 的意义为供热机组每单位吉焦热化供热量的热化发电量，是评价热电联产技术完善程度的质量指标。

$$W_h = W_h^o + W_h^i \tag{3-14}$$

$$W_h^o = D_{h,t}(h_0 - h_h)\eta_m \eta_g / 3600, (\text{kW} \cdot \text{h})/\text{h} \tag{3-15}$$

$$W_h^i = \sum_{j=1}^{z} D_j^h (h_0 - h_j)\eta_m \eta_g / 3600, (\text{kW} \cdot \text{h})/\text{h} \tag{3-16}$$

式中 W_h^0——外部热化发电量，指对外供热抽汽的热化发电量，kW·h/h；

W_h^i——内部热化发电量，指供热返回水引入回热加热器增加的各级回热抽汽所发出的电量，kW·h/h；

z——供热返回水经过的回热加热级数；

D_j^h——各级抽汽加热供热返回水所增加的回热抽汽量。

$$Q_{h,t} = D_{h,t}(h_h - h_{w,hm}) \times 10^{-6}, \text{GJ/h} \tag{3-17}$$

式中 $h_{w,hm}$——供热返回水和补充水的混合比焓，$h_{w,hm} = \varphi h_{w,h} + (1-\varphi)h_{w,ma}$，$h_{w,ma}$ 为补充水比焓，$h_{w,h}$ 为供热返回水比焓，φ 为供热回水率，φ =0～1，kJ/kg。

$$\omega = \frac{W_h}{Q_{h,t} \times 10^{-6}} = \frac{W_h^o + W_h^i}{Q_{h,t} \times 10^{-6}} = \omega_0 + \omega_i \tag{3-18}$$

式中 ω_0、ω_i——外部、内部热化发电率，kW·h/GJ

$$\omega_0 = \frac{W_h^o}{Q_{h,t} \times 10^{-6}} = 278 \times \frac{h_0 - h_h}{h_h - h_{w,hm}} \eta_m \eta_g, \text{kW} \cdot \text{h/GJ} \tag{3-19}$$

$$\omega_i = 278 \times \sum_{j=1}^{z} \frac{D_j^h (h_0 - h_j)}{D_{h,t}(h_h - h_{w,hm})} \eta_m \eta_g, \text{kW} \cdot \text{h/GJ} \tag{3-20}$$

一般内部热化发电量在总热化发电量中所占的份额不大，近似计算中 ω_i 可忽略不计。

影响 ω 的因素有供热机组的初参数、抽汽参数、回热参数、回水温度、回水率、补充水温度、设备的技术完善程度以及回水所流经的加热器的级数等。当供热机组的汽水参数一定时，热功转换过程的技术完善程度越高，热化发电量越高，即对外供热量相同时，热化发电量越大，从而可以减少本电厂或电力系统的凝汽发电量，节省更多的燃料。所以 ω 是评价热电联产技术完善程度的质量指标。

需要注意的是热化发电率只能用来比较供热参数相同的供热式机组的热经济性，不能比较供热参数不同的热电厂的热经济性，也不能用以比较热电厂和凝汽式电厂的热经济性。因此热化发电率不能作为评价热电厂热经济性的单一指标。

此外，当已知 ω 时，可用 $W_h = \omega Q_{h,t}/10^6$，kW·h 计算供热发电量。

3. 热电厂的热电比 R_{tp}

热电比 R_{tp} 为供热机组热化供热量与发电量之比。

$$R_{tp}=\frac{Q_{h,t}}{3600W}=\frac{Q_{h,t}}{3600(W_h+W_c)} \tag{3-21}$$

热电厂要实现热电联产，不供热就不能叫热电厂，因此对热电比应有底线的要求。对于凝汽火电厂，汽轮机排出的已做过功的蒸汽热量完全变成了废热，虽然整个动力装置的发电量很大，但无供热的成分，故热电比为零。对背压式供热机组，其排汽热量全部被利用，可以得到很高的热电比。对于抽汽式供热机组，因抽汽量是可调节的，可随外界热负荷的变化而变化，当抽汽量最大时，凝汽流量很小，只用来维持低压缸的温度不过分升高，并不能使低压缸发出有效功来，此时机组有很高的热效率，其热电比接近于背压机。当外界无热负荷、抽汽量为零，相当于一台凝汽式汽轮机组，其热电比也为零。

影响热电比的主要因素如下：

(1) 热电机组的新汽参数（P_0，t_0）。当抽（排）汽压力一定，即供热参数一定时，提高新汽参数，发电量增加，使"热电比"下降，反之亦然。

(2) 热电机组的供热（抽、排汽）参数（P_h，t_h）。当供热压力、温度愈高，单位汽流的供热焓值提高，供热流量一定，供热量增加，而发电量则减少，使热电比大大增加。

(3) 汽轮机相对内效率。新汽参数一定，供热抽汽压力衡定时，当汽轮机通流部分效率越差，内部漏汽损失愈大时，使抽（排）汽汽温越高，抽（排）汽比焓越高，供热流量一定，供热量增加，而发电量则减少，使热电比增加。

所以，热电比这个指标只能作为量的指标，不能作为"质"的指标。热电比的大小只能看出热电厂供热量的份额大小，但不能用以衡量其用能是否先进。对在用电缓和地区或用电过剩地区，用以限电是有一定作用的。但若为了提高热电比，使供热机组抽（排）汽参数越来越高，供热量增大，发电量相应减少，对鼓励节能，提高能源利用率则有不利影响。

由于热电比只表明本机组热电联产的利用程度，所以其值不宜作为热电机组之间的横向比较，只能用它衡量热电机组本身的利用率或节能经济效果。

4. 我国对热电厂总指标的规定

《关于发展热电联产的规定》（1268号文件）提出，用热电比和总热效率两个经济指标考核热电厂的经济效果。规定如下。

(1) 供热式汽轮发电机组的蒸汽流既发电又供热的常规热电联产，应符合下列指标：

1) 总热效率年平均大于45%。

2) 热电联产的热电比：①单机容量在50MW以下的热电机组，其热电比年平均应大于100%；②单机容量在50MW至200MW以下的热电机组，其热电比年平均应大于50%；③单机容量200MW及以上抽汽凝汽两用供热机组，采暖期热电比应大于50%。

(2) 燃气—蒸汽联合循环热电联产系统应符合下列指标：

1) 总效率年平均大于55%；

2) 各容量等级燃气—蒸汽联合循环热电联产的热电比应大于30%。

（二）热电分项计算的主要热经济指标

将热电厂总热耗量分配给热、电两种产品后，即可方便地计算供热机组和热电厂的分项热经济指标。

1. 发电方面的热经济指标

热电厂的发电热效率 $$\eta_{tp,e}=\frac{3600P_e}{Q_{tp,e}} \tag{3-22}$$

热电厂的发电热耗率 $$q_{tp,e}=\frac{Q_{tp,e}}{P_e}=\frac{3600}{\eta_{tp,e}},\text{kJ/(kW·h)} \tag{3-23}$$

热电厂发电标准煤耗率

$$b^s_{tp,e}=\frac{B^s_{tp,e}}{P_e}=\frac{Q_{tp,e}/29270}{P_e}=\frac{3600/29270}{\eta_{tp,e}}\approx\frac{0.123}{\eta_{tp,e}},\text{kg 标煤 /(kW·h)} \tag{3-24}$$

上述三个指标，知其一便可求出其余两个。

2. 供热方面的热经济指标

热电厂供热热效率（按热量法分配）

$$\eta_{tp,h}=\frac{Q}{Q_{tp,h}}=\eta_b\eta_p\eta_{hs} \tag{3-25}$$

热电厂供热标准煤耗率

$$b^s_{tp,h}=\frac{B^s_{tp,h}}{Q/10^6}=\frac{Q_{tp,h}/29270}{Q/10^6}=\frac{34.1}{\eta_{tp,h}},\text{kg 标煤 /GJ} \tag{3-26}$$

【例题 3-1】 热电厂热经济指标计算

已知某热电厂装有 C50-8.83/1.27 型供热式汽轮机，新汽 $p_0=8.83\text{MPa}$，$t_0=535℃$，$h_0=3475\text{kJ/kg}$，$s_0=6.7801\text{kJ/(kg·K)}$；采暖调节抽汽 $p_h=1.27\text{MPa}$，$h_h=3024.1\text{kJ/kg}$，$s_h=6.9645\text{kJ/(kg·K)}$，回水比焓 $h_{w,h}=418.68\text{kJ/kg}$，回水率 100%；排汽 $h_c=2336.2\text{kJ/kg}$，$h'_c=99.65\text{kJ/kg}$。汽轮机进汽量 $D_0=370\text{t/h}$，最小凝汽量 $D_c=18\text{t/h}$，锅炉管道效率 $\eta_{bp}=0.88$，汽轮发电机组机电效率 $\eta_m\eta_g=0.96$，热网效率 $\eta_{hs}=0.97$，$T_{en}=273.15\text{K}$。不考虑回热，不计散热损失。

求：

1. 该热电厂的燃料利用系数 η_{tp} 和热化发电率 ω；
2. 分别按热电厂总热耗量的三种典型分配方法求发电、供热的热经济指标。

解 1. 燃料利用系数 η_{tp} 和热化发电率 ω 的求解

采暖调节抽汽量 D_h

$$D_h=D_0-D_c=370-18=352\quad\text{t/h}$$

由汽轮机功率方程式求电功率 P_e

$$\begin{aligned}P_e&=\frac{[D_h(h_0-h_h)+D_c(h_0-h_c)]\eta_m\eta_g}{3600}\\&=\frac{[352\times10^3\times(3475-3024.1)+18\times10^3\times(3475-2336.2)]\times0.96}{3600}\\&=47791\quad\text{kW}\end{aligned}$$

由热平衡式求给水比焓 h_{fw}（不考虑回热，不计散热损失）

$$D_0h_{fw}=D_hh_{w,h}+D_ch'_c$$

$$h_{fw}=\frac{D_hh_{w,h}+D_ch'_c}{D_0}=\frac{352\times418.68+18\times99.65}{370}=403.16\quad\text{kJ/kg}$$

热电厂总热耗量 Q_{tp}

$$Q_{tp}=\frac{D_0(h_0-h_{fw})}{\eta_{bp}}=\frac{370\times10^3\times(3475-403.16)}{0.88\times10^6}=1291.569\quad\text{GJ/h}$$

热电厂对外供热量 Q_h

$$Q_h=D_h(h_h-h_{w,h})$$

$$=352\times10^3\times(3024.1-418.68)/10^6=917.108\quad \text{GJ/h}$$

供给热用户的热量　$Q=Q_h\eta_{hs}=917.108\times0.97=889.595\quad \text{GJ/h}$

热电厂的燃料利用系数 η_{tp}

$$\eta_{tp}=\frac{3600P_e+Q_h}{Q_{tp}}=\frac{3600\times47791\times10^{-6}+917.108}{1291.569}=0.8433$$

热化发电率 ω

$$\omega=278\times\frac{(h_0-h_h)\eta_m\eta_g}{h_h-h_{w,h}}=278\times\frac{3475-3024.1}{3024.1-418.68}\times0.96=46.19\quad \text{kW}\cdot\text{h/GJ}$$

2. 发电、供热热经济指标的求解

(1) 热量法

分配给供热方面的热耗量

$$Q_{tp,h}=\frac{D_h(h_h-h_{w,h})}{\eta_b\eta_p}=\frac{352\times10^3\times(3024.1-418.68)/10^6}{0.88}=1042.168\quad \text{GJ/h}$$

分配给发电方面的热耗量

$$Q_{tp,e}=Q_{tp}-Q_{tp,h}=1291.569-1042.168=249.401\quad \text{GJ/h}$$

1) 发电方面的热经济指标

发电热效率　$$\eta_{tp,e}=\frac{3600P_e}{Q_{tp,e}}=\frac{3600\times47791}{249.401\times10^6}=0.6898$$

发电热耗率　$$q_{tp,e}=\frac{3600}{\eta_{tp,e}}=\frac{3600}{0.6898}=5218.90\quad \text{kJ/(kW}\cdot\text{h)}$$

发电标准煤耗率　$$b^s_{tp,e}=\frac{0.123}{\eta_{tp,e}}=\frac{0.123}{0.6898}=0.1783\quad \text{kg 标煤 /(kW}\cdot\text{h)}$$

2) 供热方面的热经济指标

供热热效率　$$\eta_{tp,h}=\frac{Q}{Q_{tp,h}}=\frac{889.595}{1042.168}=0.8536$$

供热标准煤耗率　$$b^s_{tp,h}=\frac{34.1}{\eta_{tp,h}}=\frac{34.1}{0.8536}=39.95\quad \text{kg 标煤 /GJ}$$

(2) 实际焓降法

分配给供热方面的热耗量

$$Q_{tp,h}=\frac{D_h(h_h-h_c)}{D_0(h_0-h_c)}Q_{tp}$$

$$=\frac{352\times10^3\times(3024.1-2336.2)}{370\times10^3\times(3475-2336.2)}\times1291.569=742.226\quad \text{GJ/h}$$

分配给发电方面的热耗量

$$Q_{tp,e}=Q_{tp}-Q_{tp,h}=1291.569-742.226=549.343\quad \text{GJ/h}$$

1) 发电方面的热经济指标

发电热效率　$$\eta_{tp,e}=\frac{3600P_e}{Q_{tp,e}}=\frac{3600\times47791}{549.343\times10^6}=0.3132$$

发电热耗率　$$q_{tp,e}=\frac{3600}{\eta_{tp,e}}=\frac{3600}{0.3132}=11494.25\quad \text{kJ/(kW}\cdot\text{h)}$$

发电标准煤耗率　$$b^s_{tp,e}=\frac{0.123}{\eta_{tp,e}}=\frac{0.123}{0.3132}=0.3927\quad \text{kg 标煤 /(kW}\cdot\text{h)}$$

2) 供热方面的热经济指标

供热热效率　$$\eta_{tp,h}=\frac{Q}{Q_{tp,h}}=\frac{889.595}{742.226}=1.1986$$

供热标准煤耗率　$$b^s_{tp,h}=\frac{34.1}{\eta_{tp,h}}=\frac{34.1}{1.1986}=28.45\quad \text{kg 标煤 /GJ}$$

(3) 做功能力法

分配给供热方面的热耗量

$$Q_{tp,h}=\frac{D_{h,t}e_h}{D_0e_0}Q_{tp}=\frac{D_{h,t}(h_h-T_{en}s_h)}{D_0(h_0-T_{en}s_0)}Q_{tp}$$

$$=\frac{352\times10^3\times(3024.1-273.15\times6.9645)}{370\times10^3\times(3475-273.15\times6.7801)}\times1291.569=849.240\quad GJ/h$$

分配给发电方面的热耗量

$$Q_{tp,e}=Q_{tp}-Q_{tp,h}=1291.569-849.240=442.329\quad GJ/h$$

1) 发电方面的热经济指标

发电热效率 $$\eta_{tp,e}=\frac{3600P_e}{Q_{tp,e}}=\frac{3600\times47791}{442.329\times10^6}=0.3890$$

发电热耗率 $$q_{tp,e}=\frac{3600}{\eta_{tp,e}}=\frac{3600}{0.3890}=9254.50\quad kJ/(kW\cdot h)$$

发电标准煤耗率 $$b^s_{tp,e}=\frac{0.123}{\eta_{tp,e}}=\frac{0.123}{0.3890}=0.3162\quad \text{kg 标煤}/(kW\cdot h)$$

2) 供热方面的热经济指标

供热热效率 $$\eta_{tp,h}=\frac{Q}{Q_{tp,h}}=\frac{889.595}{849.240}=1.0475$$

供热标准煤耗率 $$b^s_{tp,h}=\frac{34.1}{\eta_{tp,h}}=\frac{34.1}{1.0475}=32.55\quad \text{kg 标煤}/GJ$$

由以上的计算实例可见：按照热量法分配的供热标准煤耗率最高，发电标准煤耗率最低，热电联产的好处全部归发电所有；实际焓降法分配的供热标准煤耗率最低，发电标准煤耗率最高，联产的好处全部归供热所有；做功能力法是一种折衷的分配方法，联产的好处发电和供热各得一部分。

第三节　热电厂节煤量的计算及节煤条件

由于热电厂总的指标 η_{tp}、ω 分别表示量和质的指标，而分项热经济指标又随热量的分配方法不同而不同，因此这些指标在应用上均有其合理性和局限性。而热电联产的主要优点是节约燃料，因此在比较热电联产较分产的热经济性时，常用热电厂较分产的节煤量来衡量。

一、热电厂较分产的节煤量

(一) 比较的基础

热电厂较分产节煤量的比较必须遵循能量供应相等的原则，即按热电厂和分产供应相等数量的电能和热能的条件来计算节煤量。设两者的电负荷均为 W，热负荷均为 Q。

与供热机组相比较的分产发电凝汽式汽轮机组称为代替凝汽式机组，即电网中的凝汽式主力机组。并假设供热机组与代替凝汽式机组的锅炉效率 η_b、管道效率 η_p、汽轮机的机械效率 η_m、发电机效率 η_g 相等。

与热电厂供热相比较的分产供热锅炉效率为 $\eta_{b,d}$、管道效率为 $\eta_{p,d}$。$\eta_{b,d}$ 与 η_b（一般为90%左右）相差较大，$\eta_{p,d}$ 与 η_p 基本相同。此外，热电厂由于集中供热带来的热网散热损失用热网效率 η_{hs}（一般为95%左右）来衡量。因此，当供给热用户相同的热负荷 Q 时，热电厂的供热量 Q_h 与热负荷 Q 的关系是 $Q_h=Q/\eta_{hs}$。

热电厂与分产的比较按热量法进行。

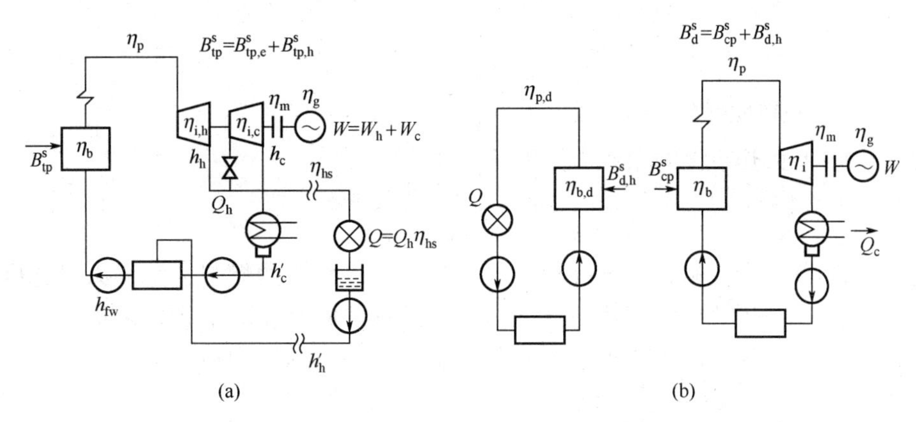

图 3-4　热电厂和热电分产系统示意图

（a）热电厂的热力系统；（b）热电分产的热力系统

（二）热电厂较分产的节煤量

热电厂总的标准煤耗量 B^s_{tp}，为用于发电、供热的标准煤耗量之和，即

$$B^s_{tp}=B^s_{tp,e}+B^s_{tp,h},\text{kg 标煤}/\text{h} \tag{3-27}$$

热电分产总标准煤耗量 B^s_d 为分产发电标准煤耗量 B^s_{cp} 与分产供热标准煤耗量 $B^s_{d,h}$ 之和，即

$$B^s_d=B^s_{cp}+B^s_{d,h},\text{kg 标煤}/\text{h} \tag{3-28}$$

则热电厂的节煤量为

$$\begin{aligned}\Delta B^s &= B^s_d-B^s_{tp}=(B^s_{cp}+B^s_{d,h})-(B^s_{tp,e}+B^s_{tp,h})\\ &=(B^s_{cp}-B^s_{tp,e})+(B^s_{d,h}-B^s_{tp,h})=\Delta B^s_e+\Delta B^s_h,\text{kg 标煤}/\text{h}\end{aligned} \tag{3-29}$$

式中　ΔB^s_e——热电厂发电的节煤量，kg 标煤 /h；

ΔB^s_h——热电厂供热的节煤量，kg 标煤 /h。

二、热电厂较分产供热节煤量 ΔB^s_h 的计算及节煤条件

分产供热的标准煤耗量

$$B^s_{d,h}=\frac{Q\times10^6}{29270\eta_{b,d}\eta_{p,d}}=\frac{34.1Q}{\eta_{b,d}\eta_{p,d}},\text{kg 标煤}/\text{h} \tag{3-30}$$

分产时供 1GJ 热量的标准煤耗率为

$$b^s_{d,h}=\frac{B^s_{d,h}}{Q}=\frac{34.1}{\eta_{b,d}\eta_{p,d}},\text{kg 标煤}/\text{GJ} \tag{3-31}$$

热电厂供热的标准煤耗量　$B^s_{tp,h}=\dfrac{Q\times10^6}{29270\eta_b\eta_p\eta_{hs}}=\dfrac{34.1Q}{\eta_b\eta_p\eta_{hs}},\text{kg 标煤}/\text{h}$　(3-32)

热电厂供 1GJ 热量的标准煤耗率为

$$b^s_{tp,h}=\frac{B^s_{tp,h}}{Q}=\frac{10^6}{29270\eta_b\eta_p\eta_{hs}}=\frac{34.1}{\eta_b\eta_p\eta_{hs}},\text{kg 标煤}/\text{GJ} \tag{3-33}$$

热电厂较分产供热节约的标准煤量为

$$\Delta B^s_h=B^s_{d,h}-B^s_{tp,h}=(b^s_{d,h}-b^s_{tp,h})Q=34.1Q\left(\frac{1}{\eta_{b,d}\eta_{p,d}}-\frac{1}{\eta_b\eta_p\eta_{hs}}\right),\text{kg 标煤}/\text{h} \tag{3-34}$$

全年热电厂供热量 $Q^a_h=Q_h\tau^h_u$，全年内热电厂较分产供热节约的标准煤量为

$$\Delta B_h^{s,a} = 34.1Q_h\tau_u^h\eta_{hs}\left(\frac{1}{\eta_{b,d}\eta_{p,d}} - \frac{1}{\eta_b\eta_p\eta_{hs}}\right)\times 10^{-3}, \text{t 标煤 /a} \quad (3-35)$$

式中 τ_u^h——供热机组年供热小时数，h。

热电厂较分产供热节煤的条件为 $\Delta B_h^s > 0$，即

$$\frac{1}{\eta_{b,d}\eta_{p,d}} - \frac{1}{\eta_b\eta_p\eta_{hs}} > 0 \quad (3-36)$$

当热电厂和分产供应相同的热负荷 Q 时，热电厂供热节约燃料的主要原因是热电厂的锅炉效率 η_b 远高于分产供热的锅炉效率 $\eta_{b,d}$ 所致，称“集中节能”。其不利因素是热电厂供热有热网损失。因为热电厂供热和分产供热管道效率大致相等，即 $\eta_p \approx \eta_{p,d}$，则其节煤条件为 $\eta_b > \frac{\eta_{b,d}}{\eta_{hs}}$。

三、热电厂发电节煤量 ΔB_e^s 的计算及节煤条件

分产发电代替凝汽式机组的绝对内效率为 η_i，则分产发电的标准煤耗率 b_{cp}^s 为

$$b_{cp}^s = \frac{0.123}{\eta_{cp}} = \frac{0.123}{\eta_b\eta_p\eta_i\eta_m\eta_g}, \text{kg 标煤 /(kW·h)} \quad (3-37)$$

一次调节抽汽式供热机组发电量 W 包括两部分，即供热汽流发电量 W_h（绝对内效率为 $\eta_{i,h}$）和凝汽流发电量 W_c（绝对内效率为 $\eta_{i,c}$），则 $W = W_h + W_c$。若供热机组为背压机，则 $W_c = 0$。

由于供热汽流发电没有冷源损失，$\eta_{i,h} = 1$，则供热汽流的发电标准煤耗率

$$b_{e,h}^s = \frac{0.123}{\eta_b\eta_p\eta_{i,h}\eta_m\eta_g} = \frac{0.123}{\eta_b\eta_p\eta_m\eta_g}, \text{kg 标煤 /(kW·h)} \quad (3-38)$$

而凝汽流发电的标准煤耗率为

$$b_{e,c}^s = \frac{0.123}{\eta_b\eta_p\eta_{i,c}\eta_m\eta_g}, \text{kg 标煤 /(kW·h)} \quad (3-39)$$

由于 $\eta_{i,c} < \eta_i < \eta_{i,h} = 1$，故有 $b_{e,c}^s > b_{cp}^s > b_{e,h}^s$。

热电厂发电的标准煤耗量为

$$B_{tp,e}^s = B_{e,h}^s + B_{e,c}^s = b_{e,h}^s W_h + b_{e,c}^s W_c, \text{kg 标煤 /h} \quad (3-40)$$

代替凝汽式机组发电的标准煤耗量为

$$B_{cp}^s = b_{cp}^s W = b_{cp}^s (W_h + W_c), \text{kg 标煤 /h} \quad (3-41)$$

则热电厂发电节约的标准煤量为

$$\begin{aligned}\Delta B_e^s &= B_{cp}^s - B_{tp,e}^s = b_{cp}^s(W_h + W_c) - (b_{e,h}^s W_h + b_{e,c}^s W_c) \\ &= (b_{cp}^s - b_{e,h}^s)W_h - (b_{e,c}^s - b_{cp}^s)W_c, \text{kg 标煤 /h}\end{aligned} \quad (3-42)$$

式（3-42）中，第一项 $(b_{cp}^s - b_{e,h}^s)W_h$ 为热电厂节煤的有利因素，是热电厂发电理论上节约燃料的最大值，因为供热机组供热汽流发电，冷源损失用于供热了，称“联产节能”。第二项 $(b_{e,c}^s - b_{cp}^s)W_c$ 为节煤的不利因素，是供热机组凝汽流发电多消耗的燃料。原因有①供热机组的容量及蒸汽初参数一般均低于代替电网凝汽式机组；②抽汽式供热机组的凝汽流要通过调节抽汽用的回转隔板，增大了凝汽流的节流损失；③抽汽式供热机组非设计工况运行效率低，如采暖用单抽汽式机组在非采暖期运行时就是这种情况；④热电厂必须建在热负荷附近，若供水调节比凝汽式机组差，则排汽压力高，热经济性有所降低。从第一项中扣去第二项，才是热电厂发电实际节煤量。因此，热电厂发电是否节煤存在一定的条件，即要满足

$\Delta B_e^s > 0$。

将 $W_c = W - W_h$ 代入式（3-42）得

$$\Delta B_e^s = (b_{e,c}^s - b_{e,h}^s)W_h - (b_{e,c}^s - b_{cp}^s)W, \text{kg 标煤}/\text{h} \tag{3-43}$$

定义热化发电比 X 为供热机组热化发电量占供热机组总发电量的比值，即 $X = \frac{W_h}{W}$。将 $X = \frac{W_h}{W}$ 及 $b_{e,c}^s$、b_{cp}^s、$b_{e,h}^s$ 各表达式（3-39）、式（3-37）、式（3-38）代入式（3-43），得

$$\Delta B_e^s = \frac{0.123W_h}{\eta_b\eta_p\eta_m\eta_g}\left[\left(\frac{1}{\eta_{i,c}} - 1\right) - \frac{1}{X}\left(\frac{1}{\eta_{i,c}} - \frac{1}{\eta_i}\right)\right], \text{kg 标煤}/\text{h} \tag{3-44}$$

全年热化发电量 $W_h^a = \omega Q_h \tau_u^h$，全年内热电厂发电节约的标准煤量 $\Delta B_e^{s,a}$ 为

$$\Delta B_e^{s,a} = \frac{0.123\omega Q_h \tau_u^h}{\eta_b\eta_p\eta_m\eta_g}\left[\left(\frac{1}{\eta_{ic}} - 1\right) - \frac{1}{X}\left(\frac{1}{\eta_{ic}} - \frac{1}{\eta_i}\right)\right] \times 10^{-3}, \text{t 标煤}/\text{a} \tag{3-45}$$

只有热电厂中的热化发电比 X 足够大，使式（3-43）中的第一项大于第二项时才能节煤。$\Delta B_e^s = 0$ 即供热机组凝汽流发电所多耗的燃料等于其供热汽流所节省的燃料时，是热电厂发电节煤的临界值。此时的热化发电比 X 为临界热化发电比 [X]。

$$[X] = \frac{b_{e,c}^s - b_{cp}^s}{b_{e,c}^s - b_{e,h}^s} \qquad \text{或} [X] = \frac{\dfrac{1}{\eta_{i,c}} - \dfrac{1}{\eta_i}}{\dfrac{1}{\eta_{i,c}} - 1} \tag{3-46}$$

[X] 是由供热机组凝汽流发电量的绝对内效率 $\eta_{i,c}$ 与代替凝汽式机组的绝对内效率 η_i 所决定的特性参数，而 $\eta_{i,c}$ 和 η_i 与机组的蒸汽初参数、终参数、容量、机组采用回热及再热的情况等因素有关。

从以上的分析和推导可知热电厂发电节煤条件

$$X > [X] \tag{3-47}$$

即只有供热机组的热化发电比大于临界热化发电比时，热电厂发电才能节煤。而 $W_h = \omega Q_h$，因此只有 Q_h 足够大时，热电厂发电才会节煤。热负荷越大，则热电厂发电节煤越多。在大电网中建低参数供热机组是不合理的。因为 $\eta_{i,c}$ 低，η_i 高得多，使 [X] 很大，难以满足 $X>$ [X]。

四、供热机组临界年供热小时数 [τ_u^h]

由式（3-35）、式（3-45）可知，其他条件一定时，供热机组年供热小时数 τ_u^h 值偏低，不能发挥供热机组节约燃料的优越性。

根据临界热化发电比的定义得

$$[X] = \frac{P_e^h[\tau_u^h]}{P_e[\tau_u^h] + P_e^r\{\tau_u - [\tau_u^h]\}} \tag{3-48}$$

得供热机组临界年供热小时数

$$[\tau_u^h] = \frac{P_e^r \tau_u [X]}{P_e^h + P_e^r[X] - P_e[X]}, \text{h} \tag{3-49}$$

式中 τ_u——供热机组的年利用小时数，h；

P_e^r——供热机组的额定功率，kW；

P_e、P_e^h——供热机组供热期间某一工况下的实际功率和实际热化发电功率，kW。

只有 $\tau_u^h >$ [τ_u^h] 时，供热机组发电才能节煤。[τ_u^h] 的大小除与 [X] 有关外，还受 P_e^r、τ_u、P_e^h 及 P_e 的影响。

五、热电厂发电节煤的程度

供应相等数量的电能 W 时，

$$\frac{B^{s}_{tp,e}}{B^{s}_{cp}}=\frac{b^{s}_{e,h}W_{h}+b^{s}_{e,c}W_{c}}{b^{s}_{cp}(W_{h}+W_{c})} \tag{3-50}$$

（1）当抽汽式供热机组不对外供热而仅凝汽流发电，即 $W_{h}=0$ 时，得

$$\frac{B^{s}_{tp,e}}{B^{s}_{cp}}=\frac{b^{s}_{e,c}}{b^{s}_{cp}}=\frac{\eta_{i}}{\eta_{i,c}}>1 \tag{3-51}$$

即
$$B^{s}_{tp,e}>B^{s}_{cp} \tag{3-52}$$

此时供热机组发电多耗煤。

（2）当供热机组为背压机，凝汽流发电量 $W_{c}=0$ 时，得

$$\frac{B^{s}_{tp,e}}{B^{s}_{cp}}=\frac{b^{s}_{e,h}}{b^{s}_{cp}}=\eta_{i}<1 \tag{3-53}$$

即
$$B^{s}_{tp,e}=\eta_{i}B^{s}_{cp} \tag{3-54}$$

目前，一般代替凝汽式机组的 $\eta_{i}<50\%$，因此热电联产发电煤耗量不足代替凝汽式机组发电煤耗量的一半。

六、热电厂总节煤量的计算

$$\Delta B^{s}=\Delta B^{s}_{e}+\Delta B^{s}_{h}=(b^{s}_{cp}-b^{s}_{e,h})W_{h}-(b^{s}_{e,c}-b^{s}_{cp})W_{c}+(b^{s}_{d,h}-b^{s}_{tp,h})Q$$
$$=\frac{0.123W_{h}}{\eta_{b}\eta_{p}\eta_{m}\eta_{g}}\left[\left(\frac{1}{\eta_{i,c}}-1\right)-\frac{1}{X}\left(\frac{1}{\eta_{i,c}}-\frac{1}{\eta_{i}}\right)\right]+34.1Q\left(\frac{1}{\eta_{b,d}\eta_{p,d}}-\frac{1}{\eta_{b}\eta_{p}\eta_{hs}}\right),\text{kg 标煤/h} \tag{3-55}$$

全年内热电厂节约的总标准煤量

$$\Delta B^{s,a}=\frac{0.123\omega Q_{h}\tau^{h}_{u}}{\eta_{b}\eta_{p}\eta_{m}\eta_{g}}\left[\left(\frac{1}{\eta_{i,c}}-1\right)-\frac{1}{X}\left(\frac{1}{\eta_{i,c}}-\frac{1}{\eta_{i}}\right)\right]\times10^{-3}$$
$$+34.1Q_{h}\tau^{h}_{u}\eta_{hs}\left(\frac{1}{\eta_{b,d}\eta_{p,d}}-\frac{1}{\eta_{b}\eta_{p}\eta_{hs}}\right)\times10^{-3},\text{t 标煤/a} \tag{3-56}$$

热电厂的燃料节省主要决定于：①热负荷的大小、参数和特性；②供热式机组的型式、参数和容量；③电网中代替凝汽式机组的热效率；④分产锅炉的热效率等。只有合理地综合考虑这些影响因素，才能得到最大的燃料节省。

【例题 3-2】 热电厂燃料节省的计算

已知以例题 3-1 中 C50-8.83/1.27 型供热机组原始数据为准，其额定功率 $P^{r}_{e}=5\times10^{4}$kW。与热电分产相比，设分产发电代替凝汽式机组的发电标准煤耗率 b^{s}_{cp} 为 357g/kW·h，分产供热时锅炉管道效率 $\eta_{b,d}\eta_{p,d}=0.75\times0.98=0.735$，机组全年运行小时数 $\tau_{u}=6000$h，供热机组年供热小时数 $\tau^{h}_{u}=4000$h。

求：

1. 全年内热电厂供热、发电节约的标准煤量及热电厂节约的总标准煤量。
2. 若 $\tau^{h}_{u}=1000$h 还能节煤吗？若不能节煤，全年多耗多少标准煤？
3. 求供热机组临界年供热小时数 $[\tau^{h}_{u}]$

解 供热机组凝汽发电时

$$\eta_{i,c}=\frac{h_{0}-h_{c}}{h_{0}-h'_{c}}=\frac{3475-2336.2}{3475-99.65}=0.3374$$

$$\eta_{i}=\frac{\eta_{cp}}{\eta_{bp}\eta_{mg}}=\frac{0.123}{b^{s}_{cp}\eta_{bp}\eta_{mg}}=\frac{0.123}{0.357\times0.88\times0.96}=0.4078$$

$$[X]=\frac{\frac{1}{\eta_{i,c}}-\frac{1}{\eta_i}}{\frac{1}{\eta_{i,c}}-1}=\frac{\frac{1}{0.3374}-\frac{1}{0.4078}}{\frac{1}{0.3374}-1}=0.2605$$

1. 全年内热电厂供热、发电节约的标准煤量及热电厂节约的总标准煤量

(1) 全年内热电厂供热节约的标准煤量 $\Delta B_h^{s,a}$

$$\Delta B_h^{s,a}=34.1Q_h\tau_u^h\eta_{hs}\left(\frac{1}{\eta_{b,d}\eta_{p,d}}-\frac{1}{\eta_b\eta_p\eta_{hs}}\right)\times10^{-3}$$

$$=34.1\times917.108\times4000\times0.97\left(\frac{1}{0.735}-\frac{1}{0.88\times0.97}\right)\times10^{-3}=22937.682\quad \text{t标煤}/\text{a}$$

(2) 全年内热电厂发电节约的标准煤量 $\Delta B_e^{s,a}$(分供热期和非供热期求解)

1) 先判断热电厂发电能否节煤

$$X_1=\frac{W_h^a}{W^a}=\frac{\omega Q_h\tau_u^h}{P_e\tau_u^h+P_e^r(\tau_u-\tau_u^h)}=\frac{46.19\times917.108\times4000}{47791\times4000+50000\times(6000-4000)}=0.5820$$

$X_1>[X]$,热电厂发电可以节煤。

2) 供热期间热电厂发电节约的标准煤量 ΔB_{e1}^s

供热期间的热化发电比 $X_2=\frac{\omega Q_h\tau_u^h}{P_e\tau_u^h}=\frac{46.19\times917.108\times4000}{47791\times4000}=0.8864$

$$\Delta B_{e1}^s=\frac{0.123\omega Q_h\tau_u^h}{\eta_b\eta_p\eta_m\eta_g}\left[\left(\frac{1}{\eta_{i,c}}-1\right)-\frac{1}{X_2}\left(\frac{1}{\eta_{i,c}}-\frac{1}{\eta_i}\right)\right]\times10^{-3}$$

$$=\frac{0.123\times46.19\times917.108\times4000}{0.88\times0.96}\left[\left(\frac{1}{0.3374}-1\right)-\frac{1}{0.8864}\left(\frac{1}{0.3374}-\frac{1}{0.4078}\right)\right]\times10^{-3}$$

$$=34208.467\quad \text{t标煤}/\text{a}$$

3) 非供热期间,供热机组纯凝汽运行发电比分产发电多耗的标准煤量 ΔB_{e2}^s

$$\Delta B_{e2}^s=\frac{0.123P_e^r(\tau_u-\tau_u^h)}{\eta_b\eta_p\eta_m\eta_g}\left(\frac{1}{\eta_{ic}}-\frac{1}{\eta_i}\right)\times10^{-3}$$

$$=\frac{0.123\times50000\times(6000-4000)}{0.88\times0.96}\left(\frac{1}{0.3374}-\frac{1}{0.4078}\right)\times10^{-3}$$

$$=7449.576\quad \text{t标煤}/\text{a}$$

4) 全年内热电厂发电节约的标准煤量 $\Delta B_e^{s,a}$

$$\Delta B_e^{s,a}=\Delta B_{e1}^s-\Delta B_{e2}^s$$

$$=34208.467-7449.576=26758.891\quad \text{t标煤}/\text{a}$$

(3) 全年内热电厂节约的总标准煤量

$$\Delta B^{s,a}=\Delta B_h^{s,a}+\Delta B_e^{s,a}$$

$$=22937.682+26758.891=49696.573\quad \text{t标煤}/\text{a}$$

2. τ_u^h =1000h 是否节煤

(1) 全年内供热节约的标准煤量 $\Delta B_h^{s,a}$

$$\Delta B_h^{s,a}=34.1Q_h\tau_u^h\eta_{hs}\left(\frac{1}{\eta_{b,d}\eta_{p,d}}-\frac{1}{\eta_b\eta_p\eta_{hs}}\right)\times10^{-3}$$

$$=34.1\times917.108\times1000\times0.97\times\left(\frac{1}{0.735}-\frac{1}{0.88\times0.97}\right)\times10^{-3}$$

$$=5734.421\quad \text{t标煤}/\text{a}$$

(2) 全年内热电厂发电节约的标准煤量 $\Delta B_e^{s,a}$(用全年内的热化发电比直接求解)

1) 先判断热电厂发电能否节煤

供热汽流的电功率

$$P_e^h=\frac{D_h(h_0-h_h)\eta_{mg}}{3600}$$

$$= \frac{352 \times 10^3 \times (3475 - 3024.1) \times 0.96}{3600} = 42324.48 \quad \text{kW}$$

热化发电比

$$X_3 = \frac{W_h^a}{W^a} = \frac{P_e^h \tau_u^h}{P_e \tau_u^h + P_e^r (\tau_u - \tau_u^h)} = \frac{42324.48 \times 1000}{47791 \times 1000 + 50000 \times (6000 - 1000)} = 0.1421$$

$X_3 < [X]$，热电厂发电不能节煤。

2）全年内热电厂发电节约的标准煤量 $\Delta B_e^{s,a}$

$$\Delta B_e^{s,a} = \frac{0.123 P_e^h \tau_u^h}{\eta_b \eta_p \eta_m \eta_g}\left[\left(\frac{1}{\eta_{i,c}} - 1\right) - \frac{1}{X_3}\left(\frac{1}{\eta_{i,c}} - \frac{1}{\eta_i}\right)\right] \times 10^{-3}$$

$$= \frac{0.123 \times 42324.48 \times 1000}{0.88 \times 0.96}\left[\left(\frac{1}{0.3374} - 1\right) - \frac{1}{0.1421}\left(\frac{1}{0.3374} - \frac{1}{0.4078}\right)\right] \times 10^{-3}$$

$$= -10086.782 \quad \text{t 标煤 /a}$$

(3) 全年内热电厂节约的总标准煤量 $\Delta B^{s,a}$

$$\Delta B^{s,a} = \Delta B_h^{s,a} + \Delta B_e^{s,a}$$

$$= 5734.421 - 10086.782 = -4352.361 \quad \text{t 标煤 /a}$$

热电厂每年多耗 4352.361t 标准煤。

3. 热负荷临界持续小时数 $[\tau_u^h]$

$$[\tau_u^h] = \frac{P_e^r \tau_u [X]}{P_e^h + P_e^r [X] - P_e [X]}$$

$$= \frac{50000 \times 6000 \times 0.2605}{42324.48 + 50000 \times 0.2605 - 47791 \times 0.2605} = 1821.682 \quad \text{h}$$

只有 $\tau_u^h > [\tau_u^h]$ 时，本例 $\tau_u^h >$1821.628h 时，热电厂发电才能节煤。

第四节　热电厂的热化系数

一、热化系数的概念

为提高热电厂供热机组的设备利用率及经济性，不仅要根据热负荷的大小及特性合理地选择供热式机组的容量和类型，还应有一定容量的尖峰锅炉配合供热，构成以热电联产为基础，热电联产与热电分产相结合的能量供应系统。在高峰热负荷时，热量大部分来自供热式汽轮机的抽汽或背压排汽，不足部分由尖峰锅炉直接供给，前者为热化供热量（或称联产供热量），后者为分产供热量。热化供热量在总供热量中所占的比例是否合理，将影响热电联产供热系统的综合经济性。表示热化程度的比值称为热化系数。它有小时热化系数 α_{tp} 和年热化系数 α_{tp}^a 之分。

小时热化系数 α_{tp} 是指供热式机组的小时最大热化供热量 $Q_{h,t}^{max}$ 与小时最大热负荷 Q_h^{max} 之比。

$$\alpha_{tp} = \frac{Q_{h,t}^{max}}{Q_h^{max}} \tag{3-57}$$

图 3-5 所示曲线为全年热负荷持续时间曲线，横坐标为热负荷的持续小时数，纵坐标为小时热负荷，图上纵坐标上所注 $Q_{h,t}^{max}$、Q_h^{max} 之比即为小时热化系数。该持续时间曲线下的面积 *abcdeoa* 表示全年热负荷 Q_h^a，面积 *fbcdeof* 表示供热式机组全年热化供热量 $Q_{h,t}^a$。供热机组全年热化供热量 $Q_{h,t}^a$ 与全年热负荷 Q_h^a 之比，为年热化系数 α_{tp}^a。

$$\alpha_{tp}^a = \frac{Q_{h,t}^a}{Q_h^a} = \frac{\text{面积 } fbcdeof}{\text{面积 } abcdeoa} \tag{3-58}$$

通常采用的是小时热化系数，简称热化系数，以 α_{tp} 表示。

热化系数是热电厂最重要的技术经济参数之一，供热机组的安装容量和热电厂的燃料节约量都取决于热化系数。对已投运的热电厂而言，其设备及投资已经确定，因此运行中应当设法提高其热化供热的比例，使运行的 α_{tp} 接近和等于设计值，从而使热化发电比增大，提高热电厂的节煤量。

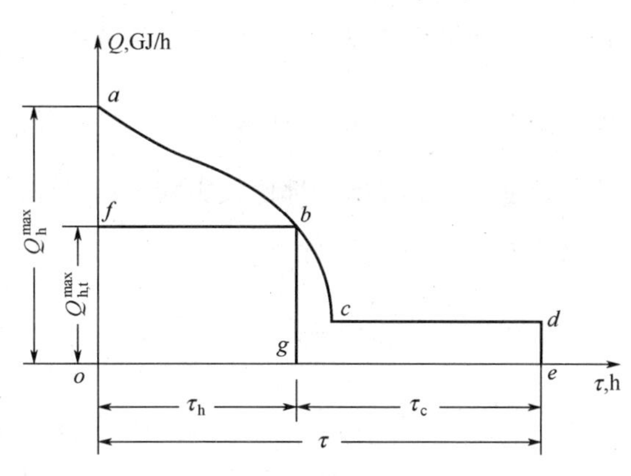

图 3-5　热化系数定义图示

对新建的供热式机组却有所不同，存在热化系数的选择问题。确定热电厂的最佳热化系数，一般采用热电厂与热电分产相比较的方法，热电厂发电不足部分由电网中凝汽式发电机组代替补充，供热式机组热化供热量的不足部分由尖峰锅炉直接供热来补充。比较必须遵循能量供应相等的原则，即不同方案供应的能量在数量与质量方面都应该相等。

二、理论上最佳热化系数 $\alpha_{tp,th}^{op}$ 的分析

理论上最佳热化系数 $\alpha_{tp,th}^{op}$ 是使热电厂与热电分产相比燃料节约量最大时所对应的热化系数，表明热电厂热经济性的最佳状态。

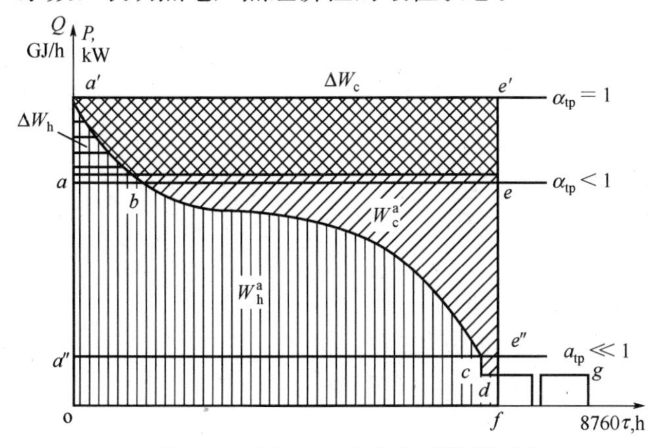

图 3-6　理论上最佳热化系数的图示

以一次调节抽汽式汽轮机为例说明。如图 3-6 所示，曲线 $a'bcd$ 表示全年热负荷持续时间曲线，曲线 $abcd$ 表示全年热化供热量持续时间曲线。面积 $a'bcdfoa'$ 表示热电厂年供热量 Q_h^a，面积 $abcdfoa$ 表示全年热化供热量 $Q_{h,t}^a$，面积 $a'baa'$ 表示分产年供热量。该汽轮机组全年发电量 $W^a=W_h^a+W_c^a$。一次调节抽汽式汽轮发电机组的热化发电量与其热化供热量成正比，选择适当的纵坐标比例，便可使热化发电量持续时间曲线与热化供热量持续时间曲线相重合。则面积 $abcdfoa$ 也表示全年热化发电量 W_h^a。根据 $W^a=P_e\tau_u$，按一定比例绘制的面积 $aefoa$ 表示全年发电量 W^a。面积 $bedcb$ 表示该机组全年凝汽流发电量 W_c^a。W^a 以该热化供热量持续曲线为界，将 W^a 划分为 W_h^a、W_c^a 两部分。

由图 3-6 看出，提高热化系数 α_{tp}，汽轮机年热化供热量 $Q_{h,t}^a$ 增加 $\Delta Q_{h,t}$，年热化发电量 W_h^a 增加 ΔW_h，同时年凝汽流发电量 W_c^a 增加 ΔW_c。W_h^a 的增加，式（3-42）中的第一项增大而使 ΔB^s 增大，W_c^a 增加使式（3-42）中的第二项也增大，反过来使 ΔB^s 减小。

当 α_{tp} 较小时（图 3-6 中 a'' 点处 α_{tp}），提高 α_{tp}，由于 W_h^a 增加的速度较大而 W_c^a 增加的速度较小，W_h^a 增加引起的燃料节省量大于 W_c^a 增加所多耗的燃料，从而使燃料节约的增量 $\frac{d(\Delta B^s)}{d\alpha_{tp}}>0$，节省燃料。若继续提高 α_{tp} 值，W_h^a 增加的速度减小而 W_c^a 增加的速度增大，燃

料节约的增量逐渐减小，但仍能保持 $\frac{d(\Delta B^s)}{d\alpha_{tp}}>0$；当 α_{tp} 提高到某一值，燃料节约的增量为零，即 $\frac{d(\Delta B^s)}{d\alpha_{tp}}=0$，此时燃料节约量达到最大值；此后再继续提高 α_{tp} 值，由于所有实际热负荷持续时间曲线的上部比较尖陡，W_h^a 增长的速度愈来愈小，而 W_c^a 增长的速度愈来愈大，使 W_h^a 的增加引起的燃料节省小于 W_c^a 增加所多耗的燃料，燃料节约增量 $\frac{d(\Delta B^s)}{d\alpha_{tp}}<0$。燃料节约量达到最大值 $\frac{d(\Delta B^s)}{d\alpha_{tp}}=0$ 时的 α_{tp} 值，即为理论上最佳热化系数 $\alpha_{tp,th}^{op}$。

$\frac{d(\Delta B^s)}{d\alpha_{tp}}=0$，$\alpha_{tp}=\alpha_{tp,th}^{op}$。令热化系数变化量 $d\alpha_{tp}>0$，则理论上最佳热化系数条件式为

$$d(\Delta B^s)=0 \tag{3-59}$$

若只考虑热电厂发电的燃料节省 ΔB_e^s，即认为 $b_{d,h}^s=b_{tp,h}^s$，燃料节约增量公式为

$$d(\Delta B_e^s)=(b_{cp}^s-b_{e,h}^s)dW_h-(b_{e,c}^s-b_{cp}^s)dW_c \tag{3-60}$$

或

$$d(\Delta B_e^s)=(b_{e,c}^s-b_{e,h}^s)dW_h-(b_{e,c}^s-b_{cp}^s)dW \tag{3-61}$$

理论上最佳热化系数条件式

$$d(\Delta B_e^s)=(b_{e,c}^s-b_{e,h}^s)dW_h-(b_{e,c}^s-b_{cp}^s)dW=0 \tag{3-62}$$

则

$$\frac{dW_h}{dW}=\frac{b_{e,c}^s-b_{cp}^s}{b_{e,c}^s-b_{e,h}^s} \tag{3-63}$$

此时供热汽流和凝汽流做功的变化可表示为

$$\left.\begin{aligned}dW_h&=dP_e^r\tau_h\\ dW&=dP_e^r(\tau_h+\tau_c)=dP_e^r\tau\end{aligned}\right\} \tag{3-64}$$

则有

$$\frac{dW_h}{dW}=\frac{\tau_h}{\tau_h+\tau_c}=\frac{\tau_h}{\tau} \tag{3-65}$$

式中 P_e^r——热电厂的额定电功率，kW；

τ_h——采暖季节尖峰锅炉理论上年最佳运行小时数，h；

τ——采暖季节小时数，$\tau=\tau_h+\tau_c$，各地区均为已知数，h。

将式（3-63）代入式（3-65），则 α_{tp} 的最佳值条件又可写成

$$\frac{\tau_h}{\tau}=\frac{b_{e,c}^s-b_{cp}^s}{b_{e,c}^s-b_{e,h}^s} \tag{3-66}$$

用式（3-66）可方便地算出 τ_h，从而求得理论上热化系数的最佳值。例如已知采暖季节小时数 $\tau=5000$（h），$\frac{\tau_h}{\tau}=\frac{b_{e,c}^s-b_{cp}^s}{b_{e,c}^s-b_{e,h}^s}=0.25$，则 $\tau_h=5000\times0.25=1250$(h)。在图 3-5上相当于 g 点，由 g 点作垂线交于热负荷持续时间曲线的 b 点，b 点所对应的纵坐标值就是所求方案理论上热化系数的最佳值 $\alpha_{tp,th}^{op}$。

由上述分析可以看出，一般热网的热化系数都应小于 1，供热式汽轮机的最大供热量常小于热电厂的最大热负荷，高峰热负荷时，供热的不足部分以分别能量生产方式来满足。

分析理论上最佳热化系数 $\alpha_{tp,th}^{op}$ 的公式可以看出，影响 $\alpha_{tp,th}^{op}$ 的主要因素如下：

（1）热负荷持续时间曲线的形状及持续时间的长短。就我国“三北”地区的城市采暖热负荷来说，因各城市所处的纬度不同，采暖期长短及室外气温变化特性也就不同；即使各城

市采暖热负荷的大小相等，其热负荷持续时间曲线也有很大差别。就同一种供热式机组来说，采暖期愈长，机组的年供热量愈大，曲线愈平坦，$\alpha_{tp,th}^{op}$ 愈大；否则曲线愈尖陡，$\alpha_{tp,th}^{op}$ 愈小。

(2) 供热机组的热力特性，即供热机组的型式、容量、参数和热力系统完善性。具体反映在供热机组的供热汽流和凝汽流的发电煤耗率上。

传统机型的供热机组，一般来说，容量较小、参数较低，热力性能较差；而新机型供热机组（如国产 200、300MW 供热机组），参数高，热力性能较好。所以在相同条件下，新机型的热化系数的最佳值相对较高。

(3) 代替凝汽式汽轮机组的容量、参数和热力系统的完善程度，即代替凝汽式汽轮机组的发电煤耗率。

代替凝汽式机组的容量及其热力性能主要由电网容量和规模所决定。如我国东北、西北和华北的三大电网，它们的容量、结构和主力机组情况就不完全相同，因此各电网的平均发电煤耗率也就不同，在不同电网中所确定的代替凝汽式机组的水平就不一样，代替凝汽式机组的热经济性愈高，热电联产的节煤量相对愈小。因此，在大电网中建设热电厂应尽可能选用高参数、大容量的供热式机组，以减小供热机组凝汽流发电与代替凝汽式机组发电煤耗率的差距，理论上热化系数的最佳值可相对提高。

(4) 分产供热设备的容量、参数及其热力性能等。

三、经济上最佳热化系数 $\alpha_{tp,ec}^{op}$ 的分析

经济上最佳热化系数 $\alpha_{tp,ec}^{op}$ 是指既反映热电联产系统的热经济性，又反映系统技术经济性最佳状态的热化系数。

热电厂热化系数的选择，不仅要考虑热电联产的热经济性，还要考虑工程建设所需投资及工程投产后所需的运行、维护费用等因素的影响。即影响经济上最佳热化系数的因素除影响理论上最佳热化系数的有关内容外，还有厂址条件，燃料供应及水源情况，热网的型式、容量及规模，热电厂的容量及其在电力系统中的地位，代替凝汽式电厂的地点以及整个能量供应系统和有关设备的投资；煤价、电价、热价、国家的技术经济政策、能源政策以及产生的社会经济效益和非经济效益等因素的影响。可见经济上最佳热化系数是热电联产系统的一个综合性经济指标，要求热经济性和技术经济性综合得最佳。

热电厂的热化系数，不仅决定热电联产的节煤量，而且决定供热式汽轮机的安装容量。当热电厂的最大热负荷不变时，若安装型号和参数相同的汽轮机，提高热化系数，要求的供热抽汽流量增加，将会增大热电厂的安装容量。由于热电厂的单位造价较高，增大热电厂安装容量时，热电厂与凝汽式电厂的基建投资差额将增大，而尖峰热源的投资将减少。热化系数为最佳值时，应使燃料的节约量最大而它的投资尽量小。

可见根据工程的不同情况，计算经济上热化系数的最佳值，具有重要意义。确定经济上最佳热化系数是一项很复杂的工作。较为简便而又足够准确的方法，是比较联产和分产所节约的年计算费用。节约年计算费用最大时所对应的热化系数称经济上最佳热化系数。

已知热电厂、代替凝汽式电厂、尖峰锅炉、区域供热锅炉房及热网等的单位投资，热电联产与热电分产相比较，年计算费用节约的数学解析式为

$$R = \Delta B^{s,a} Z_f - P_e^r[(k_{tp} - k_d)(r + f_m) + Z_d],\text{元 /a} \tag{3-67}$$

式中　$\Delta B^{s,a}$——热电厂和分产相比较的年燃料节约量，t 标煤/a；

Z_f——标准燃料价格，元/t；

P_{e}^{r}——热电厂额定电功率，kW；

k_{tp}——装有尖峰锅炉的热电厂单位投资，元/kW；

k_{d}——分产方案的单位投资（包括凝汽式电厂、区域供热锅炉房和热电厂与分产方案热网的投资差），元/kW；

r——标准投资效益系数；

f_{m}——固定资产折旧率（包括大修折旧）；

Z_{d}——热电厂和分产相比增加的附加费用，初步计算时可以取 $Z_{d}=0$，元/kW。

若 α_{tp} 的变化趋于无穷小时，燃料的节省量和增加的投资也趋于无穷小，这时式（3-67）可写成

$$dR = d(\Delta B^{s,a})Z_{f} - dP_{e}^{r}[(k_{tp}-k_{d})(r+f_{m})+Z_{d}] \quad (3-68)$$

当年计算费用的节约增量为零时，所对应的热化系数即是经济上热化系数的最佳值，则上式可写成

$$dR = d(\Delta B^{s,a})Z_{f} - dP_{e}^{r}[(k_{tp}-k_{d})(r+f_{m})+Z_{d}] = 0 \quad (3-69)$$

$$d(\Delta B^{s,a})Z_{f} = dP_{e}^{r}[(k_{tp}-k_{d})(r+f_{m})+Z_{d}] \quad (3-70)$$

如不考虑附加费用因素，把式（3-61）和式（3-64）代入式（3-70），得

$$(b_{e,c}^{s}-b_{e,h}^{s})\tau_{h} - (b_{e,c}^{s}-b_{cp}^{s})\tau = (k_{tp}-k_{d})(r+f_{m})/Z_{f} \quad (3-71)$$

则

$$\left(\frac{\tau_{h}}{\tau}\right)_{op} = \frac{b_{e,c}^{s}-b_{cp}^{s}}{b_{e,c}^{s}-b_{e,h}^{s}} + \frac{(k_{tp}-k_{d})(r+f_{m})}{(b_{e,c}^{s}-b_{e,h}^{s})Z_{f}\tau} \quad (3-72)$$

由于 τ 已知，式（3-72）可解，求出 τ_{h}^{op} 值后在图 3-5 上找出 g 点，从 g 点作垂线交热负荷持续时间曲线于 b 点，即可求得经济上热化系数的最佳值 $\alpha_{tp,ec}^{op}$。式（3-72）中，等号右边第一项为理论上热化系数最佳值条件，当考虑技术经济因素的第二项时，比值 τ_{h}/τ 增大，经济上最佳热化系数值降低。

分析式（3-72）看出，影响经济上热化系数最佳值的因素是很复杂的，特别是投资因素，随时间和空间的转移而变化。对经济上最佳热化系数的影响因素主要有：

（1）地区燃料价格的高低，燃料价格越高，$\alpha_{tp,ec}^{op}$ 越大；

（2）机组的年利用小时数，年利用小时数越大，$\alpha_{tp,ec}^{op}$ 越大；

（3）热电厂的单位投资、分产时凝汽式电厂及锅炉房的单位投资，热电联产系统的标准投资效益系数 r、固定资产折旧率 f_{m} 等。两者的投资差（$k_{tp}-k_{d}$）越大，r、f_{m} 越大，经济上最佳热化系数 $\alpha_{tp,ec}^{op}$ 越小。

由于各地区的地理环境、交通、水源、燃料来源、厂址条件等都存在差别，各城市即使建设容量和机组完全相同的热电厂，不但其建设投资有很大差别，就是选定的代替凝汽式电厂、尖峰锅炉和区域锅炉房等的单位容量投资也同样有较大差异，使建厂条件好的地区投资相对较小，其经济上热化系数的最佳值就相对较高，反之较低。

地区之间经济发展不平衡，各类地区的物价，建材的分布和开采等都不相同。热网管道的保温及建造费用也因各地区的气象条件而异，这都将影响热电厂的投资，因而影响热化系数的最佳值。

不同的调峰方式由于尖峰锅炉的装设地点和供水温度不同，所选尖峰锅炉的型式、容量和单位容量投资、热网投资等也就不同。即使是相同容量的尖峰锅炉，因装在不同地区，其

单位容量投资也有差异。这些对热化系数的最佳值都有一定影响，特别是热网供水温度的选择对热化系数最佳值的影响较大。

供热机组型式、容量不同，单位容量的投资就不同，如传统机型的供热机组，一般来说容量较小，单位容量投资较高；而新机型供热机组（如国产200、300MW抽汽供热机组），单机容量较大，单位投资较小。所以在相同条件下，新机型的热化系数的最佳值相对较高。

四、热化系数的作用

热负荷持续时间曲线可以是一台机组的，也可以是某一热电厂的，甚至是某一地区的。该曲线表示的热负荷范围不同，热化系数的作用不同。就某地区能量供应系统而言，热负荷持续曲线表征该地区的能量供应情况，热化系数的确定，意味着该地区的凝汽式发电厂总容量和热电厂总容量的分配比例，因此相应确定了联产供热总容量与分产供热总容量的分配比例，用来宏观控制该地区的热电联产和集中供热锅炉房供热的发展。此时热化系数所表明的综合经济性，就其范围来说，不仅包括热源和供热系统，还包括代替凝汽式电厂及电力系统的热经济性以及它们的投资。如果热负荷持续时间曲线是表明某一热电厂的，此时热化系数的确定，意味着该厂锅炉总容量与供热式汽轮机总容量的比例分配。如果热负荷持续时间曲线是表明某台供热式机组的，此时热化系数的确定，对基载、峰载热网加热器容量的选择，设计送水温度的确定，都有一定的影响。根据国情找出地区之间、本地区各城市之间，以及各城市装设不同容量和型式供热机组的经济上热化系数最佳值及其变化范围，用来宏观控制发展热电联产系统的综合性经济指标，将会更有效地推动热电联产与集中供热事业的发展。

热电联产规划依据城市供热规划和电力规划编制。城市供热规划反映了城市的中期和近期各种热负荷的需求量及远景规划量，一般在供热规划的优化工作中主要是把热源、热网和热用户作为一个整体进行优化决策的；而在热电联产系统的热化系数优化工作中，是把电力系统、热电厂、尖峰锅炉和热网作为一个整体，进行优化决策的。热化系数和供热规划的优化既有内在联系和相同的内容，又各有侧重。因此在确定热电联产系统热化系数的最佳值时，应与供热规划的优化配合进行，以使城市发展的总体规划更加合理与完善；保证热电联产机组建设做到统一规划、统一部署、分步实施，符合节约能源、改善环境和提高供热质量的要求，避免盲目建设、重复建设。

五、最佳热化系数的数值范围

单机容量大于100MW，主要用于城市供热的供热机组，根据城市的发展，其热化系数可暂大于1.0；对兼供工业和民用热用户，单机容量小于等于100MW的热电厂，其热化系数宜小于1.0，一般应控制在0.5～0.8之间。当热电厂（站）以供热采暖热负荷为主时，取较低值，以供工业用汽为主时，取较高值。当热化系数小于1.0时，在其供热范围内应适当设置尖峰锅炉及其他措施满足调峰要求。

以上只是一般的原则，实际应用，要根据工程的不同情况，经过详细的技术经济论证，计算出经济上的最佳热化系数。

第五节 热电厂的蒸汽参数及其循环

热电厂采用以热电联产为基础的供热式汽轮机对外供电和供热，当供热式汽轮机的初参数、供热抽汽参数、排汽参数、容量及循环等选择恰当时，如尽可能采用压力温度更高的锅炉和发电机组，积极采用煤种适应力强、效率高的循环流化床锅炉，采用回热循环、再热循环等，就能极大地提高热电厂的热经济性，节约燃料。

一、蒸汽初参数

（一）蒸汽初参数对 η_t、η_{ri} 的影响

蒸汽初参数是指新蒸汽进入汽轮机自动主汽门前的蒸汽压力 p_0 和温度 t_0。以朗肯循环为例，讨论 p_0、t_0 对 η_t、η_{ri}的影响。

如图 3-7 所示，初温 T_0 提高，循环吸热平均温度提高，放热温度不变，使循环热效率 η_t 提高；提高初温，排汽干度提高，湿汽损失减少，同时新蒸汽的比体积增大，容积流量增加，在其他条件不变时，汽轮机高压端的叶片高度将增加，高压端漏汽损失就可减少，因而汽轮机的相对内效率 η_{ri} 提高，汽轮机的绝对内效率 $\eta_i=\eta_t\eta_{ri}$ 提高。提高初温度对热经济性总是有利的，但受到动力设备材料强度的制约。

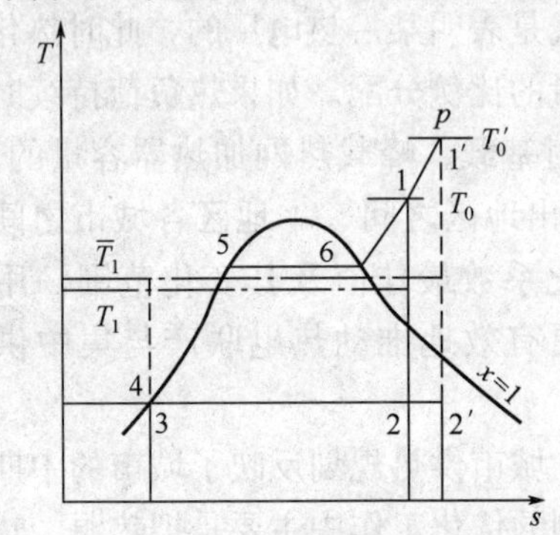

图 3-7 不同初温的朗肯循环 T-s 图

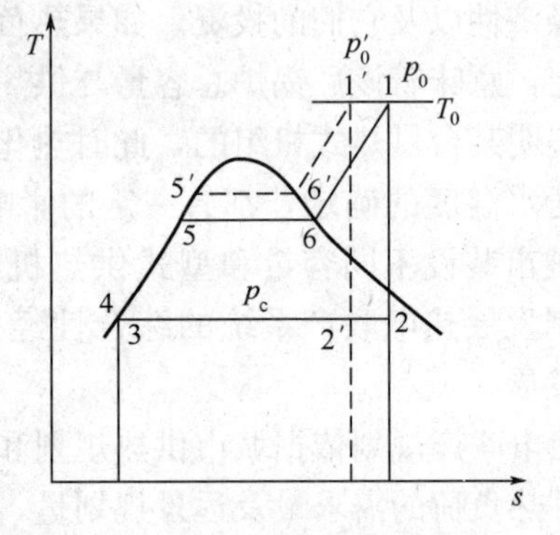

图 3-8 不同初压的朗肯循环 T-s 图

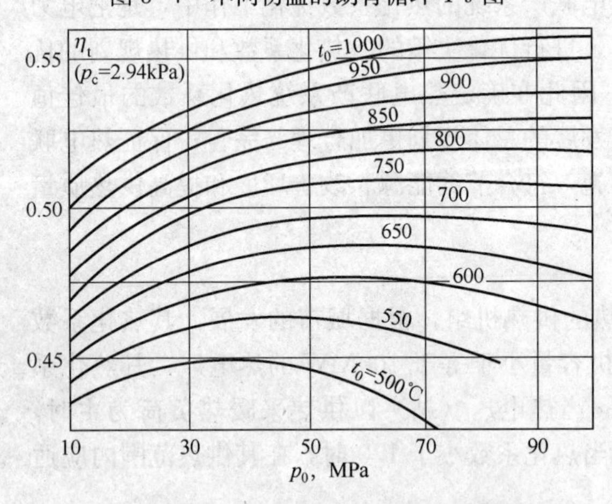

图 3-9 理想循环热效率与蒸汽初参数的关系

如图 3-8 所示，随 p_0 提高，水的预热、汽化、蒸汽过热三个吸热过程中，汽化热的相对密度不断降低，而把水加热到该压力下沸腾温度的吸热密度不断增加。过热段的吸热平均温度高于汽化段，汽化段的吸热平均温度又高于水的预热段，使初压 p_0 提高，循环热效率 η_t 先升高后降低，η_t 开始下降的极限压力随初温度的提高而增大，如图 3-9 所示。目前应用的初压力小于极限压力，初压 p_0 提高，循环热效率 η_t 升高。另外，提高初压，排汽干度降低，湿汽损失增加，同时新蒸汽的比体积和容积流量减小，汽轮机高压端的叶片高度减小，加大了高压端漏汽损失，甚至有可能要局部进汽而导致鼓风损失、部分进汽损失，从而使得汽轮机的相对内效率 η_{ri} 下降。同时排汽湿度增加，不仅严重影响机组热经济性，而且会危及机组的正常运行。

初压提高 η_{ri} 下降的幅度同机组容量有关。汽轮机容量越小，η_{ri} 下降愈甚，当 η_{ri} 下降幅度超过 η_t 升高幅度时，就使得汽轮机绝对内效率 $\eta_i=\eta_t\eta_{ri}$ 下降，提高初压带来的热经济效果

就会完全消失。若汽轮机容量足够大，使得提高初压 η_{ri} 下降幅度远低于 η_t 升高幅度时，$\eta_i=\eta_t\eta_{ri}$ 提高，这时提高初压对提高热经济效果是有效益的，即大容量机组采用高蒸汽参数才是有利的。特别是对于供热式机组，因为有供热汽流的存在，使得进入汽轮机的蒸汽容积流量大增，因此供热式汽轮机的蒸汽初参数，比相同功率的凝汽式机组的蒸汽初参数要高一些。同样道理，背压式供热机组采用高初参数的容量要比凝汽式机组的容量更小一些。提高初压受蒸汽膨胀终点湿度的限制。

为了提高热电厂的经济效益，应尽量选择较高参数和较大容量的机组。考虑到供热的安全可靠性，应尽量避免安装单炉进行供热。

（二）供热式汽轮机的蒸汽初参数对热经济性的影响

提高供热式汽轮机蒸汽初参数 p_0、t_0，对热电厂热经济性的影响要比凝汽式电厂大。以抽汽式汽轮机为例，提高 p_0、t_0 时，1kg 供热汽流热化比内功 w_i^h 增加的比例大于凝汽流比内功 $w_i^{tp,c}$ 增加的比例，即热化发电比 X 提高，从而使热电厂更容易节约燃料和能够更多地节约燃料。另外，由于供热式汽轮机对外供热抽汽量比回热抽汽量大得多，供热式汽轮机的新汽耗量 D_0 就比相同初参数、相同容量凝汽式汽轮机大得多，削弱了提高蒸汽初压力使汽轮机相对内效率 η_{ri} 降低的不利影响。使供热式汽轮机在提高初参数时最低容量的匹配，可比凝汽式汽轮机小 1～2 档。例如，我国凝汽式机组容量 50MW 以上时才采用高蒸汽初参数（p_0＝8.83MPa，t_0＝535℃），而供热式机组容量 25MW 以上即可采用高参数，如 CC25 型供热机组。背压式机组的整机焓降小，新汽耗量更大，采用高参数的最低容量更小，如 B12 型即系高蒸汽初参数。为适应不同供热条件的需要，供热式机组的蒸汽初参数还有次中压、次高压两档，虽均未正式列入我国的蒸汽参数系列，但已有次中压、次高压的供热式汽轮发电机组和配套的蒸汽锅炉产品。次中压参数为 2.35MPa、390℃，次高压参数为 4.9～5.88MPa、435～437℃。对于抽汽式汽轮机，因其供热工况时凝汽流量很小，保证汽轮机安全运行的允许蒸汽终湿度也比凝汽式汽轮机大，一般允许 $(1-x_c)$＝14%～15%。综上所述，提高蒸汽初参数对供热式汽轮机和热电厂热经济性的影响，远远大于凝汽式汽轮机和凝汽式电厂。

图 3-10 表明蒸汽初压力 p_0 与供热机组抽汽供热量 Q_h、抽汽压力 p_h 和供热机组热效率的相对提高值 $\delta\eta$ 之间的关系。由图中曲线可以看到：提高 p_0，在任何抽汽供热量、任何抽汽压力下，$\delta\eta$ 是提高的；当供热量 Q_h 保持不变，提高初压 p_0 时，供热机组热效率提高且随 Q_h 的增加而增加，而且机组供热时的提高值比不供热时的高；调节抽汽压力高时，提高初压使机组热效率提高的幅度比调节抽汽压力低时的大。当然，提高初压需相应提高初温，才能保证排汽湿度在允许范围内。

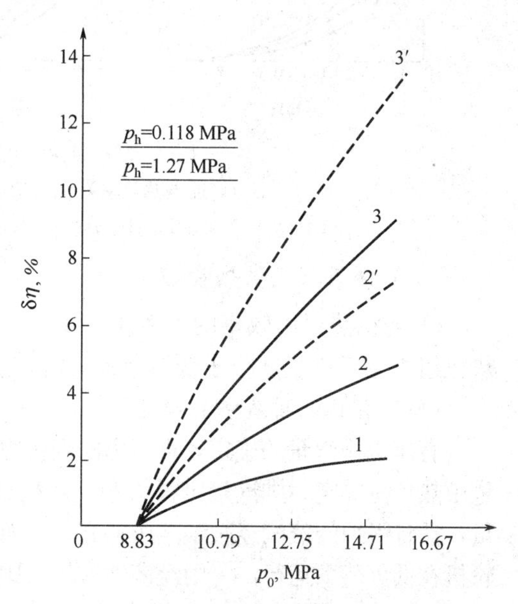

图 3-10　蒸汽初压与供热机组热效率关系

注：曲线 1 为 Q_h＝0，曲线 2、2′为 Q_h＝209GJ/h，曲线 3、3′为 Q_h＝376GJ/h

二、供热参数

（一）蒸汽终参数

凝汽式汽轮机的排汽为湿饱和蒸汽，压力和温度有着一一对应关系，因此，蒸汽终参数是指凝汽式汽轮机的排汽压力 p_c 或排汽温度 t_c。降低排汽压力 p_c，相应的排汽温度也下降，工质平均放热温度下降，而吸热过程的平均温度下降得很少，因而可以有效地提高循环热效率。降低排汽压力受到凝汽器冷却水进水温度 t_1、冷却水在凝汽器中的温升 Δt、凝汽器传热端差 δt 的限制。

（二）供热抽汽压力

供热抽汽压力是指供热循环的抽汽压力或背压式汽轮机的排汽参数 p_h。降低 p_h 会显著增加热化发电量 W_h 与热化发电比 X。尽量利用低压供热抽汽也成为提高供热式汽轮机和热电厂热经济性的一个重要原则。

图 3-11（a）给出，Q_h 保持不变、以新汽供热时的热效率为基准、不同调节抽汽压力与之相比时热效率提高的数值。显然供热机组中间级抽汽供热比新汽供热的热经济性要高。由图 3-11（b）可以看出，初压一定时，p_h 愈低即 h_h 值愈低，热化发电比 X 愈大，热效率愈高，全年联产发电的燃料节省量也愈大。因此，在满足工艺所需蒸汽压力下，应尽量采用低压调节抽汽。如需采用较高抽汽压力，则应采用较高初压，使 p_h/p_0 较小，以保持较高热效率。

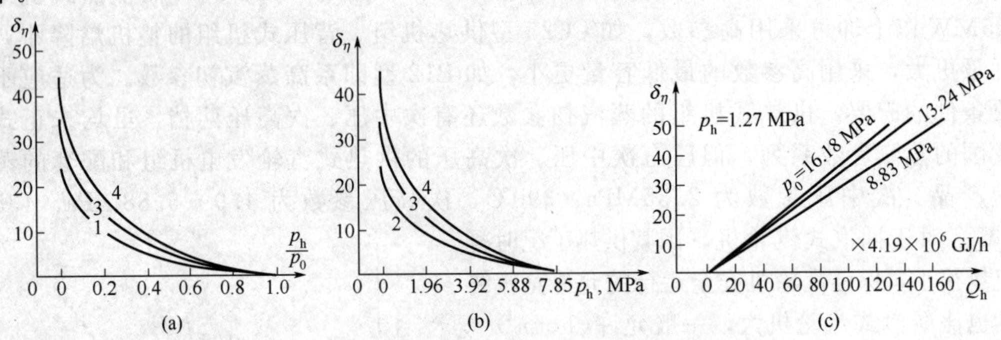

图 3-11 供热式机组热效率与抽汽压力的关系

（a）p_h/p_0 与热效率关系；（b）p_h 与热效率关系；（c）Q_h 与热效率关系

1—Q_h = 209GJ/h；2—Q_h = 251GJ/h；3—Q_h = 293GJ/h；4—Q_h = 376GJ/h

（三）调节抽汽供热量 Q_h

Q_h 与供热机组效率的关系如图 3-11（c）所示。确定热负荷要准确，如余量过大，供热机组投运后将长期处于低热负荷运行，经济性要大幅度降低。

（四）背压机排汽量的确定

背压机排汽量的确定，直接影响到机组的经济效益，按“以热定电”的原则，背压机排汽量由热负荷决定。排汽量定得太小，使机组的供热量不能满足用户的要求，不足的一部分热量，需将锅炉的蒸汽经减温减压补充，从而浪费了部分高位热能；如排汽量定得太大，致使汽轮机在低负荷下运行，一则经济性差，二则影响了机组的稳定运行。建议根据热用户平均热负荷加上维持背压机组空转时的排汽量之和作为背压机组排汽量的基准，进行计算确定。

三、机组再热

对于朗肯循环，提高蒸汽初压、降低排汽压力均可提高热经济性，但都会使汽轮机的排汽湿度加大，不仅汽轮机的相对内效率降低，而且蒸汽中水滴会冲蚀汽轮机叶片，危及其安全。最初提出采用蒸汽再热的目的是为了保证汽轮机最终湿度在允许范围内，现在通过再热参数合理选择，再热已经成为进一步提高初压和机组热经济性的重要手段。我国125MW及以上容量汽轮机采用再热。一般火电厂采用烟气再热，而核电站机组采用新蒸汽再热。

随着再热压力提高，再热过程的附加循环热效率不断提高，但附加循环在整个再热循环中所占比重却会不断减小，这两个因素变化相反，必然存在一个使再热循环热效率最大的再热压力即最佳再热压力。最佳再热压力为新汽压力的18%～26%。

与新蒸汽温度一样，再热温度越高热经济性越高，但受到高温金属材料的制约。再热温度一般大于或等于新蒸汽温度。

采用再热后，$w_i^{rh}=h_0-h_c+q_{rh}>w_i^c$，$\eta_i^{rh}>\eta_i^c$，汽耗率 $d_0^{rh}=\dfrac{3600}{(h_0-h_c+q_{rh})\eta_m\eta_g}$ 和热耗率 $q_0^{rh}=\dfrac{3600}{\eta_i^{rh}\eta_m\eta_g}$ 小于同参数、同容量纯凝汽式机组的汽耗率和热耗率。

四、机组回热

（一）概念

从汽轮机某些中间级抽出部分做过功的蒸汽，送入回热加热器放热，加热锅炉给水的过程称为给水回热加热，简称回热；与之相应的热力循环称为回热循环。

（二）回热使汽耗量、汽耗率增加

有回热时

$$
\begin{aligned}
w_i^r &= \sum_1^z \alpha_j \Delta h_j + \alpha_c \Delta h_c = \sum_1^z \alpha_j \Delta h_j + (1-\sum_1^z \alpha_j)\Delta h_c = \Delta h_c - \sum_1^z \alpha_j(\Delta h_c - \Delta h_j) \\
&= \Delta h_c\left(1-\sum_1^z \alpha_j \frac{\Delta h_c-\Delta h_j}{\Delta h_c}\right) = \Delta h_c(1-\sum_1^z \alpha_j Y_j) = (h_0-h_c+q_{rh})(1-\sum_1^z \alpha_j Y_j)
\end{aligned}
\tag{3-73}
$$

$$\alpha_j=\frac{D_j}{D_0}$$

式中　α_j——抽汽份额；

Y_j——抽汽做功不足系数。

抽汽在再热前　$\Delta h_j=h_0-h_j, Y_j=\dfrac{h_j-h_c+q_{rh}}{h_0-h_c+q_{rh}}$

抽汽在再热后　$\Delta h_j=h_0-h_j+q_{rh}, Y_j=\dfrac{h_j-h_c}{h_0-h_c+q_{rh}}$

若无再热 $q_{rh}=0$。

因为回热抽汽存在做功不足，使蒸汽比内功减小，即 $w_i^r<h_0-h_c+q_{rh}=w_i^c$。在参数相同时，有回热时的汽耗率 $d_0^r=\dfrac{3600}{w_i^r\eta_m\eta_g}$ 大于无回热时的汽耗率 $d_0^c=\dfrac{3600}{w_i^c\eta_m\eta_g}$。在参数容量相同时，有回热时的汽耗量 $D_0^r=\dfrac{3600P_e}{w_i^r\eta_m\eta_g}$ 大于无回热时的汽耗量 $D_0^c=\dfrac{3600P_e}{w_i^c\eta_m\eta_g}$。

（三）回热使绝对内效率提高

回热式汽轮机的内功量 W_i 由凝汽流做功 W_i^c 和没有冷源损失的回热抽汽做功 W_i^r 组成，

即 $W_i = W_i^r + W_i^c$。当机组的内功量 $W_i = W_i^r + W_i^c =$ 常数时，W_i^r 越大，W_i^c 越小，回热做功比 $X_r = W_i^r/W_i^c$ 越大，热经济性越高。当机组初、终参数，回热抽汽参数（回热级数 z、抽汽压力 p_j 和抽汽比焓 h_j）一定时，$W_i^r = \sum_{j=1}^{z} D_j W_j$，其大小仅决定于各级抽汽量 D_j。因 1kg 第 j 级抽汽的回热抽汽做功量 W_i^r，低压的大于高压的，故凡使高压抽汽量增加、低压抽汽量减小的因素，就会带来回热做功比 X_r 减小、使热经济性降低。反之，充分利用低压抽汽就会增大 X_r，提高热经济性。

对于多级无再热的回热循环，汽轮机的绝对内效率 η_i^r（忽略水泵耗功）为

$$\eta_i^r = \frac{\sum_{j=1}^{z} \alpha_j (h_0 - h_j) + \alpha_c (h_0 - h_c)}{\sum_{j=1}^{z} \alpha_j (h_0 - h_j) + \alpha_c (h_0 - h_c')} = \frac{A^r + 1}{A^r \eta_i^c + 1} \eta_i^c \tag{3-74}$$

$$A^r = \sum_{j=1}^{z} \alpha_j (h_0 - h_j) / \alpha_c (h_0 - h_c)$$

$$\eta_i^c = \frac{\alpha_c (h_0 - h_c)}{\alpha_c (h_0 - h_c')}$$

式中 A^r——回热汽轮机的动力系数；

η_i^c——凝汽流循环的绝对内效率。

$A^r > 0$，$0 < \eta_i^c < 1$，必然有 $\eta_i^r > \eta_i^c$，即采用回热提高了热经济性。

汽轮机绝对内效率的相对提高值为

$$\delta \eta_i^r = \frac{\eta_i^r - \eta_i^c}{\eta_i^c} = \frac{\Delta \eta_i^r}{\eta_i^c} = \frac{1 - \eta_i^c}{1/A^r + \eta_i^c} \tag{3-75}$$

如 $\eta_i^c = 0.45$，$A^r = 0.2$，则 $\delta \eta_i^r \approx 0.10$。$A^r$ 值越高，$\delta \eta_i^r$ 越大。

采用回热使汽轮机绝对内效率得到比较显著的提高，有三方面的因素，①回热减少了冷源损失，减少了液态区低温工质的吸热，提高了循环的平均吸热温度，使循环热效率提高；②回热减少了汽轮机末几级的蒸汽流量，减少了汽轮机的湿汽损失，汽轮机相对内效率提高；③回热增大了汽耗量，即增加了汽轮机高压缸的通流量，有利于减少其通流部分的各种损失，汽轮机的相对内效率提高。

$\eta_i^r > \eta_i^c$，$q_i^r < q_i^c$。即采用回热，η_i^r 提高，热耗率 $q_0^r = \dfrac{3600}{\eta_i^r \eta_m \eta_g}$，kJ/(kW·h) 减小。

（四）应用

目前在单一蒸汽循环的汽轮机装置中均采用了给水回热加热系统。回热加热提高装置效率与前面论述的抽汽供热有本质的区别，前者提高经济性的实质是减少冷源损失，而后者提高经济性的实质是合理利用冷源损失。

（五）影响回热过程热经济性的基本参数

影响回热过程热经济性的基本参数有三个：多级回热给水总焓升在各加热器间的分配（简称焓升分配）τ，最佳给水温度 t_{fw}^{op} 和回热级数 z，三者互有影响，密不可分。

1. 焓升分配 τ 与最佳给水温度 t_{fw}^{op}

加热器焓升分配的目的是为了求得各抽汽压力，进而确定回热加热器抽汽口。最佳焓升分配是为确定各级最佳抽汽压力以使效率达到最大值。根据假设或简化条件不同，有不同的

最佳焓升分配方法。

（1）几何分配法

$$\frac{\tau_b'}{\tau_1}=\frac{\tau_1}{\tau_2}=\cdots=\frac{\tau_{z-1}}{\tau_z}=m \tag{3-76}$$

$$h_{fw}^{op}=\tau_z(m^{z-1}+\cdots+m+1)+h_c'=\tau_z\frac{m^z-1}{m-1}+h_c',\text{kJ/kg} \tag{3-77}$$

一般 $m=1.01\sim1.04$。

（2）焓降分配法

焓降分配法是使每一级加热器内水的焓升等于前一级抽汽至本级抽汽之间蒸汽的焓降。

$$\tau_z=h_{z-1}-h_z=\Delta h_{z-1} \tag{3-78}$$

$$h_{fw}^{op}=h_c'+\sum_1^z\tau=h_c'+(h_0-h_z),\text{kJ/kg} \tag{3-79}$$

（3）平均分配法

平均分配法是将给水的总焓升在各加热器之间进行平均分配。又称为“等焓升分配法”。

$$\tau_z=\tau_{z-1}=\cdots=\tau_2=\tau_1=\frac{h_b'-h_c'}{z+1} \tag{3-80}$$

$$h_{fw}^{op}=h_c'+z\tau=h_c'+\frac{z}{z+1}(h_b'-h_c') \tag{3-81}$$

不同焓升分配的热经济性效果略有差异，当蒸汽参数不高时，数值上差别不大。

2. 回热级数 z 与给水温度 t_{fw} 的关系

图 3-12 为多级回热级数 z 与给水温度 t_{fw} 的关系。图中，纵坐标为 η_i 相对变化量，用符号 $\varphi=\frac{\Delta\eta_i^z}{\Delta\eta_i^\infty}$ 表示，横坐标 $\mu=\frac{t_{fw}-t_c}{t_{s0}-t_c}$ 是 t_{fw}的相对变化量，其中 t_{s0}是新蒸汽压力下的饱和水温度。

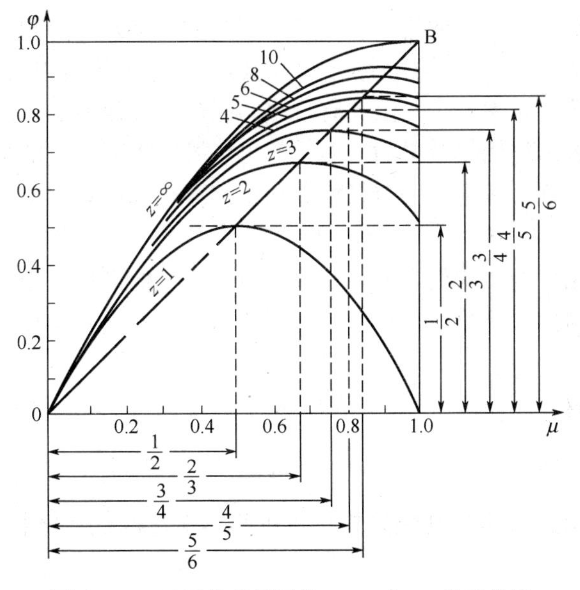

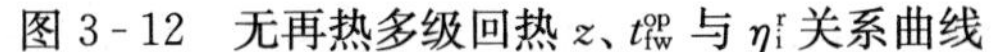

图 3-12　无再热多级回热 z、t_{fw}^{op} 与 η_i^r 关系曲线

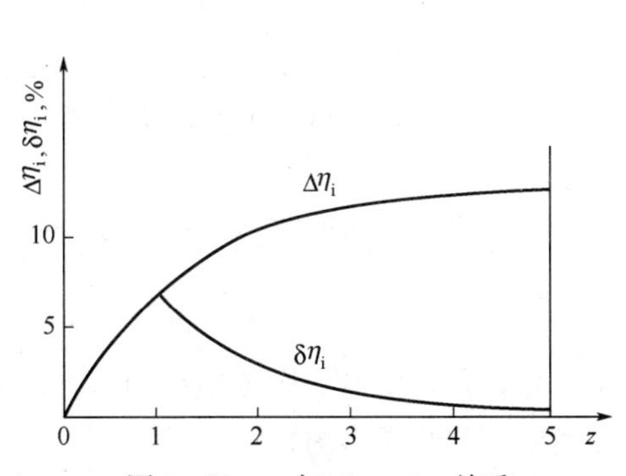

图 3-13　z 与 $\Delta\eta_i$、$\delta\eta_i$ 关系

图 3-12 上反映给水加热温度的两个极端情况：一是对应主蒸汽压力的饱和温度，这时

加热工质只能用新蒸汽，因此也就没有回热；另一极端为凝汽器内饱和温度，这是不需回热加热便可达到的温度，因此在这两极端点上回热效果都等于零。在这两个极端情况之间有一使循环效率最高的最佳值。最佳给水温度是以最佳回热分配为基础的对应值。

图 3 - 13 为汽轮机绝对内效率 η_i 与回热级数 z 的关系，图中，$\Delta\eta_i = \eta_i^z - \eta_i^c$，$\delta\eta_i = \Delta\eta_i^z - \eta_i^{z-1}$。

由图 3 - 12 和图 3 - 13 可知：

(1) 随级数 z 的增加，回热循环的热经济性不断提高，但提高的幅度却是递减的。因为级数越多，越可以利用低压抽汽代替高压抽汽，能更充分地利用抽汽的能位，来减少不可逆损失，即在汽轮机中热变为功的比率越大，循环效率越高。但是，随着加热器的级数增多，各级抽汽压力和抽汽量的变化越来越少，在汽轮机里所能增加热变功的增量也逐渐减小，增加级数所带来的增益越来越少。

(2) t_{fw}一定时，回热的热经济性也是随 z 增加而提高，其增长率也是递减的。

(3) z 一定时，有其对应 t_{fw}^{op} 值，t_{fw}^{op} 是随着 z 的增加而提高。

(4) 图中各曲线最高处附近都有比较平坦的一段，表明实际给水温度若与理论上的 t_{fw}^{op} 稍有偏差，对回热的热经济性影响不大。

t_{fw}^{op} 为理论上的最佳值。工程上的技术经济最佳值，还要考虑汽轮机的结构设计以及对全厂投资的影响等。如增加级数 z，提高给水温度，可以节省燃料，并相应减少燃料供应系统、制粉系统、烟风除尘系统等的投资；但会使锅炉的排烟损失增大，或者要增加锅炉尾部受热面的投资；同时，由于汽轮机汽耗量增大，高压缸的流量将增大，低压缸的排汽减少，使锅炉、汽轮机本体、主蒸汽系统、给水系统和回热系统的投资增大，而凝汽器及循环冷却水系统的投资减少，综合考虑，一般都会使总投资增大。给水回热加热级数不宜太多，设计给水温度应低于理论上的最佳值。

（六）再热削弱了回热效果

当抽汽压力相同时，再热后的抽汽比焓比非再热的高，使再热后回热抽汽量减少，相应的凝汽量增大。另一方面也可用不可逆损失来分析，再热后蒸汽的过热度比非再热机组大，用过热度大的蒸汽加热给水，使加热器回热的效率减少，因此有再热的回热循环效率的相对提高小于无再热的。需强调指出：再热虽有削弱回热效果的一面，但再热机组采用回热的热经济性，仍高于再热无回热的机组。因此，现代国内外大容量机组均采用再热和回热。

（七）供热机组采用回热、再热的特点

供热式汽轮机的供热抽汽压力是按热用户的要求而定的，当有回热时供热抽汽口也作为回热抽汽口，并以供热抽汽压力为界线将回热加热分段，在各段之间仍可用最佳焓升分配的方法来求各加热器的焓升。

供热式汽轮机的蒸汽参数以及回热、再热对热经济性的影响，主要体现在对供热式汽轮机的热化发电量 W_h 及热化发电比 $X = \frac{W_h}{W}$ 的影响上。与回热做内功量 W_i^r 和回热做功比 X_r 相类似，凡是使 W_h 及 X 增加的措施，都会进一步提高供热式汽轮机和热电厂的热经济性，使热电厂节约更多的燃料。

供热式汽轮机采用回热，相当于增加了热化发电比（因回热抽汽与供热抽汽一样都没有冷源损失），故供热式汽轮机无例外地都采用回热来提高其热经济性。由于回热的热负荷是

“内部”的（回热可称为内部热化），和电负荷的变化规律一致，没有外部热负荷和电负荷变化规律不一致带来的诸多矛盾，因此它对 X 的影响不仅是积极的，还是稳定的。

与凝汽式汽轮机类似，当再热参数选择合理时，高参数的供热式汽轮机采用再热也可以提高热经济性。热电联产提高了供热式汽轮机无再热时的基本循环效率（相对于凝汽式汽轮机），所以其对应的最佳再热压力也将比凝汽式汽轮机为高。

与再热对回热的不利影响一样，再热也会削弱热化的热经济性。因再热同样会提高供热抽、排汽的比焓，在汽轮机做功量和供热量一定的条件下，供热抽汽量及相应的热化发电量就会减小，导致热化发电比 X 降低，冷源热损失增加。由于再热对回热和热化效果都有所削弱，所以有再热的供热式汽轮机热电厂，通过再热获得的热经济性提高，低于同参数的凝汽式电厂。在只有采暖负荷时，热电厂采用一次烟气再热时可节约燃料约 3%～4%。

由热用户返回的供热用汽的凝结水，在总给水流量中所占的份额相当大，其温度高于汽轮机凝结水的温度，故用于加热供热抽汽凝结水的回热抽汽量要少，回热所节省的热能绝对值，要比具有同样蒸汽参数、流量和给水流量的凝汽式电厂低。但供热机组由于回热所带来的相对热能节省和热效率的提高则比同类凝汽式机组要高。

如果供热抽汽份额很大，并且其与回热抽汽之和等于供热机组的总汽耗量，则机组是在背压工况下运行，故它在生产电能方面的效率 $\eta_{tp,e}=1$，若要再增加对外供汽量，就得减少回热抽汽量，当全部蒸汽都对外供热时，则回热抽汽的热量节省减少至零。这时，为保证锅炉给水温度一定，只能用新蒸汽通过减温减压器来加热给水，因而不能提高电厂的热效率。同时，从用户返回的凝结水温度越低，即与汽轮机凝结水混合后的水温越低，加热到给水温度时所需的回热抽汽量越大，此时回热效果也越大。热电厂的蒸汽初压力越高，热电厂的热经济性由于给水回热加热所得到的提高也就越大。

热电厂给水回热加热过程主要参数的确定原则与凝汽式电厂基本相同，其区别仅在于必须充分考虑返回水的参数和引入回热系统的部位，必须遵守供热机组的电功率和供热量一定的原则等，最后通过技术经济比较来确定。

第四章　热 电 冷 三 联 产

第一节　热电冷三联产概述

《关于发展热电联产的规定》（1268 号文件）第二条指出在进行热电联产项目规划时，应积极发展城市热水供应和集中制冷，扩大夏季制冷负荷，提高全年运行效率。第十三条指出鼓励使用清洁能源，鼓励发展热、电、冷联产技术和热、电、煤气联供，以提高热能综合利用效率。

一、热电冷三联产工作原理

热电冷三联产，是通过能源的梯级利用，将燃料通过热电联产装置发电后，变为低品位的热能用于采暖、生活供热等用途的供热，这一热量也可驱动吸收式制冷机，用于夏季的空调，从而形成热电冷三联产系统。

二、热电冷联产系统的主要型式及配置模式

根据应用范围不同，可分为小型热电冷联产系统和大型热电冷联产系统。小型热电冷联产装置可设置在一个建筑物内，发电直接供建筑物的用电负荷，所产生的热冷量由建筑物内管网输送至各房间。大型热电冷联产系统，即以热电厂为热源的区域供热（DH）或区域冷热联供（DHC）系统，发电一般直接输送至电网，而热（冷）量则通过热网输送给各建筑物用户。

（一）大型热电冷联产系统

根据发电机组的不同，热电冷联产系统可分为基于锅炉加供热式汽轮机的热电冷联产系统和基于燃气—蒸汽联合循环的热电冷联产系统两种主要型式。

1. 基于锅炉加供热式汽轮机的热电冷联产系统

以供热式汽轮机为发电机组，在热电联产系统的基础上设置吸收式制冷机构成。燃料在锅炉内燃烧产生高温高压蒸汽，带动供热式汽轮发电机组发电，做功后的汽轮机抽汽或背压排汽用于：驱动吸收式制冷机制冷、进入汽水换热器换热对外供热水、直接对外供蒸汽。主要配置模式有①锅炉＋背压式汽轮机＋吸收式制冷机；②锅炉＋抽汽式汽轮机＋吸收式制冷机。如表 4 - 1 所示。

表 4 - 1　　基于锅炉加供热式汽轮机的热电冷联产系统主要配置模式

名　称	特　点	组合方案示意图
锅炉＋背压式汽轮机＋吸收式制冷机	该形式可增加背压机组的夏季热负荷，提高背压机负荷率和设备利用率	背压式汽轮机 锅炉 煤 给水 背压蒸汽供热 吸收式制冷机 冷用户 热用户

续表

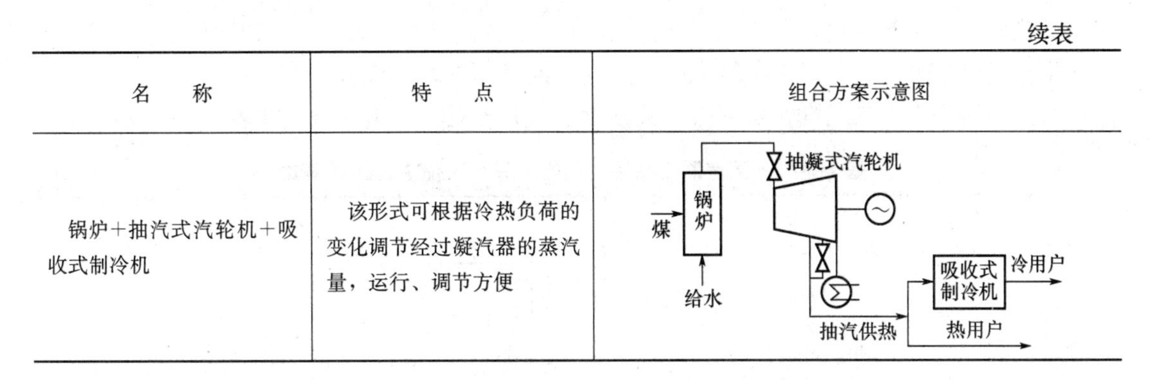

名　　称	特　　点	组合方案示意图
锅炉＋抽汽式汽轮机＋吸收式制冷机	该形式可根据冷热负荷的变化调节经过凝汽器的蒸汽量，运行、调节方便	

2. 基于燃气—蒸汽联合循环热电联产的热电冷联产系统

燃气—蒸汽联合循环是由燃气轮机和汽轮机结合而成，如图 4 - 1 所示，其工作过程为压气机从外界大气中吸入空气，并把它压缩到某一压力，同时空气温度也相应提高。然后，将空气送入燃气轮机燃烧室与喷入的燃料混合燃烧，产生高温高压烟气进入燃气轮机做功，直接带动发电机发电。燃气轮机排出的烟气温度仍较高，进入余热锅炉（补燃型或非补燃型），产生高温高压蒸汽驱动汽轮机带动发电机发电。汽轮机排汽进入凝汽器中放热，凝结水又送入余热锅炉，形成蒸汽动力循环。燃气—蒸汽联合循环是燃气轮机循环与蒸汽动力循环联合的热力循环，两个循环结合后，互相取长补短，形成一种初始工作温度高而最终放热温度低的联合循环，大大提高了循环热效率。燃气—蒸汽联合循环按照燃料性质分类有常规燃油（气）型联合循环、燃煤型联合循环及核能型联合循环。常规燃油（气）型联合循环有非补燃余热锅炉型、补燃余热锅炉型和增压锅炉型三种最基本形式的联合循环。燃煤型联合循环主要有常压流化床联合循环（AFBC）、增压流化床联合循环（PFBC）以及整体煤气化联合循环（IGCC）等。图 4 - 1 所示为非补燃余热锅炉型燃气—蒸汽联合循环装置系统图。

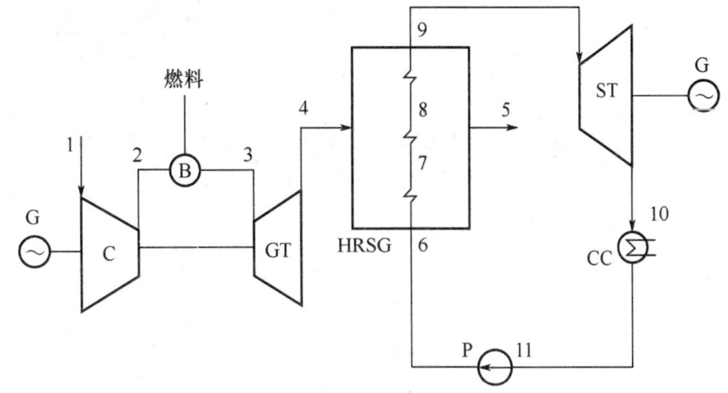

图 4 - 1　非补燃余热锅炉型燃气—蒸汽联合循环装置系统图
C—压气机；B—燃烧室；GT—燃气轮机；HRSG—余热锅炉；
ST—汽轮机；CC—凝汽器；P—给水泵；G—发电机

燃气—蒸汽联合循环热电联产的汽轮机为供热式汽轮机，做功后的汽轮机抽汽或背压排汽对外供热。《关于发展热电联产的规定》（1268 号文件）第十四条指出积极支持发展燃气—蒸汽联合循环热电联产。①燃气—蒸汽联合循环热电联产污染小、效率高及靠近热、电负荷中心。国家鼓励以天然气、煤层气等气体为燃料的燃气—蒸汽联合循环热电联产。②发展燃气—蒸汽联合循环热电联产应坚持适度规模。根据当地热力市场、电力市场的实际情况，以供热为主要目的，尽力提高资源的综合利用效率和季节适应性，可采用余热锅炉补燃措施，不宜片面扩大燃气容量和发电容量。

基于燃气—蒸汽联合循环的热电冷联产系统，以燃气轮机和汽轮机为发电机组，在燃气—蒸汽联合循环热电联产的基础上设置吸收式制冷机构成。其主要配置模式有①燃气轮机+非补燃型余热锅炉+供热式汽轮机（抽汽式或背压式）+吸收式制冷机；②燃气轮机+补燃型余热锅炉+供热式汽轮机（抽汽式或背压式）+吸收式制冷机。如表 4-2 所示。

表 4-2　基于燃气—蒸汽联合循环的热电冷联产系统主要配置模式

名　称	特　点	组合方案示意图
燃气轮机+余热锅炉+抽汽式汽轮机+吸收式制冷机	电、热调节灵活，发电量较大，㶲的有效利用率高，但热电比较小	G 燃气轮机 G 汽轮机 余热锅炉 吸收式制冷机 冷量 抽汽供热 热用户 减温减压供热
燃气轮机+余热锅炉+背压式汽轮机+吸收式制冷机	以热定电，㶲的有效利用率高，热电比较小	G 燃气轮机 G 汽轮机 余热锅炉 排气 吸收式制冷机 冷量 热用户 减温减压供热
燃气轮机+补燃型余热锅炉+供热式汽轮机（抽汽式或背压式）+吸收式制冷机	配置补燃型余热锅炉有利于根据系统的热、电、冷负荷合理配置燃气发电机组及蒸汽发电机组的容量，从而减少系统设备投资费用，提高系统运行经济效益	G 燃气轮机 G 汽轮机 燃料 余热锅炉 吸收式制冷机 冷量 抽汽供热 热用户 减温减压供热

（二）使用天然气的小型热电冷联产系统

《关于发展热电联产的规定》（1268 号文件）第十四条指出以小型燃气发电机组和余热锅炉等设备组成的小型热电联产系统，适用于厂矿企业、写字楼、宾馆、商场、医院、银行、学校等分散的公用建筑。它具有效率高、占地小、保护环境、减少供电线路损和应急突发事件等综合功能，在有条件的地区应逐步推广。

使用天然气的小型热电冷联产系统，是以小型燃气轮机（20MW 以下）、微型燃气轮机（小于 300kW）、燃气内燃机、斯特林外燃机等为发电机组的热电冷联产系统，其中燃气轮机和内燃机为常用发电机组。该系统有三个特点：①主要使用天然气，②热电冷三联产，③机组小型化；具有投资小、见效快、不用长距离传输、几乎没有输能损耗，能源利用率可达到 80%～90%，可以参与电力调峰等优点。常用配置模式有：①由燃气轮机直接带余热锅炉（补燃型或非补燃型）供热制冷；②燃气轮机排出的烟气直接进入直燃型吸收式制冷机（补燃型或非补燃型）供热制冷；③内燃机排出的烟气直接进入直燃热水型吸收式制冷机（补燃型或非补燃型）供热制冷。如表 4-3 所示。

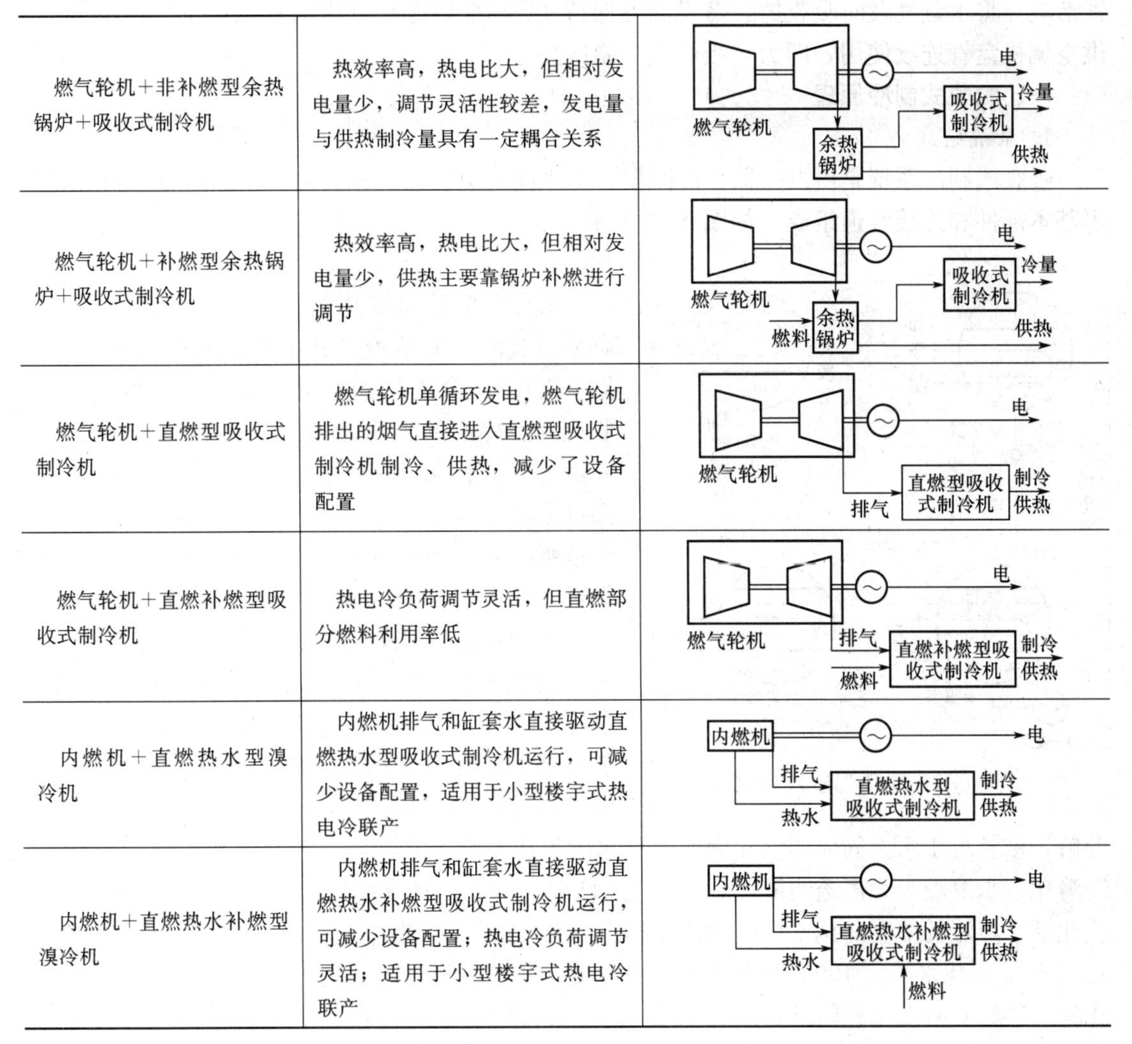

表 4-3 使用天然气的小型热电冷联产系统主要配置模式

燃气轮机+非补燃型余热锅炉+吸收式制冷机	热效率高，热电比大，但相对发电量少，调节灵活性较差，发电量与供热制冷量具有一定耦合关系	燃气轮机 电 吸收式制冷机 冷量 余热锅炉 供热
燃气轮机+补燃型余热锅炉+吸收式制冷机	热效率高，热电比大，但相对发电量少，供热主要靠锅炉补燃进行调节	燃气轮机 电 吸收式制冷机 冷量 燃料 余热锅炉 供热
燃气轮机+直燃型吸收式制冷机	燃气轮机单循环发电，燃气轮机排出的烟气直接进入直燃型吸收式制冷机制冷、供热，减少了设备配置	燃气轮机 电 排气 直燃型吸收式制冷机 制冷 供热
燃气轮机+直燃补燃型吸收式制冷机	热电冷负荷调节灵活，但直燃部分燃料利用率低	燃气轮机 电 排气 燃料 直燃补燃型吸收式制冷机 制冷 供热
内燃机+直燃热水型溴冷机	内燃机排气和缸套水直接驱动直燃热水型吸收式制冷机运行，可减少设备配置，适用于小型楼宇式热电冷联产	内燃机 电 排气 热水 直燃热水型吸收式制冷机 制冷 供热
内燃机+直燃热水补燃型溴冷机	内燃机排气和缸套水直接驱动直燃热水补燃型吸收式制冷机运行，可减少设备配置；热电冷负荷调节灵活；适用于小型楼宇式热电冷联产	内燃机 电 排气 热水 直燃热水补燃型吸收式制冷机 制冷 供热 燃料

第二节 吸收式制冷简介

早在19世纪20年代英国科学家法拉第就提出了吸收式制冷机的工作原理，1850年出现了世界上第一台以氨水为工质的吸收式制冷机，到1945年美国凯利亚公司又制造出了第一台以溴化锂水溶液为工质的吸收式制冷机。近半个世纪以来，人们仍不断地研究选用吸收式制冷机的其他工质，但直到现在，真正实用的仍只限于以氨水和以溴化锂水溶液为工质的两种。氨水吸收式制冷机适用于制取0℃左右至−60℃的低温，溴化锂吸收式制冷机则适于制取7℃以上的冷媒水供空调或工艺过程冷却之用。两者的工作原理相同。

水在813Pa下4℃沸腾，蒸发1kg水吸收2491.5kJ的热量，如连续蒸发就可吸收大量热量，且这个空间也保持4℃不变。将水管通入此4℃空间，管内的水就能被冷却到7℃，满足集中空调制冷要求。若蒸发的水蒸气不能及时排除，水蒸气就会使空间压力升高，蒸发温度也相应升高。如能将蒸发的水蒸气很快排除，空间的压力保持813Pa不变，蒸发温度就能保持 4℃不变。若排除这部分蒸汽的方法是利用吸湿能力很强的物质——吸收剂（如溴化锂溶液）将水蒸气及时吸收掉，蒸发温度保持 4℃不变，冷却管内的水保持 7℃不变，就可供空调机盘管连续使用，即为“吸收式”制冷法。

一、吸收式制冷原理

1. 系统组成

吸收式制冷系统是由发生器、冷凝器、膨胀阀、蒸发器、吸收器、溶液膨胀阀和溶液泵等基本部件和连接管道组成，如图 4-2 所示。

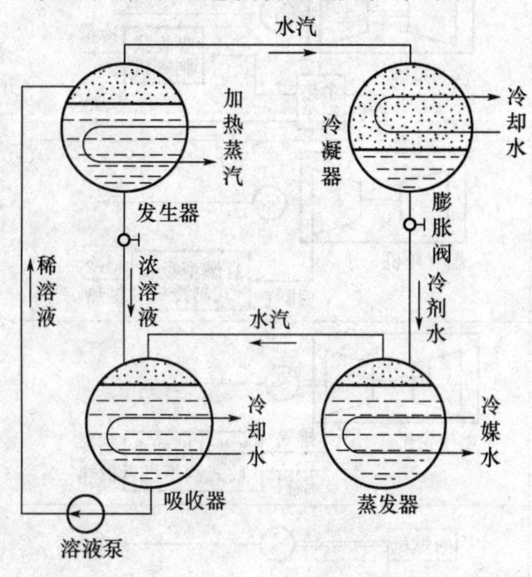

图 4-2 吸收式制冷流程图

2. 工质

吸收式制冷机采用的工质是两种沸点不同的物质组成的二元溶液，其中低沸点的物质为制冷剂（溶质），高沸点的物质为吸收剂（溶剂）。吸收剂对制冷剂的吸收能力与温度有关，低温时吸收能力大，高温时吸收能力小。利用不同压力、温度条件下制冷剂蒸汽可在特定的浓度范围内被溶液吸收或解吸的性质来达到制冷机连续不断地循环工作。

溴化锂吸收式制冷机是以水为制冷剂，溴化锂溶液为吸收剂的制冷机。水和溴化锂溶液组成制冷机中的工质对。供制冷机应用的溴化锂，一般以水溶液的形式供应。溴化锂是一种无色粒状的结晶盐，性质稳定，在大气中不易变质，不易分解，极易溶于水。固体的溴化锂溶解在水中形成溴化锂水溶液。溴化锂水溶液的特性有：①溴化锂水溶液为无色透明液体；水溶液 pH 值 8 以上；具有强烈的吸湿性，在常温下饱和溴化锂水溶液的浓度高达 60%，浓度越大，温度越低，吸湿能力越强。常压下，溴化锂沸点 1265℃，与水沸点 100℃相差很大，由发生器产生的制冷剂蒸汽——水蒸气中完全不含溴化锂。②20℃时溴化锂的溶解度为 111.2g。溶解度的大小与溶质和溶剂的特性有关，还与温度有关，一般随温度升高而增大，当温度降低时，溶解度减小，溶液中会有溴化锂的晶体析出而形成结晶现象。这一点在溴冷机中是非常重要的，运行中必须注意结晶现象，否则常会由此影响制冷机的正常运行。③溴化锂溶液对普通金属有腐蚀作用，尤其在有氧气存在的情况下腐蚀更为严重。作为制冷剂的水，价格便宜、易得、汽化潜热大，无毒、无味、无爆炸危险、安全性能好。溴化锂制冷机的工作压力与蒸发温度受水的性质制约，因为 0℃时水将结冰，所以蒸发温度就不能低于 0℃，通常不应低于 5℃。

氨吸收式制冷机是以氨为制冷剂，水为吸收剂的制冷机。氨（NH_3）为无色气体，有强烈的刺激味，沸点-33.35℃，汽化热约为水的一半，易溶于水（1∶700）而成为氨水，而氨水本身就是农田的肥料，流入土地有利无害。对环境无害，它的臭氧层消耗潜能（ODP）为 0，全球变暖潜能（GWP）也为 0。氨是容易取得、价格低廉的无机化学品。氨的价格不到 R22（二氟一氯甲烷 $CHClF_2$）的一半，是 R123（二氯三氟乙烷 $C_2HCl_2F_3$）、R134a（四氟乙烷 CH_2FCF_3）的 1/10～1/15。故常用作吸收式制冷机的制冷剂。氨吸收式制冷机具有溴化锂制冷机不可替代的特点：即能制取 0℃～-60℃的低温，可在同一系统内提供不同温度的冷量。

3. 工作原理

整个系统包括两个回路：一个是制冷剂回路，一个是溶液回路。

制冷剂回路由冷凝器、制冷剂膨胀阀、蒸发器等组成。由发生器中产生的高压制冷剂气体在冷凝器中冷凝成液态，温度降低到比冷却介质温度稍高，而压力不变，液态制冷剂通过膨胀阀，压力和温度降低，而后，进入蒸发器。由于蒸发器内的压力很低，液态制冷剂吸收蒸发器管内被冷却介质的热量后立即蒸发，每千克制冷剂蒸发吸收的热量为汽化潜热，如连续蒸发就可吸收大量热量，使被冷却介质的温度降低，从而达到制冷的目的。产生的制冷剂气体需要及时排除，以保持蒸发器内的压力和温度不变，蒸发器中制冷剂的蒸发过程就可以连续地进行。吸收式制冷是利用吸湿能力很强的吸收剂及时将这部分制冷剂气体吸收掉，由此得名“吸收式”制冷。

溶液回路由发生器、吸收器、溶液膨胀阀和溶液泵等组成。在吸收器中，吸收剂吸收来自蒸发器的低压制冷剂气体，形成富含制冷剂的溶液，经溶液泵升压后送入发生器，在发生器中被加热到沸腾状态，使溶液中的制冷剂重新蒸发出来，送入冷凝器；而溶液又恢复到原来的成分，通过溶液膨胀阀节流后，进入吸收器，被吸收器管内的冷却介质冷却，温度降低，重新成为具有吸收能力的吸收液，再次吸收蒸发器内的低压制冷剂蒸汽，形成循环。

在吸收式制冷机中，吸收器好比压缩机的吸入侧；发生器好比压缩机的排出侧，用溶液回路取代压缩机的作用，构成吸收式制冷循环。吸收式制冷消耗热能作为补偿，对发生器内溶液进行加热，用来提高制冷剂蒸汽压力。即吸收式制冷机是一种主要消耗热能来获得冷量的制冷机。若用做功后的汽轮机抽汽或背压排汽既作为吸收式制冷机的热源制冷，又向热用户供热，就形成了热电冷三联产。

吸收式制冷系统也被分为高压侧和低压侧两部分。蒸发器和吸收器属于低压侧。蒸发器内的压力由所希望的蒸发温度确定，该温度必须稍低于被冷却介质的温度；吸收器内压力稍低于蒸发压力，一方面是因为在它们之间存在着管道等的流动阻力，另一方面也是溶液吸收蒸汽所必须具有的推动力。冷凝器和发生器属于高压侧，冷凝器内的压力是根据冷凝温度而定的，该温度必须稍高于冷却介质的温度；发生器内的压力由于要克服管道阻力等的影响而应稍高于冷凝器的压力。

二、吸收式制冷特点

吸收式制冷是利用低沸点的液态制冷剂在低温、低压条件下蒸发、汽化，从载冷剂吸取汽化潜热而产生制冷效应。

1. 主要优点

（1）节约能源。吸收式制冷循环消耗热能作为补偿，实现“逆向传热”，对热能的要求不高，80℃以上的热能就可利用。若是热电厂汽轮机抽汽或者背压排汽，即可实现热电冷联合生产，获得很高的当量热力系数；也可以是低品位的工厂余热和废热、地热水、燃气以至经过转化成热能的太阳能。它对能源的利用范围很宽广，不像蒸汽压缩式制冷循环需要消耗高品位的电能，使能源得到充分合理利用，这是它的最大优点。因此对于那些有余热和废热可利用的用户，吸收式制冷机在首选之列。

（2）节约电能。吸收式制冷机除溶液泵之外没有其他运转设备，而拖动泵所消耗的电能远远小于拖动压缩机的耗电量，这对于减轻电网负荷，缓和电力供应紧张，有着重要意义。

(3) 占地少，可以露天安装。吸收式制冷机基本上属于机组型式，外接管材的消耗量较少；除泵以外没有其他运动部件，而泵的振动远比压缩机小，因而对基础的要求低，设备紧凑，占地少，除操作室外，整套设备都安装在室外，从而可以减少厂房的建筑费用。

(4) 设备制造容易。除溶液泵以外，吸收式制冷机主要是一些热交换器组合体，结构较为简单，对加工工艺要求不高，一般工厂都能生产，便于推广。

(5) 噪声小，易于维修。运动部件只有2～3台输送溶液的溶液泵，系统内没有高速气流，所以运行时振动和噪声都较小，有益于操作人员的身心健康和环境保护；易损件少，维修简易，维修费用低。

(6) 运行平稳可靠、操作简单、便于调整。吸收式制冷机可以在各种负荷条件下运转，当冷负荷在20%～100%的范围内变动时，设备的性能指标都能保持平稳，变化不大，易全盘自动化。长期在低负荷下运转也不会像离心式压缩机那样发生喘振。

(7) 采用工质对。吸收式制冷机不像蒸汽压缩式制冷机那样使用单一的制冷剂，而是使用由吸收剂和制冷剂配对的工质对。它们呈溶液状态。其中吸收剂是对制冷剂具有极大吸收能力的物质，制冷剂则是由汽化潜热较大的物质充当。例如氨-水吸收式制冷机中的工质对，是由吸收剂——水和制冷剂——氨组成；溴化锂吸收式制冷机中的工质对，是由吸收剂——溴化锂和制冷剂——水组成。

2. 主要缺点

(1) 制冷系数远低于压缩式制冷机，在有工业余热或热电厂抽汽及其他低位热能可以利用时，使用这种制冷设备是合算的，但如果特意为它建立热源则不一定经济。

(2) 由于部件多，消耗的金属材料多，使初投资费用增加；在蒸发温度为－15℃以上时吸收式机的初投资高于压缩制冷机。但当蒸发温度继续降低时，二者逐渐接近，这是因为后者需采用二级压缩。

(3) 所需冷却水量多，吸收器中冷却水所带走的热量要占整个装置放出热量的2/3，冷却水耗量较压缩式机为多，运行费用增加。

因此，在选择制冷机的型式时，应该做全面的技术经济分析。

三、溴化锂吸收式制冷机

溴化锂吸收式制冷机在空调领域内，性能系数较氨水制冷机高，设备也较紧凑，近30多年来得到了飞速发展。这种制冷技术成熟，国内已有很多厂家生产这类制冷设备，质量稳定。采用两级发生器的双效溴化锂制冷机，是我国近年研究成功，并推广的节能型制冷设备。

1. 溴化锂吸收式制冷机的分类

溴化锂吸收式制冷机的分类方法很多：根据使用能源，可分为蒸汽型、热水型、直燃型（燃油、燃气）和太阳能型；根据能源被利用的程度，可分为单效型、双效型和三效型；根据各换热器布置的情况，可分为单筒型、双筒型、三筒型；根据应用范围，可分为冷水机型和冷温水机型。目前更多的是将上述的分类加以综合，如蒸汽单效型、蒸汽双效型、直燃型冷温水机组等。

2. 双效溴化锂吸收式制冷机

单效溴化锂制冷机的制冷系数较低（0.6～0.7），为了提高经济性，当有较高参数的热源时，可以采用双效溴化锂制冷机。双效机与单效机的主要区别在于设置高压和低压两只发生器。双效机循环又分为串联流程的制冷机循环和并联流程的制冷机循环两种。下面以串联流程的制冷机为例说明其工作过程。

如图 4-3 所示，在吸收器内吸收了制冷剂蒸汽的溴化锂稀溶液，经预热后先在高压发生器内被热源加热产生制冷剂的蒸汽，进入低压发生器加热中等浓度的溶液，本身则被冷凝。而在高压发生器中的稀溶液被增浓至中等浓度后经高温换热器降温后进入低压发生器中，被上述高压制冷剂蒸汽加热产生的蒸汽也进入冷凝器中，而进一步增浓了的浓溶液则经低温换热器后进入吸收器。其余过程与单效制冷机的相同。

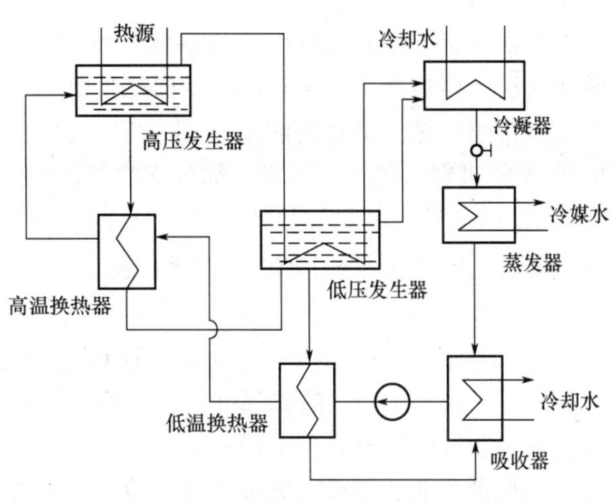

图 4-3　串联双效溴化锂吸收式制冷流程图

由于利用高压发生器内产生的制冷剂蒸汽加热低压发生器内的溶液，所消耗的外部热源的热量减少了。同时因用低压溶液去冷凝高压蒸汽，所以被冷凝器冷却水带走的热量和所需冷却水量也减少了，使装置的制冷系数显著提高（1.1～1.2）。实践证明，在制冷量、冷凝温度、蒸发温度都相同时，和单效机相比，双效机的耗热量减少约 1/3，冷却水量降低 1/4，所以使用日益广泛。

四、氨水吸收式制冷机

在氨水吸收式制冷机中，由于氨和水在相同压力下的气化温度比较接近，如在一个标准大气压下，氨与水的沸点分别为－33.4℃和 100℃，两者仅相差 133.4℃，因而对氨水溶液加热时，产生的氨蒸气中含有较多的水分。氨蒸气浓度的高低直接影响到整个装置的经济性和设备的使用寿命。为了提高氨蒸气的浓度，必须进行精馏。精馏过程是在精馏塔设备内进行的。精馏塔进料口以下发生热、质交换的区域叫提馏段，进料口以上发生热、质交换的区域叫精馏段。精馏塔还有发生器和回流冷凝器，前者用来加热氨水浓溶液，产生氨和蒸汽，供进一步精馏用；后者用来产生回流液，也供精馏过程使用。

单级氨水吸收式制冷机的流程如图 4-4 所示。

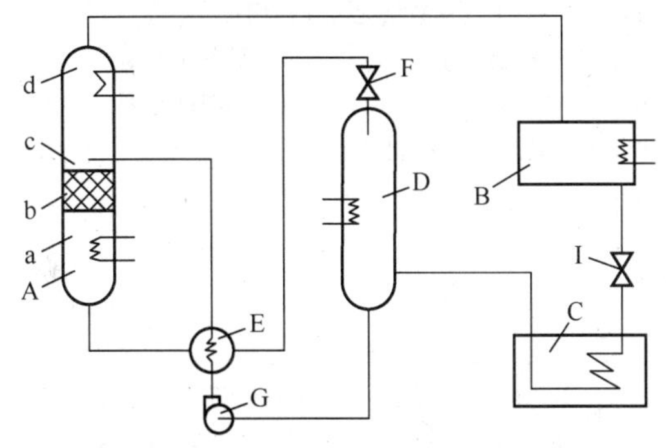

图 4-4　单级氨水吸收式制冷机流程图

A—精馏塔（a—发生器；b—提馏段；c—精馏段；d—回流冷凝器）；B—冷凝器；C—蒸发器；D—吸收器；E—溶液热交换器；F、I—节流阀；G—溶液泵

从吸收器 D 来的浓溶液经溶液泵 G 升压和溶液热交换器 E 加热后，从精馏塔 A 的进料口进入精馏塔，在精馏塔内的发生器中被加热，部分溶液蒸发，产生的氨蒸气经过提馏段，得到的氨蒸气再经过精馏段和回流冷凝器，使上升的蒸气得到进一步的精馏和分凝，得到几乎是纯氨的蒸气，由塔顶排出进入冷凝器 B 中，在等压、等浓度下冷凝成液体，冷凝时放出的热量由冷却水带走。液氨经过节流阀 I，压力降低，进入蒸发器 C，吸收被冷却物体的热量而气化成湿蒸气，或者是饱和蒸气，甚至是过热蒸气，取决于被冷却物体所要求的温度。回流冷凝器中，因冷凝回流液所放出的热量被冷却水

排走。

从发生器a的底部排出的稀溶液，经过溶液热交换器E后温度降低，再经过节流阀F降压后进入吸收器D，吸收由蒸发器产生的氨蒸气而形成浓溶液，吸收过程中放出的热量被冷却水带走。浓溶液经溶液泵G升压后，再经溶液热交换器E加热，温度升高，最后从精馏塔A的进料口进入精馏塔，循环又重复进行。

系统中设置溶液热交换器E能明显地提高整个装置的经济性，通过溶液内部进行热交换，一方面可以提高进入发生器的浓溶液的温度，减少发生器中加热蒸汽的消耗量，另一方面可以降低进入吸收器的稀溶液的温度，减少吸收器中冷却水的消耗量，并增强溶液的吸收效果。

单级氨吸收式制冷机所能制取的低温，与加热热源的温度及冷却水温度有关，一般情况下不低于−25℃。如果热源温度较低、冷却水温度又较高时，若要制取较低温度，则可采取双级氨吸收式制冷机，但一般也不低于−65℃。

溴化锂吸收式制冷与氨吸收式制冷比较如表4-4所示。

表4-4　溴化锂吸收式制冷与氨吸收式制冷比较

	溴化锂吸收式制冷	氨吸收式制冷
制冷剂（沸点）	水（100℃）	氨（−33.35℃）
吸收剂（沸点）	溴化锂（1265℃）	水（100℃）
制冷温度	不能低于5℃	0～−60℃
主要优点	1. 以溴化锂-水作为工质对，无毒、无臭、无味，对人体无危害，对大气臭氧层无破坏作用；因此溴化锂机组被誉为无公害的“绿色”冷源； 2. 水价格便宜，易得，汽化潜热大； 3. 溴化锂沸点与水沸点相差很大，由发生器产生的水蒸气中完全不含溴化锂； 4. 在真空下运行，无高压爆炸危险； 5. 制冷量调节范围广，在20%～100%的负荷内可进行制冷量的无级调节； 6. 对外界条件变化的适应性强，可在加热蒸汽的压力0.2～0.8MPa（表压力）、冷却水温度20～35℃、冷媒水出水温度5～15℃的范围内稳定运转； 7. 单台机组的制冷量大，单位制冷量的投资小，便于发展集中制冷	1. 能制取0～−60℃的低温，可在同一系统内提供不同温度的冷量。 2. 氨有强烈的刺激性气味，泄漏易发现； 3. 氨价格低廉，来源广泛； 4. 对大气臭氧层无破坏作用； 5. 氨易溶于水（1：700），紧急排氨时，可用水冲，变成氨水排出。而氨水本身就是农田的肥料，流入土地有利无害
主要缺点	1. 设备内真空度较高，设备密封性要求高； 2. 溴化锂结晶和水的凝固现象限制了其应用范围，制冷温度不能低于5℃； 3. 溴化锂溶液对一般金属有强烈的腐蚀性； 4. 溴化锂价格较贵，机组充灌量大，初投资较高	1. 由于氨、水的沸点比较接近，产生的氨蒸气中含有较多的水分，系统中必须增设精馏和分凝设备； 2. 对铜及铜合金（磷青铜外）有腐蚀作用； 3. 氨有强烈的刺激性气味，与空气混合后有潜在的爆炸危险。限制了其使用范围，特别是在民用建筑空调冷源中

第三节 热电冷三联产的意义和发展动态

一、发展热电冷三联产的意义

1. 发展热电冷三联产，可填补热电厂热负荷低谷，提高热电厂经济效益，扩大热电厂适用范围

热电厂非采暖期出现热负荷低谷，供热机组在非设计负荷下运行，偏离了最佳经济工况点，运行效率低下，供热系统的大量设备闲置，造成巨大的资源浪费和经济损失。发电量不稳定，联产系统运行的指标不能在全年内达到最佳。如果抽汽式供热机组凝汽运行发电，则比凝汽式电厂煤耗还高，不节能。对任何一个热电厂来讲，如要保持较好的经济效益，根本的途径是要有较高的热负荷。

在非采暖期发展制冷热负荷，可填补热电厂热负荷低谷，提高热电联产供热系统的经济效益，扩大热电厂适用范围。采用溴化锂吸收式制冷机实现热电冷三联产，其循环热效率可达65%以上，对于增加供热机组夏季供热量，提高机组热效率和全厂经济效益是显而易见的。在“三北”地区，冬季采暖时间约为4~5个月，夏季制冷时间为2~3个月，全年在较高负荷运行时间约为6~8个月；在长江中下游地区，冬季采暖期约为3个月，如建设热电厂供暖，由于热负荷利用率低，不经济。而夏季则很热，夏季制冷时间约为5~6个月，如发展热、电、冷联产，则可有效地增加热负荷，机组全年在较高负荷下运行时间可长达8~9个月。可见，热电冷三联产可增加热电厂的夏季热负荷，平衡冬季和夏季热负荷的峰谷差，从而提高热电厂的设备利用率，扩大了热电厂的经济范围，提高热电厂经济效益，因而发展前景广阔。

2. 发展热电冷三联产，可缩小电负荷峰谷差，减少电力系统顶峰设备容量，节省投资，提高效率

近年来，随着人民生活水平的不断提高，人们对居住舒适要求越来越高，制冷需求越来越大。目前，绝大多数供冷设备是消耗电力的压缩式制冷机及各种分散的电空调器。虽然电空调有机动灵活、操作方便、自动化程度高、品种多和功能全等诸多优点，但也存在耗电量大，造成夏季用电高峰等缺点。在一些大城市，如上海，北京，武汉，南京等地，夏季电负荷中，空调负荷几乎占总用电负荷的1/4。据上海电力工业局分析：上海市1990年最大峰谷差145.3万kW，以后逐年上升，1996年最大峰谷差达305万kW，2000年最大峰谷差为434万kW；1986年以后，上海用电最高负荷均出现在7~8月，据统计，上海70多家三星级以上宾馆，空调用电占全部用电的50%~60%。用电量的变化受季节和气候的影响越来越大，全国各电网用电负荷峰谷差逐年增大。用电高峰时机组满发仍供不应求，被迫拉闸限电，需要进一步扩容，不断投产发电新机组，而扩容部分却仅在夏季很短的运行时间内起作用，用电低谷时大量机组闲置，机组全年设备利用率低，造成巨大的资源浪费和经济损失。所以从电力系统来看，要采取一切措施，降低峰谷差。而夏季用电高峰期，由于热电联产热负荷的减少，部分供热机组不能运行或不能满负荷运行，减少了电网的供电量，使本来就紧张的电力供应更加紧张。

利用已建成的热电厂发展吸收式制冷机组，一方面替代电力空调，节约大量电力；另一方面增加热电厂的热负荷，使热电厂的发电量增加，减缓制冷装置耗电量的增长速度，缓解

供需矛盾，缩小电负荷峰谷差，并使国家有限的能源资源得以充分合理的利用。用吸收式制冷机，少用电（节电）而热电厂又多发电，在夏季起到了削峰作用，减轻了电网调峰压力，减少了顶峰机组容量，减少了系统调峰机组的频繁启停等，改善了系统运行，降低了峰荷，从而节省了燃料（如国产125MW机组启停一次损失20t标煤）。热电冷三联产的这种多重效益已远远超过因制冷机多耗热能所消耗的燃料，所以国际上各工业先进国家，在有条件地区都采用溴化锂制冷空调。

3. 发展热电冷三联产，可减少城市电网的沉重负担

电力系统有关专家指出：我国城市电网已达到了非常困难的时期，尤其在夏季，事故频发，根本原因是超负荷。长期以来我国城市电网资金只有非民用新建项目与公共电网连接时的一次性交费，数量有限。发、送、配三个环节的投资比例是1∶0.21∶0.12，而国外后两项都高得多：美国是1∶0.43∶0.7，英国是1∶0.45∶0.78，日本是1∶0.47∶0.68。国外城市电网的维护与发展资金已列入电费，为大家分摊。而我国由于历来电价偏低，缺乏城网改造费用。发展热电冷三联产，可缓解夏季供需矛盾，减少城市电网的沉重负担。

4. 发展热电冷三联产，可节约能源

传统动力系统的技术开发主要着眼于单独的设备，例如集中供热、直燃式中央空调及发电设备。这些设备的共同问题在于单一目标下的能耗高，尚未达到有限能源资源的高效综合利用。热电冷三联产系统与远程送电比较，可大大提高能源利用率。大型发电厂的发电效率一般为35%～40%，扣除厂用电和线损率，终端利用率只能达到28%～35%，而热电冷三联产系统的能源利用率可达到70%以上。

5. 发展热电冷三联产，可保护环境

以氟里昂（CFC）作为制冷剂的空调机组，会引起臭氧层破坏而导致温室效应；而现在采用的氢氧氟烃（HCFC）虽然对环境影响小些，仍对臭氧层有破坏。热电冷三联产（CCHP）在降低碳和污染空气的排放物方面具有很大的潜力。因为采用溴化锂吸收式机组，溴化锂作为吸收剂无毒无害，对环境保护很有利。据有关专家估算，如果从2005年起，每年25%的新建筑及从2010年起50%的新建筑均采用CCHP的话，到2020年的CO_2的排放量将减少19%。如果将现有建筑实施冷热电联产的比例从4%提高到8%，到2020年CO_2的排放量将减少30%。

6. 发展小型天然气热电冷三联产系统，可增强能源供给可靠性

近几年来，美国和加拿大、英国、意大利等国相继发生大的停电事故，再次为全世界的电网安全敲响了警钟，深刻说明传统能源供应形式存在着严重的技术缺陷。而以天然气热电冷三联产系统（分布式能源系统）为核心的新型能源体系具有效率高、灵活性强、分散度高、安全可靠的特点，可作为传统大电厂、大电网的有益补充，能增强整个国家和地区的能源供给的可靠性。

二、热电冷三联产发展动态

发展热、电、冷联产可使热电厂多供汽、多发电、降低煤耗、提高经济效益。用户端又可减少供电压力，缓解用电紧张，因而又有节能、节电的社会效益和环保效益，故正在世界范围内被提倡和应用。1962年美国在Harford city，Connecticut建成世界上最早的区域供冷系统，并可同时供应蒸汽。目前美国已有超过60个区域供冷系统。日本的区域供冷发展最快，在日本能源供应领域中，主要以热电联产系统为热源的区域供热（冷）系统是仅次于

燃气、电力的第三大公益事业，到1996年共有132个区域供热（冷）系统。燃气轮机热电冷联产和汽轮机驱动压缩式制冷设备是日本热电冷联产的主要形式。而欧洲也已有多个热电冷联产系统投入运行。

我国热电冷联产形式的区域供冷刚刚起步，但发展迅速。从1992年在山东淄博率先开始利用张店热电厂蒸汽实施城市集中三联供项目以来，建设部、电力部十分重视，并大力推广，促进了城市三联供技术的发展，全国多个城市拥有在燃煤热电厂基础上建立的热电冷联产系统。我国金陵石化公司热电厂装有两台CC-50型供热式机组，低压调节蒸汽的热负荷，冬季高达130t/h，夏季却为零。后来采用从该供热机组的低压蒸汽来进行溴化锂制冷，供7℃的冷水，供全厂15000m^2 建筑面积空调制冷，年节约电能达3.88×10^{16}kJ，年运行约2000h，提高了该热电厂的燃料利用系数10%以上。石家庄热电厂东厂装有高压CB-25型、B25型机组各两台，1988年以后才有制冷用热负荷，填补了夏季降低的热负荷，使电力系统每年净获效益约1600万元，而且现有设备的热电冷三联产的能力还未全部发挥出来。济南热电冷联产系统的供冷总容量近几年已从无发展到49.6MW，杭州两个正在建设的热电冷联产系统供冷总容量将超过120MW。在燃气轮机或内燃机基础上建立的燃气热电冷联产系统也已出现，如上海黄浦区中心医院和浦东国际机场热电冷联产系统，北京的燃气集团大楼和清华大学校园热电冷联供系统等。北京燃气集团调度指挥中心大楼首次采用燃气内燃机与余热利用型溴化锂机组对接形式，为楼宇提供全部冷、热、电能源的三联供应。该系统的运营，不仅标志着一种崭新的能源供应方式的诞生，而且为优化我国能源结构提供了范例。

第四节 制冷机的常用能量性能指标

一、制冷机的性能系数 *COP*

制冷机的性能系数为输出能量与输入能量的比值，是评价制冷机性能最常用的指标。

1. 压缩式制冷机的性能系数（又称为制冷系数）

$$COP_{ce}=\frac{Q_c}{W_{ce}} \tag{4-1}$$

式中 Q_c——循环制冷量，kW；

W_{ce}——循环中的耗功量，kW。

2. 吸收式制冷机的性能系数（又称为热力系数）

$$COP_{ca}=\frac{Q_c}{Q_{hc}+W_p}\approx\frac{Q_c}{Q_{hc}} \tag{4-2}$$

式中 Q_{hc}——耗热量，kW；

W_p——溶液泵耗功量，kW。

压缩式制冷机消耗的是高品位电能，而吸收式制冷机消耗的是低品位热能，两者的能量品质不同。对吸收式制冷而言，性能系数仅仅表明产生一定的冷量需要消耗多少热量，没有反映这些热量来源，产生这些热量过程的效率高低。可见制冷机的性能系数在比较同种类型制冷机的制冷效果时，简单明了。但是对于不同种类的制冷机，性能系数只是从能量数量上说明，而没有从能量品质上衡量，所以不尽合理。

二、当量热力系数ζ

当量热力系数是指消耗单位燃料热能所制取的冷量，以ζ表示，即

$$\zeta=\frac{Q_c}{BQ_{net}},\text{kJ 冷量 /kJ 燃料热} \tag{4-3}$$

当量热力系数ζ越大，耗用单位燃料热能所制取的冷量越大，越节能。

1. 压缩式制冷机当量热力系数ζ_{ce}

$$\zeta_{ce}=\frac{Q_c}{\dfrac{W_{ce}}{\eta_{cp}^{n}\eta_n}}=\frac{Q_c\eta_{cp}^{n}\eta_n}{W_{ce}} \tag{4-4}$$

式中 η_{cp}^{n}——火力发电厂供电效率；

η_n——电网输电效率。

2. 吸收式制冷机的当量热力系数ζ_{ca}

热电冷三联产吸收式制冷机的热源采用供热式汽轮机抽汽或背压排汽，由于蒸汽已经在汽轮机中做了功，设抽汽口或排汽口得到1kJ的热能所耗燃料热能本应为TkJ，而该1kJ蒸汽热抽出前已做功wkW·h，每1kW·h在凝汽式汽轮机中所耗热能为vkJ，故抽汽或排汽口处每得到1kJ热能实际上所耗燃料热能的kJ数为（T-wv）kJ。其倒数$\mu=\dfrac{1}{T-wv}$表示每1kJ燃料燃烧产生的高位热能相当于供热式汽轮机抽汽或背压排汽口处低位热能的kJ数。则吸收式制冷机的当量热力系数为

$$\zeta_{ca}=\frac{Q_c}{\dfrac{Q_{hc}}{\eta_p\mu}}=\frac{Q_c}{Q_{hc}}\mu\eta_p=COP_{ca}\mu\eta_p \tag{4-5}$$

式中 η_p——蒸汽管道效率。

三、节煤量ΔB

通过计算热电冷三联产比热电联产与压缩式制冷机制冷的燃料节约量ΔB来评价三联产热经济性。

$$\Delta B=[Q_c(W_{ce}-W_{ca})+(W'-W)(1-\zeta_{ap})]b-(B'-B) \tag{4-6}$$

式中 ΔB——节煤量，kg/h；

Q_c——制冷量，kW；

W_{ce}——压缩式制冷机的单位制冷量电耗，kW/kW；

W_{ca}——溴化锂制冷机的单位制冷量电耗，kW/kW；

W'——有制冷负荷时供热机组的发电功率，kW；

W——无制冷负荷时供热机组的发电功率，kW；

B'——有制冷负荷时机组的耗煤量，kg/h；

B——无制冷负荷时机组的耗煤量，kg/h；

ζ_{ap}——热电厂厂用电率；

b——供电煤耗率，kg/（kW·h）。

节煤量以最终总煤耗量作为评价标准，可以直接地显示节能效果，但公式（4-6）仅适用于热电冷三联产与热电联产加压缩式制冷方案之间的比较。

热电冷三联产系统庞大，影响经济性的因素众多，如电站锅炉效率、供热机组型式、容

量、初蒸汽参数、抽汽或背压排汽参数、电网供电煤耗、制冷站位置与规模、吸收式制冷机性能系数等，如果要更全面地评价热电冷三联产，还要考虑设备投资回收期、环保效益、社会效益以及系统可靠性等方面的问题。热电冷三联产技术的应用限于有稳定的热、冷负荷且较集中的地区、供冷半径一般比供热半径要小。因此，热电冷三联产的应用须结合具体工程，通过技术经济、环境保护多方面论证比较后才能确定。热电冷三联产的多重效益已远远超过因制冷机多耗热能所消耗的燃料，所以国际上各工业先进国家，在有条件地区都采用溴化锂制冷空调。

第五章　给水回热加热及除氧系统

第一节　给水回热加热器

回热循环可提高火电厂热效率，现代单一蒸汽循环的火电厂都毫无例外地采用了给水回热循环。回热加热系统由回热加热器、回热抽汽管道、给水管道、凝结水管道、疏水管道等组成，其中回热加热器是给水回热系统中的主要设备。

一、回热加热器的类型

根据加热器内凝结水或给水与加热蒸汽直接接触与否，回热加热器可分为混合式加热器和表面式加热器两种。

（一）混合式加热器的特点

混合式加热器是汽水直接接触传热的换热器。其特点有：

(1) 能把水加热到加热器压力下的饱和温度，热经济性高；

(2) 没有金属受热面，构造简单，金属耗量小，造价低，便于汇集各种不同参数的汽、水流量，如疏水、补充水、扩容蒸汽等；

(3) 能除去水中气体，作除氧器使用，使高温金属受热面免受氧腐蚀；

(4) 每台混合式加热器均要配水泵，以便把水从较低压力的加热器打入较高压力的加热器，为了工作可靠还要有备用泵或备用管道，为了防止水泵的汽蚀影响锅炉供水，每台水泵之上要有一定的高度，并设有一定容量的储水箱。这使得混合式加热器系统和厂房布置复杂化，投资增加，电厂安全可靠性降低。所以，混合式加热器在回热系统中作为除氧器用。补充水大的热电厂可设两级除氧器，低压除氧器作为补充水除氧用。为了解决亚临界和超临界汽轮机内积铜垢问题，也为了进一步提高回热系统的热经济性，英国和前苏联等国大型机组在低压加热器部分或全部采用混合式加热器。

（二）表面式加热器的特点

表面式加热器通过金属受热面将蒸汽的热量传递给水，通常水在管内流动，加热蒸汽在管外流动，如图5-1所示。根据表面式加热器水侧承受压力的不同，可分为低压加热器和高压加热器。以除氧器为界，位于给水泵和锅炉省煤器之间，水侧承受给水泵出口压力的加热器，称为高压加热器；位于凝结水泵和给水泵之间，水侧承受凝结水泵出口压力的加热器，称为低压加热器。

与混合式加热器相比表面式加热器有如下特点。

(1) 有端差存在，未能最大程度地利用加热蒸汽的能量，热经济性较差。不特殊指明时，面式加热器端差一般都是指出口端差 θ_{oj}（加热器汽侧压力下的饱和水温 t_{sj} 与加热器出口水温 t_{wj} 之差），$\theta_{oj}=t_{sj}-t_{wj}$，又称上端差。入口端差 θ_{ij} 是指离开疏水冷却器的疏水温度 h_{wj}^{d} 与加热器进口水温 $h_{w(j+1)}$ 之差，$\theta_{ij}=h_{wj}^{d}-h_{w(j+1)}$，又称下端差或疏水冷却器端差。

端差 θ_{oj} 愈小，机组的热经济性降低愈小。可以从两方面理解，一方面若加热器出口水温 t_{wj} 不变，端差减小意味着 t_{sj} 降低，回热抽汽压力降低，回热抽汽做功比 X_r 增加，热经济性提高；另一方面若加热蒸汽压力不变，t_{sj}不变，端差减小意味着出口水温t_{wj}升高，其结果是减小了较高压力的回热抽汽做功比而增加了较低压力的回热抽汽做功比，热经济性得到改善。例如一台大型机组，全部高压加热器的端差降低1℃，机组热耗率大约降低0.06%。

设计时端差的减小，是以增大换热面积和投资为代价的。加热器出口端差θ_o与金属换热面积A的关系为

$$\theta_o = \frac{\Delta t}{e^{\left(\frac{KA}{Gc_p}\right)} - 1} \tag{5-1}$$

式中　A——金属换热面积，m^2；

Δt——水在加热器中的温升，℃；

K——传热系数，kJ/（m^2·h·℃）；

G——被加热水的流量，kg/h；

c_p——水的比定压热容，kJ/（kg·℃）。

各国应根据自己国家的钢材、燃料比价，通过技术经济比较选择较为合理的端差。若燃料较贵，端差应选小点；反之，则选大一些。我国的加热器端差，一般当无过热蒸汽冷却段时，$\theta_o=3\sim6$℃；有过热蒸汽却段时，$\theta_o=-1\sim2$℃。大容量机组θ_o减小的效益大，应选用较小值。例如引进国产型300MW机组最后三台低压加热器的端差均为2.7℃。下端差一般推荐$\theta_i=5\sim10$℃。

（2）金属消耗量大，内部结构复杂，制造较困难，造价高。

（3）有疏水的回收和利用问题。回热抽汽在表面式加热器放出热量冷凝成的凝结水称为疏水，为保证加热器内换热过程的连续进行，要连续疏水，疏水的热量和工质要回收利用，在系统的连接上每台面式加热器均要增设疏水器及疏水管道，增加了系统的复杂性。

（4）高压加热器承受较高的水压和较高的温度。由于水被加热后要进入锅炉，给水泵出口的压力比锅炉压力还要高，高压加热器水管承受比锅炉压力高的水压，导致加热器的材料价格上升；当加热器管束破裂或管束接口渗漏，而同时抽汽管上逆止阀不严密时，给水可能进入汽轮机，造成汽轮机事故。

（5）表面式加热器组成的系统比较简单，泵的数量少，工作可靠。因此，表面式加热器在电厂中应用广泛，作为高压和低压加热器用。

二、表面式加热器的结构特点

表面式加热器根据布置方式又可分为立式和卧式两种。立式占地面积小，便于安装和检修，为中、小机组和部分大机组广泛采用，如图5-1所示。卧式因其换热面管横向布置，在同样凝结放热条件下，由于横管面上积存的凝结水膜薄，单根横管放热系数为竖管的1.7倍，换热效果好，热经济性高于立式；结构上易于布置蒸汽冷却段和疏水冷却段，布置上可利用放置的高低来解决低负荷时疏水逐级自流压差减小的问题等，所以一般大容量机组的加热器多采用卧式，如图5-2所示。

表面式加热器分水侧（管侧）和汽侧（壳侧）两部分，如图5-1所示。水侧由受热面管束的管内部分和水室（或分配、汇集联箱）所组成。水侧承受与之相连的凝结水泵或给水泵的出口压力。汽侧由加热器外壳及管束外表面间的空间构成。汽侧通过抽汽管与汽轮机回热抽汽口相连，承受相应抽汽的压力，故汽侧压力大大低于水侧。在无疏水冷却段的情况下，疏水的出口温度就是汽侧压力下的饱和温度。

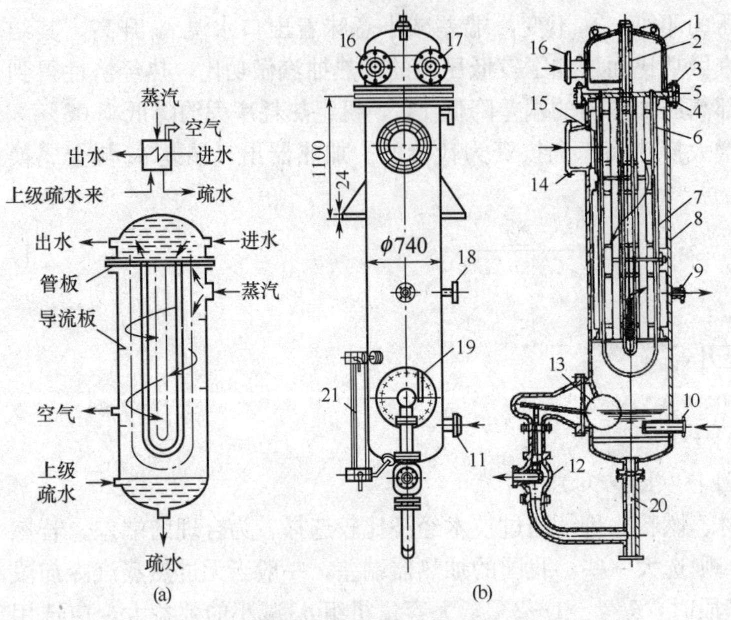

图5-1 管板-U形管束立式低压加热器

(a) 图例（上部）及结构示意图；(b) 结构外形及剖面图

1—水室；2—拉紧螺栓；3—水室法兰；4—筒体法兰；5—管板；6—U形管束；7—支架；8—导流板；9—抽空气管；10、11—上级加热器来的疏水入口管；12—疏水器；13—疏水器浮子；14—进汽管；15—护板；16、17—进、出水管；18—上级加热器来的空气入口管；19—手柄；20—排疏水管；21—水位计

电厂常用的面式加热器为管板-U形管式加热器，一般由水室、壳体、管板、U形管束、导流板等部件构成。其金属换热面管束设计成U形，加热水的引入和引出采用水室结构。

图5-1所示为法兰连接的管板-U形管式加热器，该加热器的管板与水室采用法兰螺栓连接，一般适用于水侧压力低于7.0MPa的低压加热器。水室1用隔板分成进、出水两个水室。加热器的受热面是由铜管或钢管胀接在管板5上的U形管束6组成。管束用专门的支架7加以固定，为了便于加热器换热面的清洗和检修，整个管束制成一个整体，便于从外壳中抽出。被加热的水由进水管16引入进水室，经管板流入管束吸热，然后从U形管束的另一端流到出水室，经出水管17流出。加热蒸汽由进汽管14进入汽侧后，在导流板8的引导下成S形流动，反复横向冲刷管束外壁放热凝结。汽侧下部有一定的容水空间，用来汇集加热蒸汽的凝结水——疏水。疏水经自动疏水器12，由加热器底部排出，而不致使蒸汽排出，以保持加热器有一定的疏水水位，从而维持加热器汽侧压力。汽侧不能凝结的空气应由加热器内排出，以免增大传热热阻、降低热经济性。

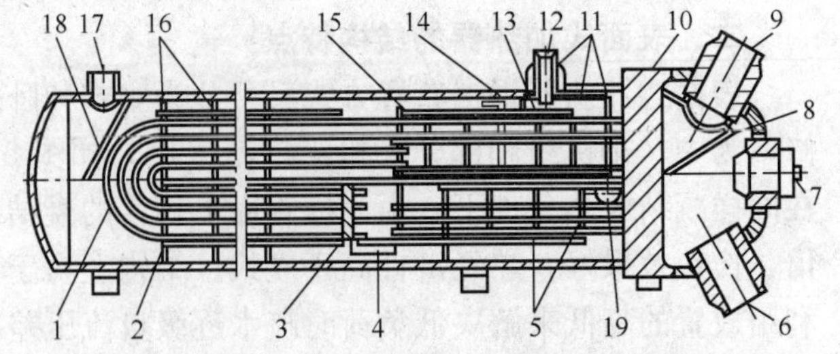

图5-2 管板-U形管束卧式高压加热器结构示意

1—U形管；2—拉杆和定距管；3—疏水冷却段端板；4—疏水冷却段进口；5—疏水冷却段隔板；6—给水进口；7—人孔密封板；8—独立的分流隔板；9—给水出口；10—管板；11—蒸汽冷却段遮热板；12—蒸汽进口；13—防冲板；14—管束保护环；15—蒸汽冷却段隔板；16—隔板；17—疏水进口；18—防冲板；19—疏水出口

图5-2所示为国产引进型300、600MW机组配用的管板-U形管束卧式高压加热器。水室与管板直接焊接，U形管与管板采用胀管加焊接的连接方法。筒体的右侧是加热器水室，采用半球形、小开孔的结构形式。水室内有一分流隔板，将进出水隔开。给水由进水管进入下部进水室，通过U形管束吸热升温后从上部出水室经出水管离开加热器。加热蒸汽由蒸汽进口12进入蒸汽冷却段包壳，经导流板多次导流转弯至凝结段，在凝结段从上往下流动。疏水汇

集于壳体下部形成水位，然后经过吸水口从下向上进入虹吸式疏水冷却段，经折流板导向转弯流动，被冷却成过冷疏水而流出。

管板-U形管式加热器结构简单，外形尺寸小，管束管径较粗，水阻小，管子损坏不多时，易采用堵管的办法快速抢修。缺点是当压力较高时，管板厚，厚管板与薄管壁的连接工艺要求高，对温度变化敏感，运行操作要求严格，换热效果较差。

此外还有无管板的联箱螺旋管式（或蛇形管式）加热器，采用联箱与螺旋形管束或蛇形管束相连接的方式。其优点是管束膨胀柔软性好，避免了管束与厚管板连接的工艺难点；对温度变化不敏感，局部热应力小，安全可靠性高，对负荷变化的适应性强。其缺点是水管损坏后修复困难，加热器尺寸较大，水流动阻力也较大。联箱螺旋管式加热器为前苏联机组上广泛使用的加热器，也被我国的50、100MW机组采用。这种加热器有四盘螺旋管式及双盘螺旋管式两种，图5-3为四盘螺旋管式加热器的结构示意图。

三、表面式加热器的疏水装置

表面式加热器疏水装置的作用是在加热器正常运行时，及时而可靠地排出蒸汽的凝结水（疏水），同时又不让蒸汽排出，以维持加热器汽侧压力和疏水水位。

发电厂常用的疏水装置有U形水封管（包括多级水封）、浮子式疏水器、疏水调节阀等。

U形水封管一般只用在最后几段抽汽的低压加热器中，是利用管中水柱高度来平衡加热器间压差，实现自动排水并在壳侧内维持一定水位。U形水封管也可做成多级。其特点是：无转动机械部分，结构简单，维护方便，但占地大，需要挖深坑放置。

浮子式疏水器分为内置式和外置式两种，由浮子、滑阀及其相连接的一套转动连杆机构组成。内置式浮子式疏水器如图5-1（b）的12、13所示。浮子13随加热器汽侧水位上下浮动，通过传动连杆启闭疏水阀，实现水位调节。结构简单，但不便于实现水位的人为调整和远距离控制。多用于压力稍高的低压加热器或小机组的高压加热器。

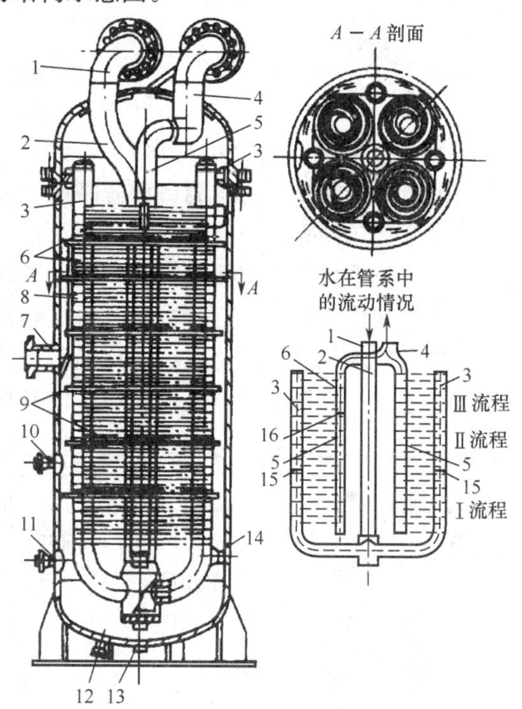

图5-3　联箱螺旋管式加热器

1—进水总管弯头；2—进水总管；3—进水配水管；4—出水总管弯头；5—出水配水管；6—双层螺旋管；7—进汽管；8—蒸汽导管；9—导流板；10—抽空气管；11、12—连接管；13—排水管；14—导轮；15、16—配水管内隔板

图5-4所示为电动操作系统控制的疏水调节阀及其控制系统。疏水调节阀的开启和关闭是通过摇杆8绕心轴7的转动来实现的。图中摇杆A的位置是调节阀关闭的位置。当摇杆从A绕心轴转动到B时，心轴带动杠杆4向顺时针方向转动，并带动阀杆9在上、下轴套5、6内向下滑动，由此带动滑阀2向下移动，滑阀即逐渐打开。图5-4（b）的动作原理是：壳侧水位计接受水位变化信号，经压差变送器、比例积分单元、操作单元，最后由电动执行机构操纵疏水调节阀的摇杆，再通过杠杆传给带有滑阀的滑杆来实现的。

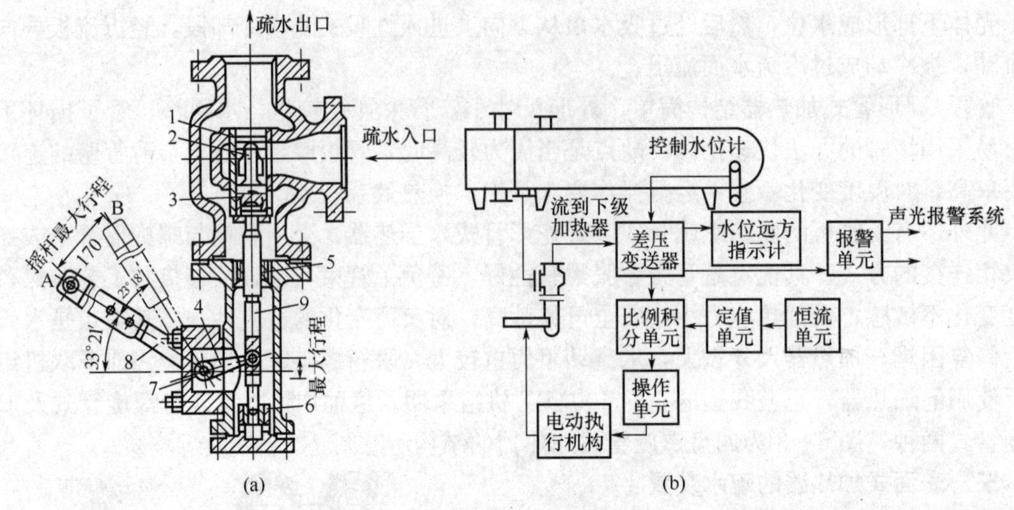

(a)　　　　　　　　　　　　　　　　　(b)

图 5-4　疏水调节阀及其控制系统

(a) 疏水调节阀；(b) 控制系统

1—滑阀套；2—滑阀；3—钢球；4—杠杆；5—上轴套；6—下轴套；7—心轴；8—摇杆；9—阀杆

四、高压加热器的水侧自动旁路保护装置

高压加热器管束内流动的是高压水，若管束破裂，高压给水会迅速地进入加热器的蒸汽空间，甚至沿抽汽管道倒流入汽轮机，造成严重事故。故高压加热器应设置水侧自动旁路保护装置，其作用是：在运行中当高压加热器管束破裂、漏泄、或疏水调节装置故障等异常情况发生时，水侧自动旁路保护装置能迅速动作，切断进入高压加热器管束的给水，以保护汽轮机不进水、高压加热器筒体不超压以及保证锅炉给水不中断。

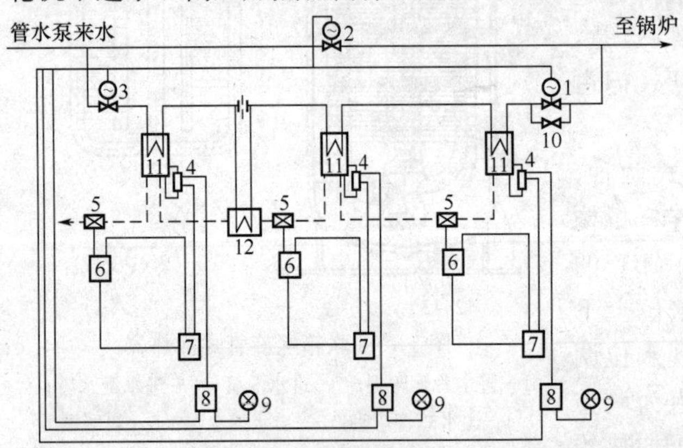

图 5-5　200MW 机组高压加热器电动自动旁路保护装置

1—电动出口阀；2—电动旁通阀；3—电动入口阀；4—水位信号器；5—回转调节器；6—执行机构；7—调节器；8—继电器；9—信号灯；10—启动注水阀；11—高压加热器；12—疏水冷却器

中小机组多设有高压加热器的小旁路或大旁路，配电动闸阀。现代大机组高压加热器均配有水侧自动旁路保护装置，主要有水压液动控制和电动控制两种。

图 5-5 为国产 200MW 机组高压加热器电动自动旁路保护装置，其给水入口阀、给水出口阀和旁通阀都是电动的，他们分别受每台高压加热器的任意一个继电器控制。当高压加热器发生故障疏水水位升高时，水位信号器的水位信号发生变化，由调节器发出电信号，执行机构操纵回转调节阀使水位保持正常；当水位升高至极限位置时，继电器动作发出电信号，这时高压加热器的出口、入口阀关闭，旁通阀打开，给水由旁通管道直接供给锅炉，同时信号灯发出闪光信号，表示电动旁路装置已动作。综上所述，水位信号器可发出两个信号，一是在正常范围内调节，保持加热器的水位；二是在高压加热器发生水管破裂、漏泄等故障时，加热器水位升至极值，继电器动作，切除整个高压加

热器组。

第二节　面式加热器的连接系统

一、表面式加热器的疏水方式

回热抽汽在表面式加热器放出热量冷凝成的凝结水称为疏水。为保证加热器内换热过程的连续进行，必须及时将疏水收集利用，不同的收集利用方法，经济效果不同。通常疏水的收集连接方式有两种：疏水逐级自流的连接系统和疏水泵的连接系统。

1. 采用疏水泵的连接系统

由于表面式加热器汽侧压力低于水侧压力，疏水必须借助于疏水泵才能与水侧的主水流汇合，汇入地点可以是该加热器的出口或入口主水流，如图 5－6 所示。若将疏水送至入口主水流，入口水温较低，疏水放热量多，本级抽汽减少量大；若将疏水送至出口主水流，出口水温较高，高一级抽汽减少量少。又每千克低压抽汽在汽轮机中的做功量比高压抽汽大，故后者经济性高于前者。

所以应用疏水泵时应该将疏水送到本级加热器出口主水流中，此时疏水和主水流混合后减小了该级加热器的出口端差，提高了热经济性。但由于疏水量不大，如低压加热器的疏水量只占主凝结水量的 5%～15%，混合后主凝结水温度约升高 0.5℃左右，比无端差的混合式加热器热经济性低 0.4%左右。

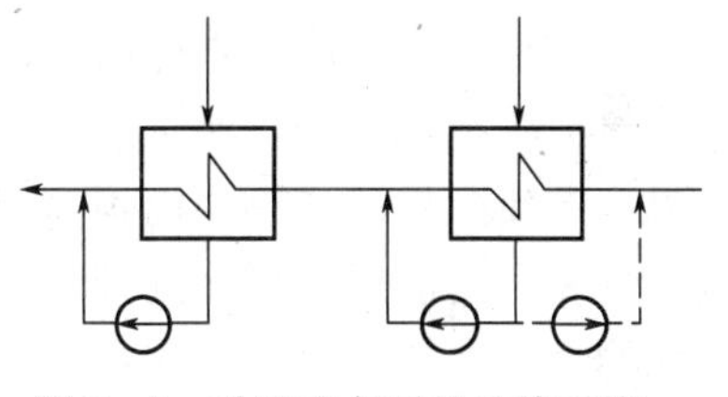

图 5－6　采用疏水泵的连接系统

虽然疏水泵连接系统热经济性提高，但系统复杂，投资增大，且需用转动机械，既消耗厂用电又易汽蚀，使可靠性降低，维护工作量大。因此，一般大、中型机组可能在最末级或次末级低压加热器上采用，以减少大量疏水直接流入凝汽器增加冷源损失，且可防止它们进入热井影响凝结水泵正常工作。

2. 疏水逐级自流的连接系统

利用相邻表面式加热器间的汽侧压差，将加热器疏水依次从压力较高的加热器自流入压力低一级的加热器中，直至与主水流汇合。这种系统可以用于高压加热器，最后自流入除氧器，也可以用于低压加热器，最后自流入凝汽器（或凝汽器热井）。

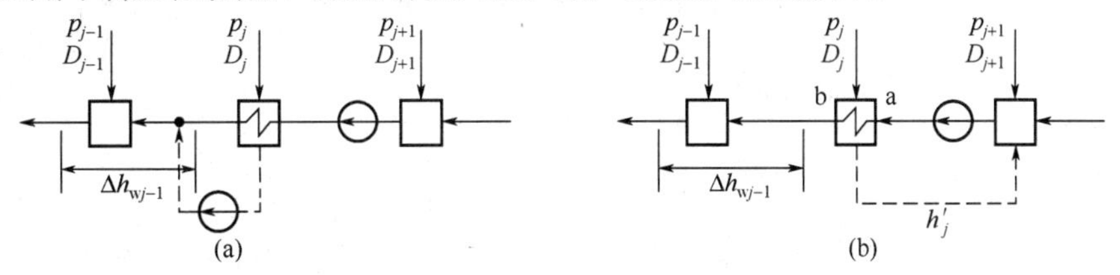

图 5－7　表面式加热器 j 级疏水不同收集方式的分析

（a）j 级加热器疏水采用疏水泵连接系统；（b）j 级加热器疏水采用疏水逐级自流

如图 5－7 所示，j 级加热器疏水采用疏水逐级自流（b 图）与采用疏水泵连接系统（a 图）相比较，疏水逐级自流由于 j 级疏水热量进入低一级的 $j+1$ 级加热器，使 $j+1$ 级抽汽量 D_{j+1} 减少，即排挤了低压抽汽量，取消疏水泵使压力较高的 $j-1$ 级加热器入口水温降低，水在 $j-1$ 级加热器的焓升及抽汽量 D_{j-1} 增加。即疏水逐级自流使高压抽汽量增加、低压抽汽量减少，而每千克低压抽汽在汽轮机中的做功量比高压抽汽大，故采用疏水逐级自流的热经济性比采用疏水泵的差。若疏水自流到凝汽器，还增加了凝汽器的疏水附加冷源损失，热经济性是最低的。

虽然疏水逐级自流方式的热经济性差，但系统由于没有疏水泵而简单可靠、投资小、不耗厂用电、维护工作量小而被广泛采用。所有高压加热器、绝大部分低压加热器都采用疏水逐级自流方式。

疏水逐级自流经济性差，但应用广，为了改善其热经济性，可采用以下措施改善热经济性。

（1）将最后一级低压加热器疏水引入凝汽器的热井中，完全避免了疏水带来的附加冷源损失，使热经济性提高。疏水最后汇集于热井比流入凝汽器的热经济性略高，但它会稍微提高凝结水泵入口水温。当流入热井疏水量较多时，为了保证凝结水泵运行时不汽蚀，须校核该凝结水泵入口的净正水头高度是否能够满足要求。

（2）采用疏水冷却段（器）。

二、带疏水冷却段（器）的系统

疏水逐级自流方式应用广，但热经济性低，为了减少疏水逐级自流排挤低压抽汽所引起的附加冷源热损失，而又要避免采用疏水泵带来的其他问题时，可以采用疏水冷却段（器）。疏水冷却段是在加热器内隔离出一部分加热面积，使汽侧疏水先流经该段加热面，降低疏水温度和比焓值后再自流到较低压力的加热器中，如图5-8（a）所示。疏水冷却器是一个独立的水—水换热器，利用主水流管道上孔板造成的压差，使部分主水流流入疏水冷却器吸收疏水的热量，疏水的温度和比焓值降低后流入下一级加热器中，如图5-8（b）所示。

疏水冷却段（器）降低了疏水温度，减小了本级加热器入口端差，减少了对低压抽汽的排挤，同时本级也因更多地利用了疏水热能而产生高压抽汽减少、低压抽汽增加的效果，因而使疏水逐级自流的热经济性有所改善。

设置疏水冷却段（器）除了能提高热经济性外，还对系统的安全运行有好处。当不设置疏水冷却段（器）时，加热器疏水为汽侧压力下的饱和水，当自流到压力较低的加热器时，经过节流降低后，疏水容易汽化而形成两相流动，对疏水管道、下一级加热器产生冲击、振动等不良后果，加装疏水冷却段（器）后，这种可能性就降低了。对高压加热器而言，加装疏水冷却段（器）后，疏水最后流入除氧器时，也将降低除氧器自生沸腾的可能性。

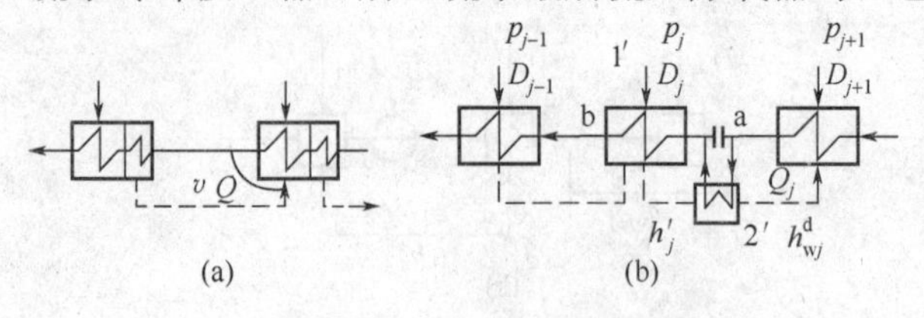

图5-8 疏水冷却器系统

（a）带疏水冷却段的系统；（b）带疏水冷却器的系统

疏水冷却段（器）系统无转动设备，运行可靠，不耗厂用电，系统也简单。但疏水冷却器是水—水换热器，使投资增加。近几年来，大型机组的表面式加热器广泛采用疏水逐级自流配置疏水冷却段的系统，且疏水最后汇于热经济略好的热井中。而有的机组将最低压力的低压加热器的疏水冷却段取消了，因为此处的抽汽压力较低，疏水的温度与主凝结水的温度差已比较小，设置疏水冷却段的实际意义已不大。

不同疏水收集方式的热经济性变化只有0.05%～0.15%，所以实际疏水方式的选择应通过技术经济比较来决定。

三、带蒸汽冷却段（器）的系统

大容量机组由于再热的采用，使再热后的回热抽汽过热度有较大提高，尤其是再热后第一、二级抽汽口的蒸汽过热度。使得再热后各级回热加热器的汽水换热温差增大，导致熵增、火用损增大，从而消弱了回热的效果。设置蒸汽冷却段（器）的目的就是为了利用蒸汽的过热热，提高加热器的出口水温，减小加热器出口端差（蒸汽冷却段）或直接将蒸汽的过热热用来加热锅炉给水（蒸汽冷却器），因而可以提高热经济性。

蒸汽冷却段是在加热器内隔离出一部分加热面积，加热蒸汽先流经该段加热面，过热度降低后再流至加热器的凝结段（蒸汽凝结部分），为了避免过热蒸汽冷却段里产生凝结水，离开它的蒸汽仍具有 15～20℃的过热度，如图 5-9（a）所示。蒸汽冷却段与凝结段合成一体可节约钢材和投资，但只提高本级加热器出口水温，降低出口端差，回热经济性提高较小。

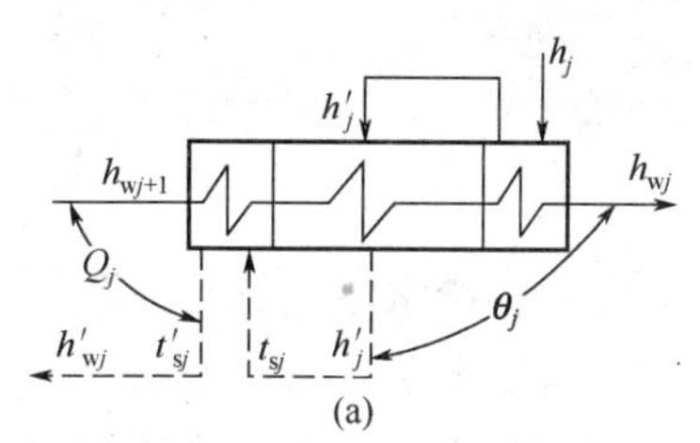

(a)

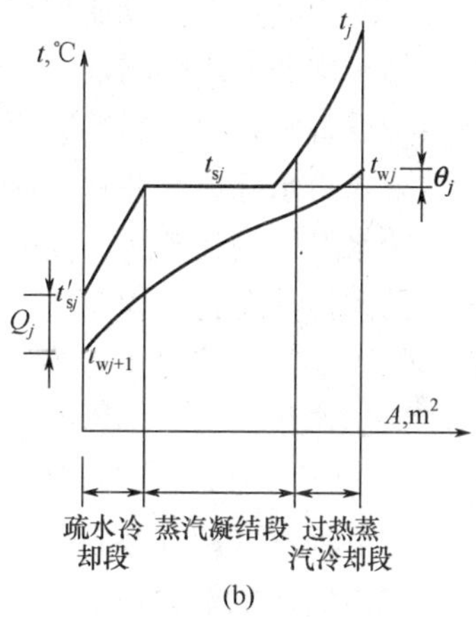

(b)

图 5-9 带有内置式蒸汽冷却段和疏水冷却段的表面式加热器工作过程示意图

蒸汽冷却器，是一台独立的换热器，虽然钢材及投资较大，但布置灵活，既可降低本级加热器的端差，又能利用抽汽过热热，实现跨级换热，直接提高给水温度，降低机组热耗，从而获得更高的热经济性。如图 5-10 所示，主要有与主水流并联、串联两种方式。

串联式蒸汽冷却器是指全部给水流经蒸汽冷却器；或部分给水流经蒸汽冷却器，部分给水流经节流孔板。水侧阻力大，泵耗功多，但进水温度高，换热温差小，效益较

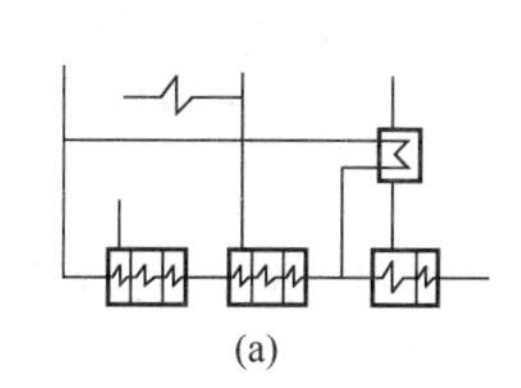
(a)

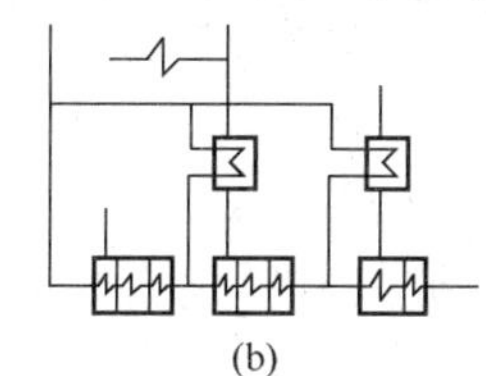
(b)

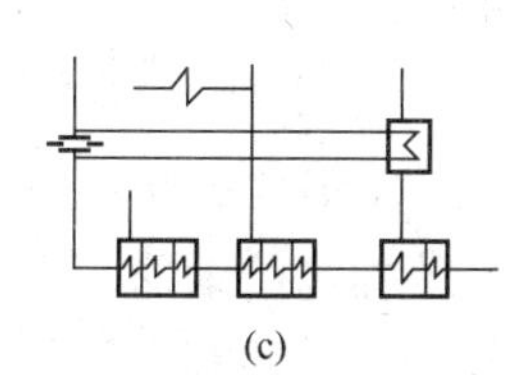
(c)

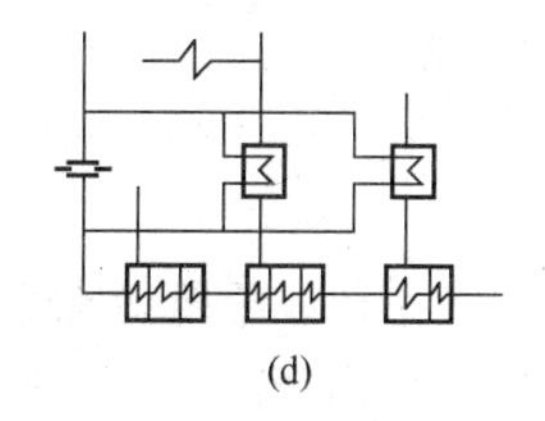
(d)

图 5-10 蒸汽冷却器的连接方式

（a）单级并联；（b）与主水流分流两级并联；（c）单级串联；（d）与主水流串联两级并联

显著。并联连接时，部分给水流经回热加热器，部分给水进入冷却器，其量既要使离开冷却器的蒸汽具有适当的过热度，又以给水不致在蒸汽冷却器中沸腾为宜，离开冷却器的给水再与主水流混合后送往锅炉。并联式蒸汽冷却器进水温度较低，换热温差较大，火用损稍大，又由于主水流中分了一部分水到冷却器，使进入较高压力加热器的水量减少，相应的回热抽汽量减小，回热抽汽做功减小。但是这种连接方式，给水系统的阻力较小，泵功也可减小。并联式和串联式蒸汽冷却器的热经济性改善程度，并无一定的规律可循，应通过具体热力计算才能定量确定。

实际回热加热系统中，高压加热器应该设置蒸汽冷却段（器），往往是蒸汽冷却段与蒸汽冷却器混合应用。如果仅设置一台蒸汽冷却器，恒设在再热后即中压缸的第一个抽汽口；

若设置两台蒸汽冷却器，多设在高压缸排汽和中压缸第一个抽汽口处。国内机组一般采用单级串联系统，国外也有少数机组采用串联、并联的综合连接方式。我国进口大机组，多采用蒸汽冷却段。而低压加热器因为抽汽过热度较低，不宜设置蒸汽冷却段。

第三节 热力除氧工作原理

一、给水除氧的目的和要求

溶解于给水系统中的气体，一方面是补充水带入，另一方面是从系统中处于真空下的设备（如凝汽器、部分低压加热器）、管道附件等不严密处漏入的。换热设备中的不凝结气体的集结，均会使热阻增加、传热恶化，降低机组热经济性和安全性。给水中溶解的氧气会腐蚀热力设备及管道，影响其可靠性和寿命，所溶二氧化碳会加剧氧的腐蚀。为此，现代火电厂均要求给水除氧，并保持一定的 pH 值。

给水除氧的任务是不断除去给水中溶解的氧气和其他不凝结气体，防止热力设备及管道的腐蚀和传热恶化，保证热力设备安全、经济地运行。按照《电力工业技术管理法规》规定，给水含氧量控制指标为

对工作压力为 5.88MPa（60ata）及以下锅炉，给水含氧量应小于 15μg/L；

对工作压力为 5.98MPa（61ata）及以上锅炉，给水含氧量应小于 7μg/L；

对亚临界和超临界参数的直流锅炉，由于没有排污，故要求给水彻底除氧。

二、给水除氧方法

给水除氧的方法有化学法和物理法两种。

化学除氧是向水中加入易和氧气发生化学反应的药剂，如联胺 N_2H_4，使之与水中溶解的氧产生化学变化，达到除氧的目的。联氨除氧的化学反应式为

$$N_2H_4 + O_2 \longrightarrow N_2\uparrow + 2H_2O \tag{5-2}$$

$$3N_2H_4 \xrightarrow{\text{加热}} N_2\uparrow + 4NH_3 \tag{5-3}$$

$$NH_3 + H_2O \longrightarrow NH_4OH \tag{5-4}$$

因此联氨既能除氧，又能提高给水的 pH 值，同时有钝化钢铜表面的作用。最近国内研制开发出新的化学除氧剂复合乙醛肟等，目前已在大型机组上推广应用。

化学除氧能彻底除去水中的氧气，但不能除去其他气体，且价格昂贵，故作为要求彻底除氧机组的辅助除氧手段。联氨的加入地点一般选在除氧器水箱出口水管上。

物理除氧是借助于物理手段，将水中溶解氧和其他气体除掉。火电厂中应用最普遍的是热力除氧法，它既能除氧又能除去给水中的其他气体，给水中不存在任何残留物质。热力除氧的设备即除氧器，为回热系统中的一个混合式加热器，故运行中几乎不需为除氧增加任何额外的投入。热力发电厂中毫无例外地采用了热力除氧法。

三、热力除氧原理

热力除氧的基本原理是建立在亨利定律（气体溶解定律）和道尔顿定律（气体分压定律）的基础上的。

亨利定律指出在一定温度条件下，当溶于水中的气体与自水中逸出的气体处于动态平衡时，单位体积中溶解的气体量 b 与水面上该气体的分压力 p_b 成正比，即

$$b = K\frac{p_b}{p}, \text{mg/L} \tag{5-5}$$

式中　p_b——平衡状态下水面上某气体的分压力，MPa；

p——水面上气体的全压力，MPa；

K——该气体的质量溶解系数，mg/L，它与气体的种类、温度和压力有关。

图 5-11（a）、（b）所示分别为水中溶解 O_2、CO_2 时与水温的关系曲线。

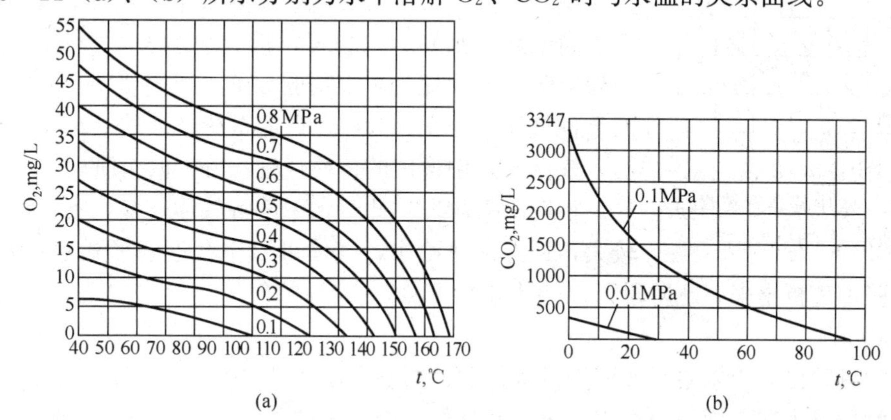

图 5-11　水中溶解气体量与温度的关系

（a）水中氧的溶解度；（b）水中二氧化碳的溶解度

当某气体在水中的溶解与离析处于动平衡状态时，与水中气体溶解量相对应的该气体在水面上的分压力称为平衡压力。式（5-5）可以改写为

$$p_b = bp/K, \text{MPa} \tag{5-6}$$

当某一瞬间平衡状态被破坏，即某气体在水面上的分压力 p_j 不等于平衡压力时，若 $p_b > p_j$，则该气体在不平衡压差 $\Delta p = p_b - p_j$ 的作用下自水中离析出来，直到达到新的平衡状态为止；反之，已经离析出来的气体又会重新回到水中。如要将某种气体从水面上完全除净，可将该气体在水面上的实际分压力降为零，在不平衡压差作用下可把该气体从水中完全降掉，这便是亨利定律为热力除氧提供的基本思路。

道尔顿定律指出，混合气体的全压力等于各组成气体的分压力之和。对于给水而言，除氧器中的全压力 p 应等于水蒸气的分压力 p_s 和溶于水中的各种气体分压力 $\sum p_j$ 之和，即

$$p = \sum p_j + p_s, \text{MPa} \tag{5-7}$$

对除氧器中的给水进行定压加热时，随着温度的升高，水的蒸发过程不断加强，水面上水蒸气的分压力逐渐加大，相应溶于水中其他气体的分压力 $\sum p_j$ 不断减小。当把给水加热至除氧器压力下的饱和温度时，水开始沸腾，水蒸气的分压力接近或等于水面上的全压力，其他气体的分压力趋近于零，于是溶解在水中的气体将从水中逸出被除掉。因此除氧器也是除气器，不但能够除去氧气，还能除去其他气体。

热力除氧不仅是一个传热过程，而且还是一个传质过程，必须同时满足传热和传质两个方面的条件才能达到热力除氧的目的，其基本条件如下：

（1）给水应加热到除氧器工作压力下的饱和温度 t_s，即使出现少量的加热不足，都会引起除氧效果恶化，达不到给水除氧的要求，图 5-12 表明了加热不足与残余氧量的关系。

（2）要有足够大的汽-水接触面积和不平衡压差。气体由水中的离析量 G，按传质理论

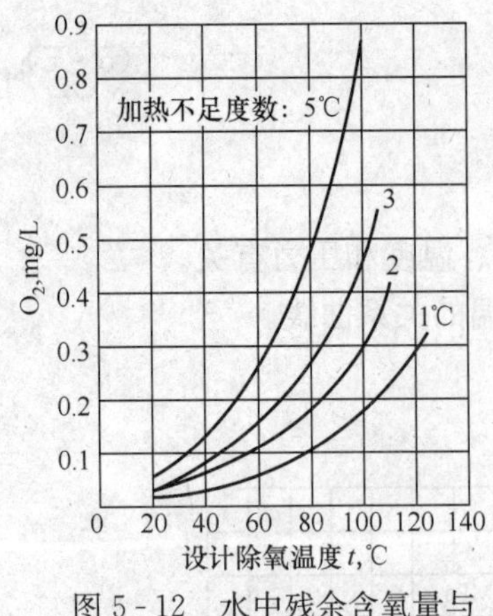

图 5-12 水中残余含氧量与加热温度不足的关系

由下式计算：

$$G = K_{m}A\Delta p, mg/h \tag{5-8}$$

式中 K_m——传质系数，mg/（m^2·MPa·h）；

A——传质面积，m^2。

因此，在除氧器设计和运行时，汽-水要有足够大的接触面积——传热（质）面积，将除氧器内的水均匀播散成雾状水滴或细小水柱、水膜等，减少水的表面张力。还要将水与加热蒸汽逆向流动，及时排走自水中逸出的气体，保持水面上各气体的分压力为零，即能保持较大的 Δp 值。

气体自水中逸出的传质过程可分为两个阶段。

初期除氧阶段：此时水中溶解气体较多，不平衡压差 Δp 较大，通过加热给水，气体可以小气泡的形式克服水的黏滞力和表面张力离析出来，此阶段可以除去水中 80%～90%的气体，给水中含氧量可以减少到 50～100μg/L。

深度除氧阶段：给水中还残留少量气体，此时不平衡压差 Δp 很小，溶于水中的气体难以克服水的黏滞力和表面张力逸出，只有靠气体单个分子的扩散作用慢慢离析出水面。在有限的时间内难以满足要求，为此应强化深度除氧，采取的措施是减小除氧后期水的表面张力，使水膜代替水滴并扩大水膜面积。另外还可以制造水的紊流、蒸汽在水中的鼓泡等来加强扩散作用以达到深度除氧。此阶段由于气体的扩散速度很慢，热力除氧方法实际上并不能做到彻底除氧。因此对给水除氧有严格要求的亚临界及以上参数具有直流锅炉的电厂，在热力除氧后还要辅以化学除氧。

第四节 除氧器的类型和构造

通常所讲的除氧器包括除氧塔（除氧头）和给水箱，除氧塔是除氧器中的除氧部位，给水箱是凝结水泵与给水泵之间的缓冲容器。本节讨论的除氧器仅指除氧塔部分。按除氧塔的布置方式可分为立式和卧式除氧器。

一、根据除氧器压力的大小分类

根据除氧器压力的大小，可分为真空式、大气式和高压除氧器三种。中低参数电厂采用大气式除氧器；高压及中间再热凝汽式机组宜采用一级高压除氧器；高压供热式机组或中间再热供热式机组，在保证给水含氧量合格的条件下，可采用一级高压除氧器。否则，补给水进入凝汽器应采用凝汽器鼓泡除氧装置或另设低压除氧器。

1. 真空式除氧器

真空式除氧器是在凝汽器底部两侧加装适当的除氧装置构成，如图 5-13 所示。凝汽器虽然是一个表面式换热器，但凝结水为饱和状态，且凝汽器中又有专门的抽气设备，因而凝汽器本身具备了热力除氧的条件。大型机组的补充水都从凝汽器补入，

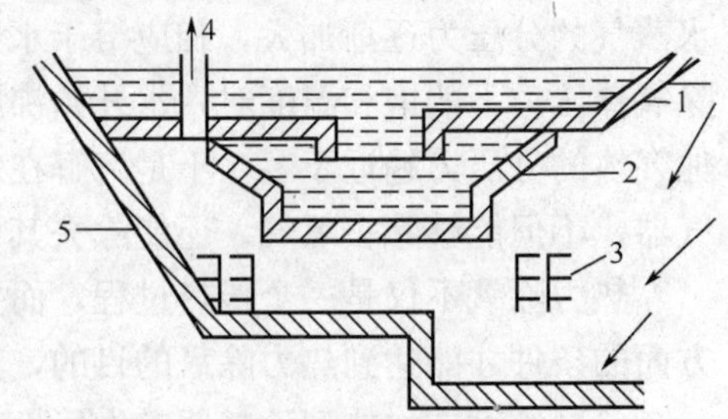

图 5-13 凝汽器的真空除氧装置

1—集水板；2—淋水盘；3—溅水板；4—排气至凝汽器的抽汽口；5—热水井

当凝结水和补充水从凝汽器上部进入集水板，通过淋水盘成细水流落在溅水板上，形成的水珠被汽轮机排汽加热，达到除氧的目的。正常运行时可将凝结水和补充水含氧量降至0.02～0.03mg/L，可以保护低压加热器及其管道免受强氧的腐蚀。但经过除氧后的凝结水还要经过真空以下的设备和管道，可能漏入空气，且有部分低压加热器的疏水未经凝汽器而用疏水泵打入给水系统，因此凝汽器中的真空除氧装置只能作为辅助除氧器。

2. 大气式除氧器

大气式除氧器的工作压力选择略高于大气压（约0.118MPa），以使离析出来的气体靠此压差自动排出除氧器。这种除氧器工作压力低，设备造价也低，土建投资费用不大，适用于中、低参数发电厂，还适用于热电厂生产返回水和补充水的除氧设备。

3. 高压除氧器

高压除氧器的工作压力大于0.343MPa，多应用在高参数发电厂中。因为采用高压除氧器后，汽轮机抽汽口的位置随压力提高向前推移，可以减少价格昂贵、运行条件苛刻的高压加热器台数，并且在高压加热器旁路时，可以使给水有较高的温度，还可避免除氧器的自生沸腾。除氧器压力提高，其相应的饱和水温也提高，使气体在给水中溶解度降低，有利于提高除氧效果。

采用高压除氧器后，设备较复杂，投资增加，锅炉给水泵要在较高温度下工作，为防止给水泵汽蚀，给水泵入口处需建立较高的静水头，因而增加泵的造价和土建投资。

二、按除氧器结构分类

按除氧器结构分类，根据水在除氧塔内的播散方式可将除氧器分为淋水盘式和喷雾式两种，喷雾式又可分为喷雾填料式和喷雾淋水盘式。

1. 淋水盘式除氧器

大气式除氧器均为立式淋水盘式，如图5-14所示。需要除氧的凝结水和补充水进入除氧器顶部的环形配水槽，从其带齿形的边缘流出，依次落入下面各层交替放置的环形和圆形淋水盘，淋水盘小孔直径约4～6mm，每层淋水盘高度约100mm。由小孔落下的水形成表面积很大的细流，均匀布满除氧器截面空间。加热蒸汽由除氧器底部的蒸汽分配箱（汽室）进入，与落下的水滴逆向流动，沿淋水盘形成的弯曲通道上升，将水加热至饱和温度；同时，由疏水箱来的疏水及高压加热器来的疏水，因其温度较高，从除氧器中间位置引入，蒸汽携带着沿途逸出的气体向上流动，最后经顶部排气管排至大气，被除掉气体的给水流入除氧器下面的给水箱中。

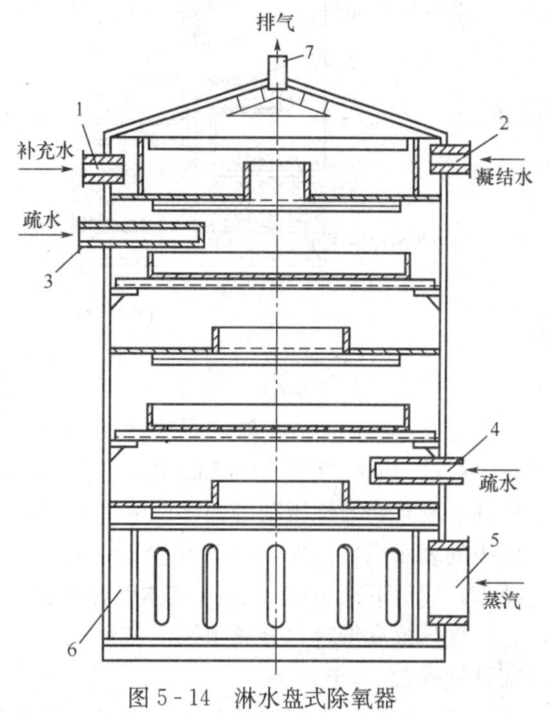

图5-14　淋水盘式除氧器

1—补充水管；2—凝结水管；3—疏水箱来疏水管；4—高压加热器来疏水管；5—进汽管；6—汽室；7—排气管

淋水盘式除氧器结构简单，蒸汽阻力不大。但对负荷的适应能力差，高负荷时落水受小孔面积限制易形成盘沿溢水，使传热条件变坏；而在低负荷时因进水温度偏低，往往又达不到要求的加热度，亦使除氧效果恶化。对淋水盘的安装要求较高，稍有倾斜或小孔被水垢和铁锈堵塞，都会影响除氧效果。现多应用在中参数及以下的电厂中，且往往还在水箱内设置了再沸腾管或在底层加装了蒸汽鼓泡装置，以克服其对负荷适应性差的缺点。

2. 喷雾式除氧器

喷雾式除氧器由上、下两部分组成。上部为喷雾层，由喷嘴将水雾化，除去水中大部分溶解氧及其他气体（初期除氧）；下部为淋水盘或填料层，在该层除去水中残留的气体（深度除氧）。喷雾式除氧器的主要优点是：①传热面积大，传热强化；②能够深度除氧；③适应负荷、进水温度的变化能力强。

（1）喷雾填料式除氧器。图 5 - 15 所示为高压喷雾填料式除氧器，上部为喷雾层，下部串联填料层。凝结水由除氧器中部中心管进入，再由中心管流入环形配水管 2，在环形配水管上装若干喷嘴 3，水经喷嘴雾化，形成表面积很大的小水滴，加热蒸汽由加热蒸汽管 1 从塔顶部进入喷雾层，喷出的蒸汽对雾状小珠进行第一次加热，水流间传热面积很大，可以得到 60～70m^2/（m^2·h）的热负荷强度，水被迅速地加热到除氧器压力对应的饱和温度，水中溶解的气体有 80%～90%以小气泡形式逸出，进行初期除氧，水中残余含氧量约 0.05～0.1mg/L。

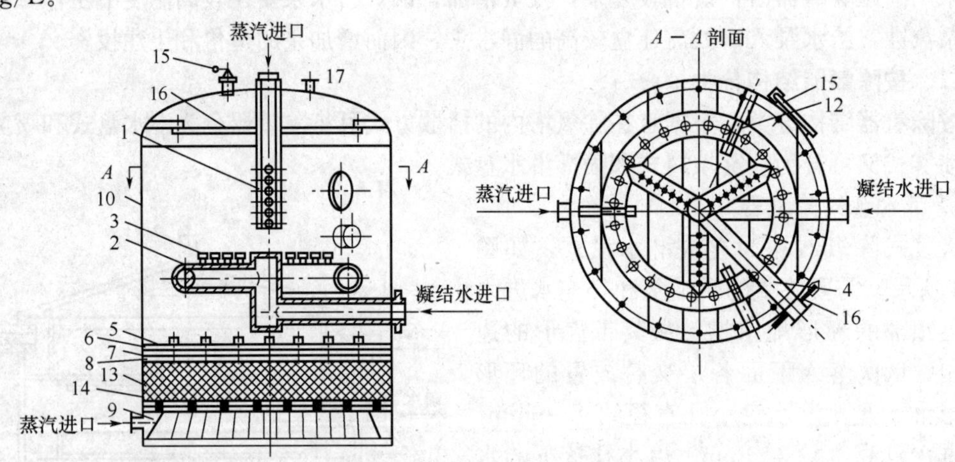

图 5 - 15 高压喷雾填料式除氧器

1—加热蒸汽管；2—环形配水管；3—10t/h 喷嘴；4—高压加热器疏水进水管；5—淋水区；6—支承卷；7—滤板；8—支承卷；9—进汽室；10—筒身；11—挡水板；12—吊攀；13—不锈钢 Ω 形填料；14—滤网；15—弹簧安全阀；16—人孔；17—排气管

经过初期除氧的水进入除氧器下部填料层 13，填料层是由很多 Ω 形不锈钢片、小瓷环、丝网屑或玻璃纤维压制的圆环或蜂窝状填料以及不锈钢角钢等堆集而成，其比表面积（单位体积的表面积）很大，一般可达 200m^2/m^3 左右，能将水分散成很大的水膜，水的表面张力减小，残留下来 10%～20%气体很容易扩散到水的表面，然后被从除氧器底部向上流动的二次加热蒸汽带走，分离出来的气体和少量蒸汽（约占加热蒸汽量 3%～5%）从除氧器顶部排气管 17 排走。

喷雾填料式除氧器的主要优点是：传热面积大，在负荷变动时如低压加热器故障停用或进水温度降低，除氧效果无明显变化，负荷适应性强，能够深度除氧，除氧后水的含氧量可小于 7μg/L。这种除氧器的除氧性能与给水雾化好坏关系很大，我国自行设计的恒速喷嘴，利用凝结水水侧压力与喷嘴出口汽侧压力差来调节喷嘴流量，压差大喷嘴流量增大，反之亦然，保证了良好的雾化效果和稳定的除氧效果。这种除氧器为我国和西方各国电厂广泛采用。

(2) 喷雾淋水盘式除氧器。图 5 - 16 所示为高压喷雾淋水盘式除氧器的结构示意图。在除氧头上部为喷雾除氧段，凝结水由顶部进水管引入进水室，进水室在长度方向布置四排喷嘴，把水向下喷成表面积很大的雾状水滴，与向上流动的二次加热蒸汽进行强烈的热交换，迅速将水加热到饱和温度，水中的溶解气体快速离析出来，完成初期除氧任务。除氧头下部为深度除氧段，完成初期除氧的凝结水，通过布水槽钢均匀喷洒在淋水盘上（有若干层）后再进入填料层，使水再分散成极薄的水膜以减小表面张力，同时也创造了足够的时间，与底部来的一次加热蒸汽逆向流动，完成深度除氧任务。填料层通常由比表面积（单位体积的表面积）很大的材料组成，如 Ω 形不锈钢片、玻璃纤维压制的圆环或蜂窝状填料以及不锈钢角钢等，它们把水分散成巨大的传质水膜，以利于除去水中残余的气体。

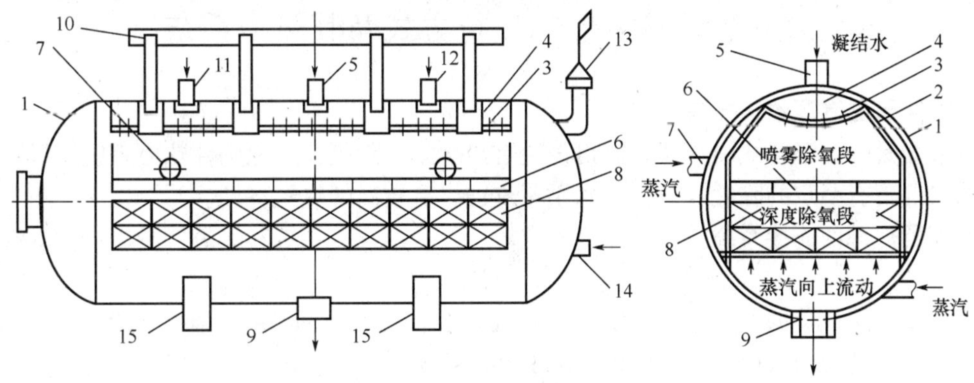

图 5 - 16　高压喷雾淋水盘式除氧器

1—除氧器本体；2—两侧包板；3—恒速喷嘴；4—凝结水进水室；5—凝结水进水口；6—布水槽钢；7—加热蒸汽进口；8—淋水盘箱；9—下水管；10—排气管；11—疏水管；12—备用接口；13—弹簧式安全阀；14—高压加热器疏水入口；15—汽平衡管

喷雾式除氧器传热面积大，对负荷、进水温度的变化具有良好的适应性，即使在负荷变动较大时，也能将除氧效果稳定地维持在 1～2μg/L 左右，因此在我国及西方各国均被广泛地采用。

三、除氧器的热平衡及自生沸腾

作为混合式加热器的除氧器，还起着汇集发电厂各种汽、水流的作用。通常进入除氧器的放热热源除汽轮机回热抽汽（D_d、h_d）外，还有其他辅助热源，如高压加热器的疏水、汽包锅炉连续排污扩容蒸汽、汽轮机门杆漏汽以及回收的轴封漏汽等。它们带入除氧器的总热量为$\sum D_j h_j$，故除氧器的热平衡式为

$$D_{fw}h_{wd} = (D_d h_d + \sum D_j h_j)\eta_h \tag{5-9}$$

式中　D_{fw}——除氧器出口给水流量；

h_{wd}——除氧器出口水比焓；

η_h——考虑散热损失的加热器效率。

进行除氧器热平衡计算的主要目的就是要求出除氧器加热抽汽量的多少，并据此判断系统连接是否合理。如果系统连接不合理，计算出的加热蒸汽量为零或负值，说明辅助汽源放

热过多，使除氧器内给水不需要本级回热抽汽加热就能沸腾，这种现象称为除氧器的自生沸腾。自生沸腾时，除氧器回热抽汽量 D_d 降为零，抽汽管上的逆止阀关闭，除氧器内的压力会不受控制地升高，除氧器的排汽量随压力升高而加大，造成较大的热损失和工质损失；原设计的除氧器内汽、水逆向流动受到破坏，在除氧器的底部形成一个不动的蒸汽层，妨碍逸出的气体及时排走，因而引起除氧效果恶化；同时还威胁除氧器的安全。

为了防止除氧器产生自生沸腾，可将轴封漏汽、锅炉连续排污扩容蒸汽等高温蒸汽引至别处；大型机组除氧器宜采用滑压运行，因除氧器滑压运行后，给水在除氧器的焓升大大提高，给水焓升提高后，给水在除氧器中加热量增大，其抽汽量也就增大；高压加热器设置疏水冷却器，既可避免除氧器的自生沸腾，又减少了对低压抽汽的排挤；提高除氧器压力，既可降低高压加热器数目又可减少其疏水量；将低温的化学补充水引入除氧器以增加吸热量，但会降低回热系统的热经济性。

第五节 除氧器的运行方式及其热力系统

一、除氧器汽源的连接系统

除氧器是一台混合式加热器，出口设置有给水泵。除氧器的原则性热力系统应保证在所有运行工况下有稳定的除氧效果、给水泵不汽蚀、有较高的热经济性。

除氧器汽源的连接系统主要有除氧器定压运行蒸汽连接系统和除氧器滑压运行蒸汽连接系统两种。

定压运行除氧器的蒸汽连接系统，在抽汽管上装设压力调节阀，保持除氧器压力恒定，因此，除氧器的压力可以不受汽轮机负荷变动的影响，从而保证在所有工况下的除氧效果稳定和给水泵安全运行，但牺牲了部分回热经济性。其蒸汽连接系统如图 5 - 17 所示。图 5 - 17（a）所示为定压除氧器单独连接，在除氧器进口蒸汽管上装一个压力调节阀，为保证除氧器内压力稳定，抽汽口的压力较高，经减压后进入除氧器，因而带来抽汽管道上额外的节流损失。此外，在汽轮机低负荷运行时，保证除氧器压力稳定需切换至高一级抽汽管运行，此时停用一级回热抽汽，回热系统减少一级回热，其回热经济性下降。因此单独连接的系统在高、低负荷下运行，其经济性均较差。但此系统简单，设备投资少，得到高、中压电厂广泛应用。图 5 - 17（b）所示为除氧器的前置连接系统，压力调节阀的节流与该级抽汽对应的高压加热器出口水温无关，这时就不存在因装有压力调节阀而降低机组的热经济性。它是以增加一台高压加热器，投资增加、系统复杂为代价，因此没有得到广泛采用，我国仅有少数机组采用，如 CC25 型供热式机组。图 5 - 17（c）、（d）所示是热电厂供热式汽轮机定压运行除氧器的蒸汽连接系统。此时，除氧器都使用供热机组的调节抽汽作为加热汽源，中压热电厂大气式除氧器如图 5 - 17（c），采用 0.118～0.245MPa 调节抽汽；高压热电厂 0.588MPa 高压除氧器如图 5 - 17（d），采用 0.784～1.274MPa 调节抽汽。这些调节抽汽压力的大小与外界热负荷有关，因此它的参数与除氧器定压运行参数不一致，所以仍需装设压力调节阀，抽汽管上存在节流损失。供热机组除氧器定压的压力都高于或等于该段调节抽汽的最低压力，故不存在低负荷运行时切换至高一级抽汽的问题，蒸汽连接系统较简单。

图 5 - 18 所示是除氧器滑压运行时的蒸汽连接系统。除氧器抽汽管上不设压力调节阀，除氧器的压力随汽轮机负荷变化而滑动。汽轮机达到额定负荷时，除氧器的压力达到最高

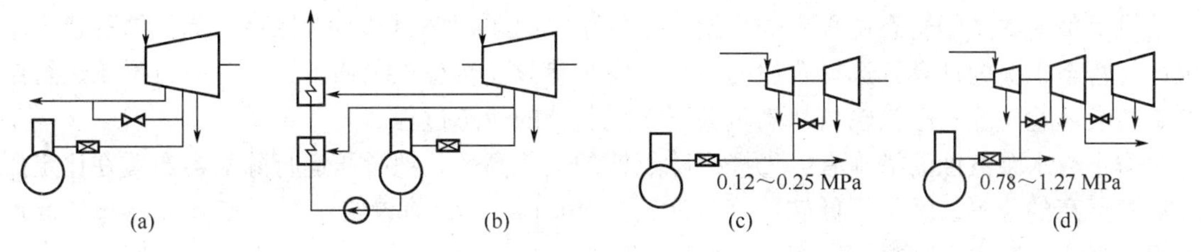

图 5-17 除氧器定压运行蒸汽连接系统

(a) 除氧器单独连接系统；(b) 除氧器前置连接系统；(c) 供热式汽轮机定压运行除氧器的连接系统（中压）；(d) 供热式汽轮机定压运行除氧器的连接系统（高压）

值，因此滑压运行可以减少抽汽管的压损，回热经济性高。为保证低负荷时除氧器能自动向大气排汽，低负荷时要定压运行，此时加热蒸汽来自厂用辅助蒸汽系统。

二、除氧器滑压运行带来的问题及应采取的措施

由于除氧器下部都设有容积很大的给水箱，出口设有给水泵，这使得机组负荷变化时，滑压运行除氧器的压力与给水箱内的水温、给水泵入口水温的变化不一致。在机组负荷缓慢变化时该影响并不大，但当机组负荷骤然变化时，会出现以下问题。

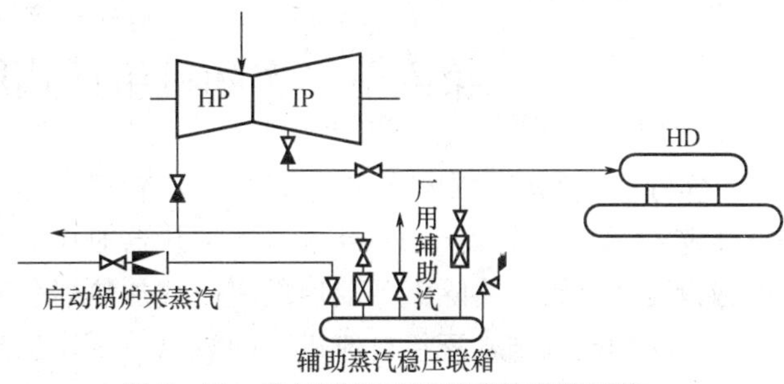

图 5-18 除氧器滑压运行蒸汽连接系统

1. 负荷骤升时除氧效果恶化

机组负荷骤升时，除氧器的压力随抽汽压力升高而升高。水箱内的存水由于热惯性，水温升高较慢，滞后于压力的变化，故使原饱和水瞬间变成过冷水，出现“返氧”现象，除氧效果恶化。克服返氧的办法是将给水箱内的水温升高，达到新压力下对应的饱和温度，保持给水箱内的饱和状态。可以采用以下的措施：①在给水箱内装设再沸腾管；当机组负荷骤升时，投入补充蒸汽至再沸腾管内，给水在给水箱内再加热至骤升后压力下的饱和温度，即可改善除氧效果；②严格控制升负荷的速度，一般升负荷保持在每分钟5%负荷内即可保证出水含氧量在合格标准内；③缩减滑压运行范围，若除氧器滑压范围过大，机组升负荷过程中除氧器升压幅度也大，出水含氧量可能在长时间内达不到合格标准。为保证升负荷过程的除氧效果，对从国外引进机组滑压除氧器的滑压范围作了一定缩减，如法国300MW和600MW机组除氧器滑压范围为25%～91%负荷，日本350MW机组除氧器滑压范围为63%～83%额定负荷。

负荷骤升时，因给水泵入口处的水温滞后于上升后压力下对应的饱和水温，给水泵产生汽蚀的可能性更小，因此更安全。

2. 负荷骤降时给水泵的汽蚀

当机组负荷骤然下降时，除氧器内压力随即下降，而水温的下降滞后于压力的降低，水箱内原来的饱和水发生“闪蒸”，水温随之下降，达到新的饱和状态下的平衡，除氧效果会因为水的再沸腾变得更好。此时在给水泵入口处的水温因下水管的蓄水作用短时间内不会降低，但泵入口处的压力已随除氧器压力的降低而下降，这使得泵的有效汽蚀余量减小，给水泵汽蚀的可能性增大。

机组负荷骤降的暂态过程中防止给水泵的汽蚀问题，需通过对滑压运行除氧器的热力系统进行暂态工况的计算，选择合适的结构与安装参数。暂态工况通常选为除氧器滑压运行给水泵的最危险工况——汽轮机从满负荷下全甩负荷的暂态过程。

防止给水泵汽蚀的措施有：①提高除氧器的安装高度，把滑压运行除氧器布置在比定压除氧器更高的位置；②采用低转速（1450～1500r/min）的前置给水泵，使除氧器布置高度大幅度降低，减少土建投资；③降低泵吸入管道内的压降 Δp，如缩短吸水管长度、尽量减少弯头及附件，选用合适的流速（2～3m/s）；④暂态过程中加速泵入口水温的下降，如提高给水泵吸入管内流速，但也不宜太高，否则吸入管内的压降也要增加；投入给水泵再循环；在给水泵入口注入温度低的主凝结水，或在给水泵入口前设置给水冷却器；⑤在负荷骤降的滞后时间内，能快速投入备用汽源以阻止除氧器压力继续下降。

第六节　实际机组回热原则性热力系统

实际机组回热原则性热力系统是与汽轮机本体定型同时考虑，通过技术经济全面综合比较确定。一般系统除采用一台混合式加热器兼作除氧器外，其余加热器全采用表面式。除氧器后设置给水泵，将除氧器前后的表面式加热器分成高压加热器组和低压加热器组两组加热器。高压加热器疏水逐级自流进入除氧器，低压加热器疏水也采用逐级自流方式进入凝汽器（热井）或在最末级/次末级加热器采用疏水泵将疏水打入该加热器出口水管道中。这是回热系统最基本的连接方式。高参数大容量机组，为提高热经济性，高压加热器一般设置蒸汽冷却段和疏水冷却段。实际机组回热原则性热力系统举例如下。

图 5-19 和图 5-20 为 3.43MPa、435℃中参数 6～25MW 凝汽式机组的系统，该系统没有设置蒸汽冷却段和疏水冷却段。图 5-21 所示为国产高参数 50MW 机组五级回热系统。高压加热器由蒸汽冷却段和凝结段组成。

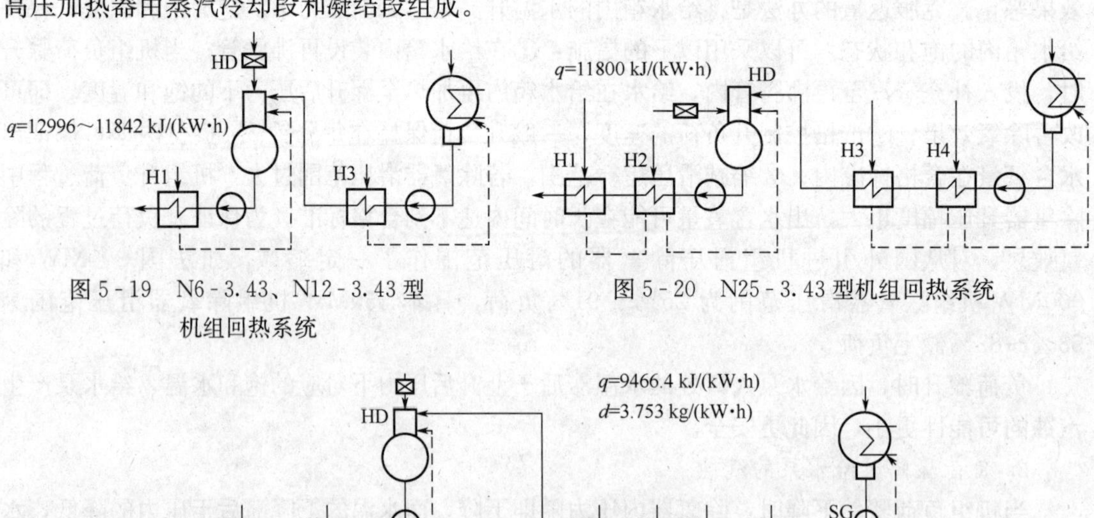

图 5-19　N6-3.43、N12-3.43 型机组回热系统

图 5-20　N25-3.43 型机组回热系统

图 5-21　N50-8.83 型机组回热系统

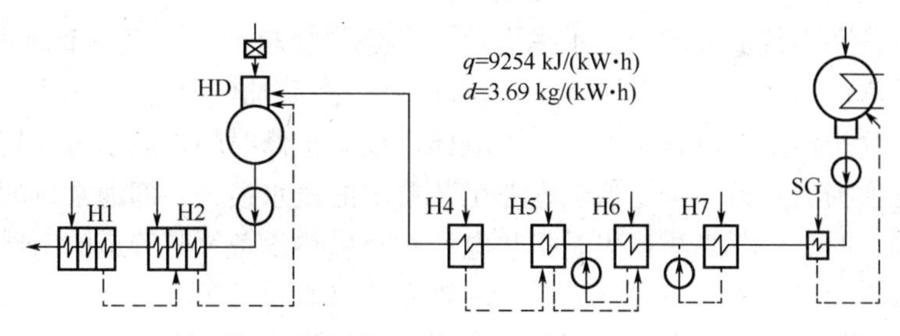

图 5-22 N100-8.83/535 型机组回热系统

图 5-22 所示为高压国产 100MW 机组七级回热系统示意图。高压加热器 2 台，均设置蒸汽冷却段和疏水冷却段。

图 5-23 所示为超高压、一次中间再热、国产 125MW 机组回热系统示意图。该系统为“二高四低一除氧”的七级回热系统，压力最高的低压加热器设置了蒸汽冷却段。

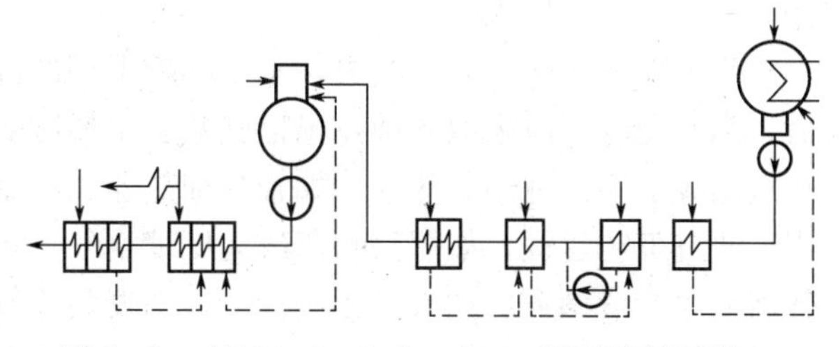

图 5-23 N125-13.24/550/550 型机组回热系统

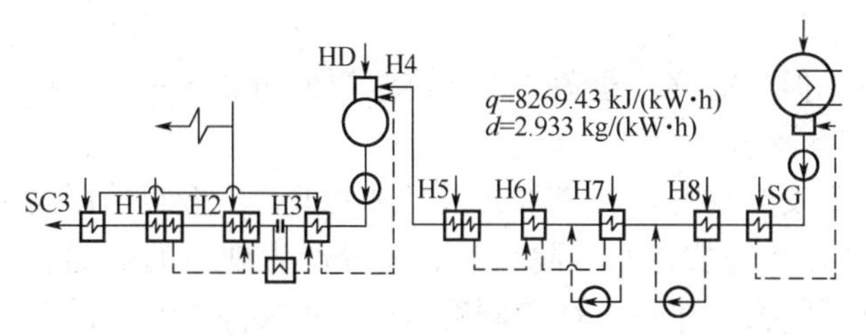

图 5-24 国产改进型 N200-12.75/535/535 型机组回热系统

图 5-24 所示为超高压、一次中间再热、经过优化设计的三缸两排汽、国产改进型 200MW 机组回热系统示意图。该系统为“三高四低一除氧”的八级回热系统，H1、H2、H5 配有蒸汽冷却段，H2 配有疏水冷却器，H3 的抽汽为中压缸第一级抽汽，蒸汽过热度很高，设置串联式蒸汽冷却器，可将给水温度由 240℃提高到 243.4℃。

图 5-25 为引进美国技术制造的亚临界一次再热的 300、600MW 机组八级回热系统示意图。从美国引进超临界 600MW 机组也采用这种回热系统。高压加热器全部采用蒸汽冷却段，高、低压加热器全部采用疏水冷却段，以减少对下一级抽汽的排挤，不设疏水泵以避免厂用电消耗并使系统简单安全。主给水泵用小汽轮机拖动。轴封加热器用来回收利用轴封汽。

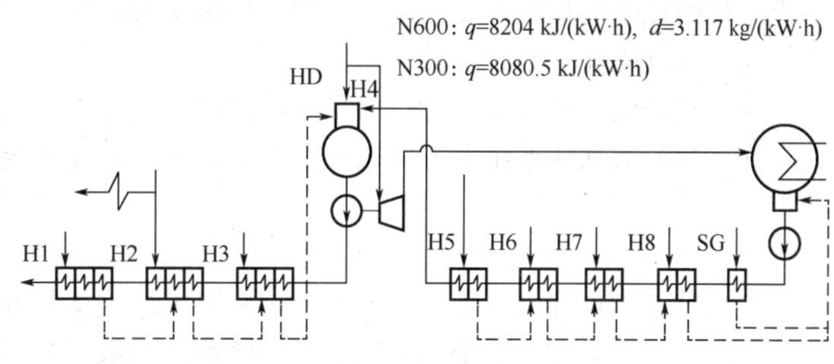

图 5-25 N300-16.67/537/537、N600-16.67/535/535 型机组回热系统

第七节 热电厂的辅助热力系统

一、发电厂的汽水损失

发电厂汽水损失，根据损失部位的不同分为内部损失和外部损失两大类。内部汽水损失

是指电厂内部设备和系统造成的汽、水损失，一类是包括热力设备及其管道的暖管疏放水，加热重油、各种汽动设备（汽动给水泵、汽动油泵、汽动抽气器等）的用汽，蒸汽吹灰用汽、汽包炉的连续排污水、汽封用汽、汽水取样、设备检修时的排放水等，均是工艺上要求的正常性汽水工质损失；另一类是偶然性非工艺要求的汽水损失，即通常讲的热力设备或管道的跑、冒、滴、漏。外部工质损失是指热电厂对外供热设备及其管道的工质损失。它与热负荷性质（如热水负荷就完全不能回收）、供热方式（直接或间接供汽、开式或闭式水网）以及回水质量（如是否含油、是否被制药的热用户细菌污染等）有关、变化范围很大，甚至完全不能回收，回水率为零。

汽水损失伴随有热量损失，不仅影响电厂的经济性，有的还危及设备安全运行和使用寿命。因此发电厂应采取各种技术措施减少工质损失：选择合理的热力系统及汽水回收方式；尽量回收工质并利用其热量，如轴封加热器、汽封自密封系统，锅炉连续排污水的回收与利用；改进工艺过程，如蒸汽吹灰改为压缩空气、炉水吹灰，锅炉、汽轮机和除氧器由额定参数启动改为滑参数启动或滑压运行；提高安装检修质量，如用焊接取代法兰连接等。另外加强运行技术管理、维修运行人员素质的提高和相应的监督机制，考核管理办法的完善等也是不可忽视的。

二、补充水引入系统

运行发电厂的汽水损失可以尽量减少，但不能完全避免。补充汽水损失而加入热力系统的水称为补充水。

为了保证发电厂蒸汽品质，使热力设备安全运行，补充水必须经过处理，一般都采用化学处理法。中参数及以下热电厂的补充水必须是软化水（除去钙、镁等产生硬垢的盐类）。对高参数热电厂和凝汽式电厂，补充水除了除去水中钙、镁等硬度盐外，还要除去水中的硅酸盐，称为除盐水，采用阴阳离子树脂交换法。亚临界汽包锅炉和超临界直流锅炉对水质的要求更高，除了除去水中钙、镁、硅酸盐外，还要除去水中的钠盐，称为深度除盐水。近几年来，我国化学除盐技术已经有很大发展，离子交换树脂成本降低，反渗透预除盐系统的使用，化学深度除盐水已经广泛应用。

补充水经化学水处理后与热力系统的连接方式称补充水引入系统。该系统涉及到制取补充水方式与汇入回热系统地点的选择。选择原则是：在满足其主要技术要求基础上力求经济合理。

1. 补充水引入系统的主要技术要求

（1）补充水应除氧。化学补充水中溶解有大量气体，补入热力系统后即要除去，以免腐蚀流经的设备和管道。为提高电厂的热经济性，用电厂的废热和汽轮机回热抽汽进行加热。

（2）补充水与主水流汇集时，应尽量减小两种水流在汇集处的温差，以减少不可逆热损失。

（3）补充水量便于调节。

2. 补充水引入系统

现在大、中型机组补充水多引入凝汽器，小型机组引入除氧器。

（1）中、低参数热电厂补充水引入系统。对中、低参数热电厂，补充水直接补入大气式除氧器，如图 5-26（a）所示，以给水箱水位高低来调节补充水量，系统简单，但除氧器出水温度（104℃）与补充水温相差较大，需要消耗部分抽汽在除氧器内加热补充水，存在不可逆热损失。

(2) 高参数热电厂补充水引入系统。对高参数热电厂因外部汽水损失较大，补充水量较大，在其一级除氧不能保证给水含氧量合格的情况下，才设置有补充水专用的大气式除氧器，对补充水进行第一级除氧，待汇入主水流后再利用高压给水除氧器进行第二级除氧。此时，为减小汇集处的温差，第一级除氧器出来的补充水汇集在与除氧器采用同级抽汽的回热加热器出口处，如图5-26(b)所示。

(3) 高参数凝汽式电厂补充水引入系统。对高参数凝汽式电厂补充水均引入凝汽器，如图5-26(c)所示，此时补充水在凝汽器内实现真空除氧，减小氧对低压加热器及其管道的腐蚀。由于充分利用低压回热抽汽加热，回热做功较大，热经济性高，补充水与凝结水混合温差小。且补充水可经过凝汽器和除氧器两级除氧。但补充水量的调节要受热井水位和给水箱水位双重影响，调节较复杂。

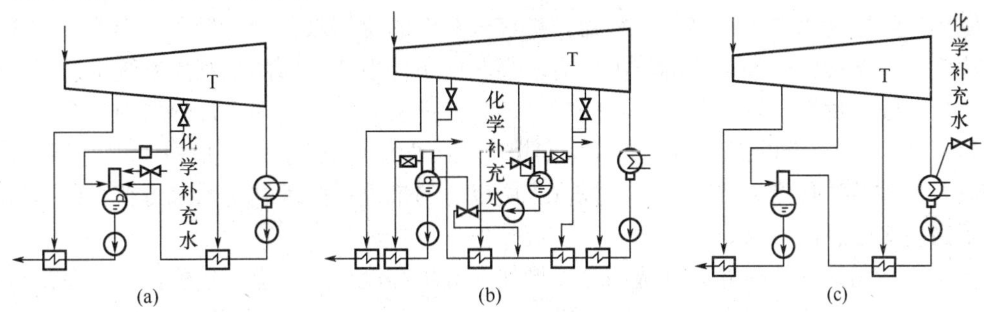

图5-26　补充水引入回热系统

(a) 中、低参数热电厂补充水引入系统；(b) 高参数热电厂补充水引入系统；(c) 高参数凝汽式电厂补充水引入系统

三、工质回收及废热利用系统

对电厂排放泄漏的工质及废热进行回收利用，可以提高发电厂的经济性。如火电厂汽包锅炉的连续排污水，汽轮机的门杆与轴封漏汽，以及发电机的冷却水，厂用蒸汽、疏放水等，就其工艺本身而言，均属“废汽”、“废水”，应设法回收其部分工质并利用其热量。本节以汽包锅炉连续排污水的回收利用系统为例，讨论工质回收和废热利用的一般原则。

(一) 汽包炉连续排污扩容系统

为保证蒸汽品质，汽包锅炉应进行连续排污，以锅炉排污量 D_{bl} 占锅炉额定量蒸发量 D_b 的百分比表示锅炉排污率。根据DL5000—1994规程规定，汽包锅炉的正常排污率不得低于锅炉最大连续蒸发量的0.3%，同时不宜超过下列数值：

以化学除盐水为补给水的凝汽式发电厂1%；

以化学除盐水或蒸馏水为补给水的供热式发电厂2%；

以化学软化水为补给水的供热式发电厂5%。

图5-27所示为汽包锅炉连续排污利用系统，排

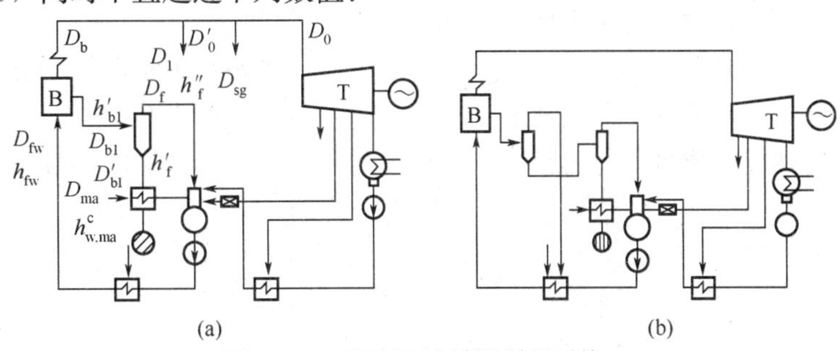

图5-27　锅炉连续排污利用系统

(a) 单级扩容系统；(b) 两级扩容系统

污水从汽包内盐段炉水浓度高的炉水表面处，通过连续排污管（一般位于汽包正常水位下200～300mm处）排出，引至连续排污扩容器，扩容降压蒸发出部分工质，引入除氧器，以回收工质利用其热量。扩容蒸发后剩余的排污水水温还高于100℃，可再引入排污冷却器用以加热从化学车间来的软化水，排污水温降至50℃左右后，方可排入地沟。

当锅炉压力一定时，扩容器回收工质的数量只取决于扩容器压力，扩容压力愈低，回收工质愈多。由于回收的扩容蒸汽是靠排污水的压降（能量贬值）产生的，所以随着扩容器压力降低，虽然回收的工质数量增多了，但回收的热能质量（品位）却降低了。因为扩容蒸汽是送入相应压力除氧器中利用的，排污扩容器压力应按照能将蒸汽由扩容器送至相应压力除氧器的原则来选择。

对于采用直接供汽的高压热电厂，当其工质损失较多，补水量大，锅炉汽包排污量相应较多的情况下，可考虑采用两级连续排污利用系统，如图5-27（b）所示。在两级扩容系统中锅炉连续排污水先进入高压扩容器，扩容未蒸发的排污水再引入低压扩容器。扩容器的压力决定于所连接回热加热器的汽侧压力。当其他条件不变，而两级利用系统中的低压扩容器压力与单级利用系统扩容器压力相同时（即它们都引入相同的回热加热器中，图示系统是除氧器），则两个系统的工质回收数量基本相等。但两级系统的热能回收中高压扩容蒸汽质量较高，且排挤的是压力较高的回热抽汽。所以总的来说，两级利用系统可获得比单级利用系统更高的实际经济效益。

但两级利用系统的热经济性提高是以增加一级扩容设备及管道为代价，只有在排污量较大的高压热电厂，经过技术经济比较合算时，方可采用。

（二）工质回收和废热利用原则

（1）电厂回收工质的同时还回收了热能。因此既要注意回收工质的数量，又要考虑回收热能的数量和质量。由于热能回收都要进入汽轮机的回热系统，产生因排挤回热抽汽引起的额外冷源热损失，使η_i降低。这种削弱实际回收效果的不利影响的大小，正是与回收热能品位高低相联系。回收热能品位高，排挤较高压回热抽汽，不利影响减小。反之，不利影响将加大。

（2）要尽量减少废热引入回热系统的能位贬值。应根据废热能位的高低，引入温度最接近的热力系统处。如回收汽轮机门杆及轴封漏汽时，应按不同的参数分别引入相近的回热级，使能位贬值减至最小。

（3）工质回收和废热利用的热经济效益，最终反映在电厂的热经济指标上，使电厂的煤耗量下降，节约燃料。而不是表现在汽轮发电机组的热经济指标上（相反地，机组热经济性还因回热抽汽的被排挤而降低）。

（4）回收工质的热量和废热利用引入回热系统时，每1kg进汽的做功量W_i将变化。当电厂煤耗或汽轮机汽耗不变时，总内功量W_i将增加。在计算该功量变化时，必须注意所回收热能的质量变化的影响。能位高的，单位热量增加的功量较多；反之增加功量较少。

第六章　供热设备及系统

第一节　供热载热质及其热源

一、热网载热质的选择

热网载热质有蒸汽和热水两种，相应的热网称为汽网和水网。与汽网相比，水网有如下特点。

（1）供热距离远，汽网供热一般为3～5km，最远10km，而水网一般可达20～30km或更远，核热电站供热半径可达40km，甚至100km，且热网的热损失小；汽网的经济温降一般为15～20℃/km，在相同保温条件下，水网的温降只有汽网的1/20～1/30；汽网其压降损失每公里约为0.1～0.12MPa。

（2）水网是利用供热式汽轮机的调节抽汽，在面式热网加热器中放热，将网水加热并作为载热质通过水网对外供热，该加热蒸汽被凝结成的水可全部收回热电厂，即回水率$\phi=100\%$。而直接供汽的汽网回水率却很低，甚至完全不能回收，即$\phi=0$。使热电厂的外部工质损失大增，导致水处理的投资、运行费剧增，对热电厂的经济性影响很大。

（3）水网设计供水温度一般为130～150℃，可用供热汽轮机的低压抽汽作加热蒸汽，使热化发电比加大，提高其热经济性。

（4）可在热电厂内通过改变网水温度进行集中供热调节，而且水网蓄热能力大，热负荷变化大时仍稳定运行，水温变化缓和。

与水网相比，汽网的特点是：

（1）对热用户适应性强，可满足各种热负荷，特别是某些工艺工程，如汽锤、蒸汽搅拌、动力用汽等，必须用蒸汽；

（2）输送蒸汽的能耗小，比水网输送热水的耗电量低得多；

（3）蒸汽密度小，因地形变化（高差）而形成的静压小，汽网的泄漏量较水网小20～40倍。而水网的密度大，事故的敏感性强，对水力工况要求严格。

载热质的选择涉及热电厂、热网和热用户处的设备、投资和运行特性，是较为复杂的。我国的采暖、通风、热水负荷仍广泛采用水为载热质，工业热负荷用蒸汽为载热质。近来，国外推行可高达250℃的高温水供热，既可满足采暖通风用热，也可通过设在用户处的换热设备，将高温水转化为蒸汽，供生产热负荷之用，高温热水网的供热半径大，因系大温差小流量的输送热能，故热网管径、热网水泵容量均可减小，管网的投资和运行费用相应降低。我国已在上海南市电厂等地试用高温水供热。

二、热源

集中供热系统由三大部分组成：热源、热力网（热网）和热用户。

热源，在热能工程中，泛指能从中吸取热量的任何物质、装置和天然能源。供热系统的热源，是指供热载热质的来源。目前最广泛应用的是：区域锅炉房和热电厂，此外也可以利用核能、地热、电能、工业余热作为集中供热系统的热源。

1. 热电厂集中供热系统

图 6-1 为抽汽式热电厂集中供热系统，该系统以热电厂作为热源，可以进行热能和电能的联合生产。蒸汽锅炉产生的高温高压蒸汽进入汽轮机膨胀做功，带动发电机组发出电能。该汽轮机组带有中间可调节抽汽口，故称抽汽式。可以从绝对压力为 0.8～1.3MPa 的抽汽口抽出蒸汽，向工业用户直接供应蒸汽；也可以从绝对压力为 0.12～0.25MPa 的抽汽口抽出蒸汽用以加热热网循环水，通过主加热器可使水温达到 95～118℃，再通过高峰加热器进一步加热后，水温可达到 130～150℃或更高温度以满足供暖、通风与热水供应等用户的需要。在汽轮机最后一级做完功的乏汽排入凝汽器后变成凝结水，和热网加热器内产生的凝结水，以及工业用户返回的凝结水，经凝结水回收装置收集后，作为锅炉给水送回锅炉。

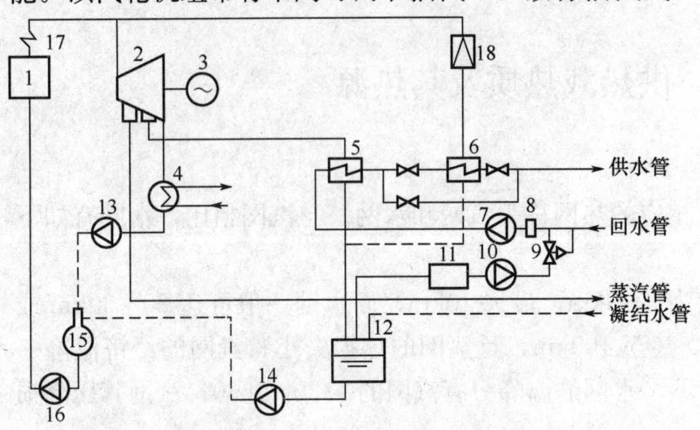

图 6-1　抽汽式热电厂供热系统

1—锅炉；2—汽轮机；3—发电机；4—凝汽器；5—主加热器；6—高峰加热器；7—循环水泵；8—除污器；9—压力调节阀；10—补给水泵；11—补充水处理装置；12—凝结水箱；13、14—凝结水泵；15—除氧器；16—锅炉给水泵；17—过热器；18—减压装置

图 6-2 为背压式热电厂集中供热系统。因为该系统汽轮机最后一级排出的乏汽压力在 0.1MPa（绝对压力）以上，故称背压式。一般排汽压力为 0.3～0.6MPa 或 0.8～1.3MPa，可将该压力下的蒸汽直接供给工业用户，同时还可以通过凝汽器加热热网循环水。

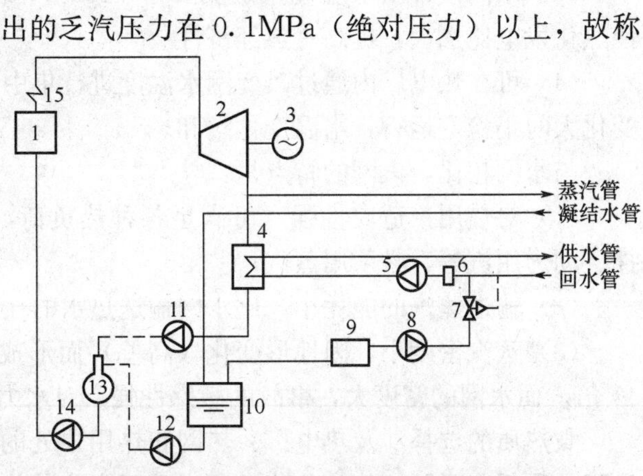

热电厂集中供热系统中，可以利用低位热能的热用户（如供暖、通风、热水供应等用户）宜采用热水做热媒，可以对系统进行质调节，能利用供热汽轮机组的低压抽汽来加热网路循环水，对热电联合生产的经济效益有利。生产工艺的热用户，可以利用供热汽轮机的高压抽汽或背压排汽，以蒸汽作为热媒进行供热。

图 6-2　背压式热电厂供热系统

1—锅炉；2—汽轮机；3—发电机；4—热网加热器；5—回水泵；6—除污器；7—压力调节阀；8—补给水泵；9—水处理装置；10—回水箱；11、12—凝结水泵；13—除氧器；14—锅炉给水泵；15—过热器

热电厂热水供热系统的热媒温度，一般设计为供水温度 110～150℃，回水温度 70℃或更低一些。

热电厂供热系统，用户要求的最高使用压力给定后，可以采用较低的抽汽压力，这有利于电厂的经济运行。但蒸汽网的管径会相应粗些，应经过技术经济比较后确定热电厂的最佳抽汽压力。

2. 区域锅炉房集中供热系统

以区域锅炉房（装置热水锅炉或蒸汽锅炉）为热源的供热系统称为区域锅炉房集中供热系统。

图 6-3 为区域热水锅炉房集中供热系统。热源处主要设备有热水锅炉、循环水泵、补给水泵及水处理设备。室外管网由一条供水管和一条回水管组成。热用户包括供暖用户、生活热水供应用户等。系统中的水在锅炉中被加热到需要的温度，以循环水泵做动力，使水沿回水管返回锅炉，水不断地在系统中循环流动。系统在运行过程中的漏水量或被用户消耗的水量，由补给水泵把经过处理后的水从回水管补充到系统内。补充水量的多少可通过压力调节阀控制。除污器设在循环水泵吸入口侧，用以清除水中的污物、杂质，避免进入水泵与锅炉内。图 6-4 为区域蒸汽锅炉房集中供热系统。蒸汽锅炉产生的蒸汽，通过蒸汽干管输送到各热用户，如供暖、通风、热水供应和生产工艺用户等。各室内用热系统的凝结水经疏水器和凝结水干管返回锅炉房的凝结水箱，再由锅炉补给水泵将水送进锅炉重新被加热。

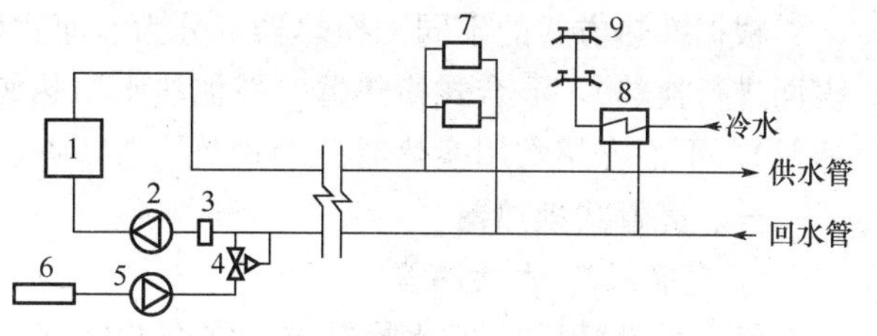

图 6-3　区域热水锅炉房供热系统

1—热水锅炉；2—循环水泵；3—除污器；4—压力调节阀；5—补给水泵；6—补充水处理装置；7—供暖散热器；8—生活热水加热器；9—水龙头

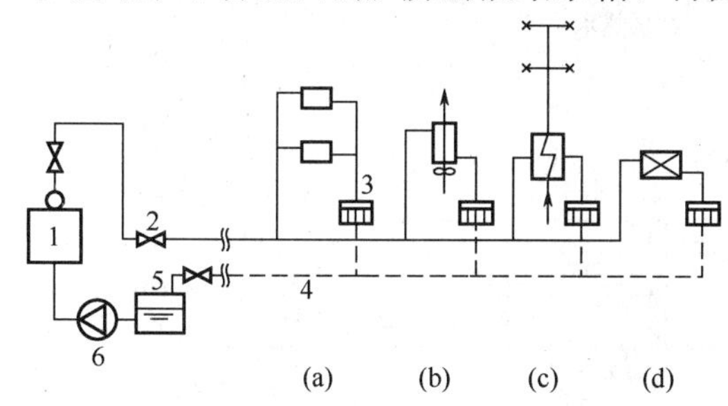

图 6-4　区域蒸汽锅炉房集中供热系统

(a)、(b)、(c) 和 (d) 室内供暖、通风、热水供应和生产工艺用热系统

1—蒸汽锅炉；2—蒸汽干管；3—疏水器；4—凝水干管；5—凝结水箱；6—锅炉给水泵

如果系统中只有供暖、通风和热水供应热负荷，可采用高温水做热媒。

工业区内的集中供热系统，如果既有生产工艺热负荷，又有供暖、通风热负荷，生产工艺用热可采用蒸汽做热媒，供暖、通风用热可根据具体情况，经过全面的技术经济比较确定；如果以生产用热为主，供暖用热量不大，且供暖时间又不长时，宜全部采用蒸汽供热系统，对其室内供暖系统部分可考虑用蒸汽换热器加热室内热水供暖系统或直接利用蒸汽供暖；如果供暖用热量较大，且供暖时间较长，宜采用单独的热水供暖系统向建筑物供暖。

区域锅炉房热水供热系统可适当提高供水温度，加大供回水温度差，这可以缩小热网管径，降低网路的电耗和用热设备的散热面积，应选择适当。

区域锅炉房蒸汽供热系统的蒸汽起始压力主要取决于用户要求的最高使用压力。

我国地域辽阔，供热区域不同，供暖时间差别很大，应按照具体条件，根据合理利用能源的政策，通过技术经济比较来确定集中供热系统的方案。

第二节　热网加热器

换热器是用来把温度较高流体的热能传递给温度较低流体的一种热交换设备，特别是被加热介质是水的换热器，在供热系统中得到了广泛的应用。热换器可集中设在热电站或锅炉房内，也可以根据需要设在热力站或用户引入口处。

根据载热质种类的不同，换热器可分为汽-水换热器（以蒸汽为热媒），水—水换热器（以高温热水为热媒）。

根据换热方式的不同，换热器可分为表面式换热器（被加热水与热媒不接触，通过金属表面进行换热），混合式换热器（被加热水与热媒直接接触，如淋水式换热器，喷管式换热器等）。下面介绍常用换热器的型式及构造特点。

一、壳管式换热器

1. 壳管式汽-水换热器

(1) 固定管板式汽-水换热器。如图 6-5（a）所示。主要包括以下几个部分：带有蒸汽进出口连接短管的圆形外壳，由小直径管子组成的管束，固定管束的管栅板，带有被加热水进出口连接短管的前水室及后水室。蒸汽在管束外表面流过，被加热水在管束的小管内流过，通过管束的壁面进行热交换。管束通常采用铜管、黄铜管，导热性能好，耐腐蚀，但造价高。一般超过 140℃的高温热水加热器最好采用钢管。

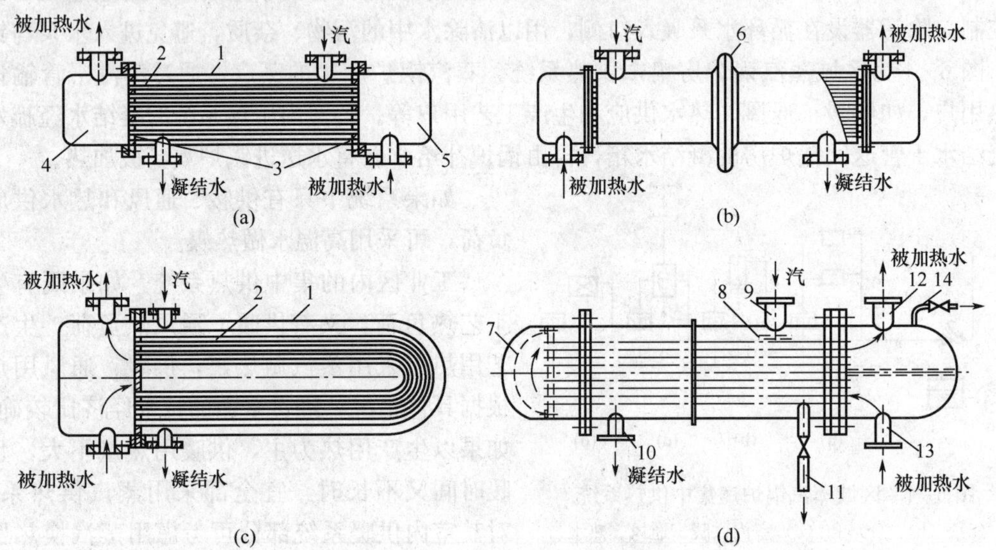

图 6-5 壳管式汽-水换热器

(a) 固定管板式汽-水换热器；(b) 带膨胀节的壳管式汽-水换热器；
(c) U 形管式汽-水换热器；(d) 浮头壳管式汽-水换热器

1—外壳；2—管束；3—固定管栅板；4—前水室；5—后水室；6—膨胀节；7—浮头；8—挡板；9—蒸汽入口；
10—凝水出口；11—汽侧排气管；12—被加热水出口；13—被加热水入口；14—水侧排气管

为了强化传热，通常在前室、后室中间加隔板，使水由单流程变成多流程，流程通常取偶数，这样进出水口在同一侧，便于管道布置。

固定管板式汽—水换热器结构简单，造价低。但蒸汽和被加热水之间温差较大时，由于壳、管膨胀性不同，热应力大，会引起管子弯曲或造成管束与管板、管板与管壳之间开裂，此外，管间污垢较难清理。

这种型式的汽-水换热器只适用于小温差，低压力，结垢不严重的场合。为解决外壳和管束热膨胀不同的缺点，常需在壳体中部加波形膨胀节，以达到热补偿的目的，图 6-5（b）所示即带膨胀节的壳管式汽—水换热器。

（2）U形管式汽-水换热器。如图6-5（c）所示，它是将管子弯成U形，再将两端固定在同一管板上。由于每根管均可自由伸缩，解决了热膨胀问题，且管束可以从壳体中整体抽出进行管间清洗。缺点是管内污垢无法机械清洗，管板上布置的管子数目少，使单位容量和单位质量的传热量少。多用于温差大，管内流体不易结垢的场合。

（3）浮头式汽-水换热器。如图6-5（d）所示，为解决热应力问题，可将固体板的一端不与外壳相连，不相连的一头称为浮头，浮头通常封闭在壳体内，可以自由膨胀。浮头式汽-水换热器除补偿好外，还可以将管束从壳体中整个拔出，便于清洗。

2. 分段式水—水换热器（图6-6）

采用高温水作热媒时，为提高热交换强度，常常需要使冷热水尽可能采用逆流方式，并提高水的流速，为此常采用分段式或套管式的水—水换热器。

分段式水—水换热器是将管壳式的整个管束分成若干段，将各段用法兰连接起来。每段采用固定管板，外壳上有波形膨胀节，以补偿管子的热膨胀。分段后既能使流速提高，又能使冷、热水的流动方向接近于纯逆流的方式，此外换热面积的大小还可以根据需要的分段数来调节。为了便于清除水垢，高温水多在管外流动，被加热水则在管内流动。

3. 套管式水—水换热器（图6-7）

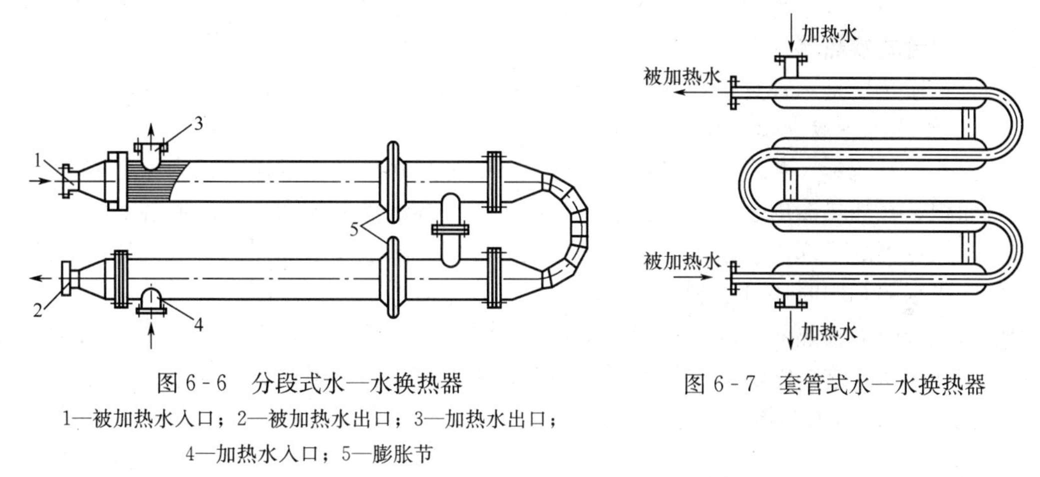

图6-6　分段式水—水换热器

1—被加热水入口；2—被加热水出口；3—加热水出口；4—加热水入口；5—膨胀节

图6-7　套管式水—水换热器

它是用标准钢管组成套管组焊接而成的，结构简单，传热效率高，但占地面积大。

二、板式换热器

板式换热器是一种新型的热交换器，它质量轻、体积小，传热效率高，拆卸容易，已得到广泛应用。如图6-8所示，它是由许多传热板片叠加而成，板片之间用密封垫密封，冷、热水在板片之间流动，两端用盖板加螺栓压紧。

换热板片的结构型式有很多种，板片的形状既要有利于增强传热，又要使板片的刚性好。板式换热器传热系数高，结构紧凑，适应性好、拆洗方便、节省材料。但板片间流通截面窄，水质不好形成水垢或沉积物时容易堵塞，密封垫片耐温性能差时，容易渗漏和影响使用寿命。

三、容积式换热器

容积式换热器分为容积式汽-水换热器（图6-9）和容积式水—水换热器。这种换热器兼起储水箱的作用。外壳大小应根据水的容量确定。换热器中U形弯管管束并联在一起，蒸汽或加热水自管内流过。

容积式换热器是一种直接式热交换器，热媒和水在交换器中直接接触，将水加热。

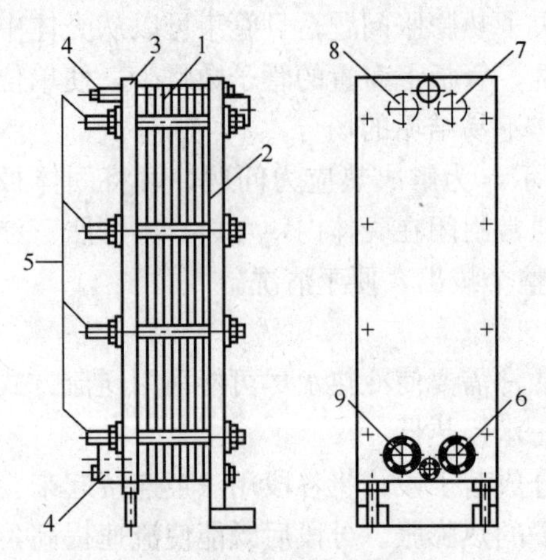

图6-8 板式换热器

1—加热板片；2—固定盖板；3—活动盖板；4—定位螺栓；5—压紧螺栓；6—被加热水进口；7—被加热水出口；8—加热水进口；9—加热水出口

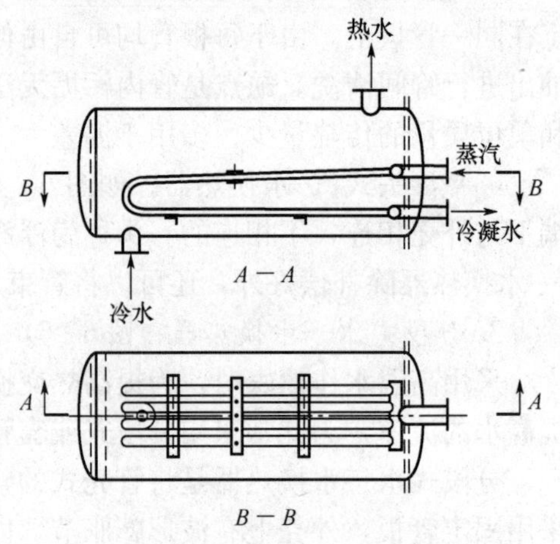

图6-9 容积式汽-水换热器

四、混合式换热器

混合式换热器是一种直接式热交换器，热媒和水在交换器中直接接触，将水加热。

1. 淋水式汽-水换热器

如图6-10所示，蒸汽从换热器上部进入，被加热水也从上部进入，为了增加水和蒸汽的接触面积，在加热器内装了若干级淋水盘，水通过淋水盘上的细孔分散地落下和蒸汽进行热交换，加热器的下部用于蓄水并起膨胀容积的作用。淋水式水加热器可以代替热水供暖系统中的膨胀水箱，同时还可以利用壳体内的蒸汽压力对系统进行定压。

淋水式换热器换热效率高，在同样负荷时换热面积小，设备紧凑。由于直接接触换热，不能回收纯凝水，这会增加集中供热系统热源处水处理设备的容积。

2. 喷射式汽-水换热器

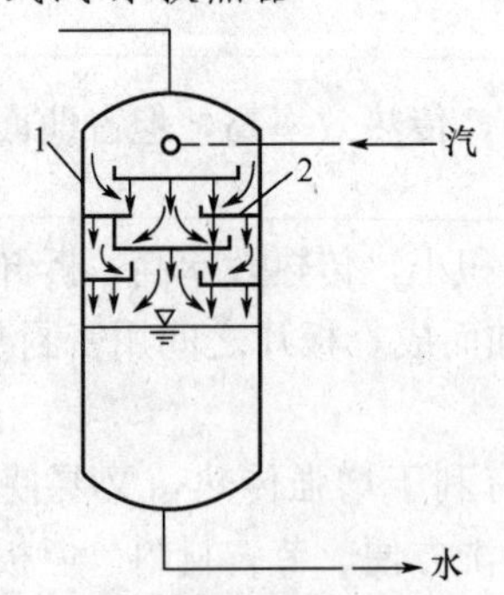

图6-10 淋水式换热器

1—壳体；2—淋水板

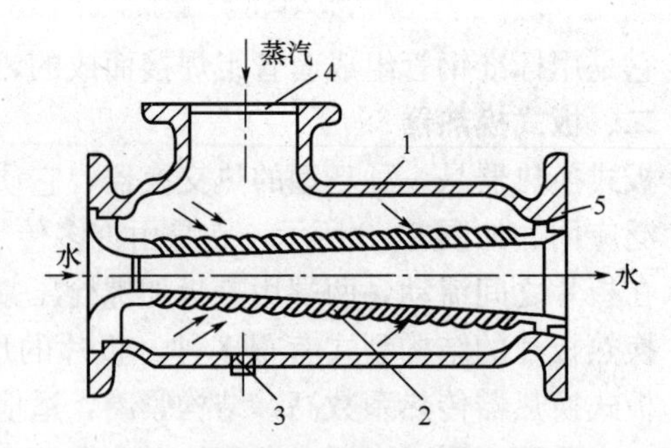

图6-11 喷射式汽-水换热器

1—外壳；2—喷嘴；3—泄水栓；4—网盖；5—填料

图6-11为喷射式汽-水换热器。喷射式汽-水换热器可以减少蒸汽直接通入水中产生的振动和噪声。蒸汽通过喷管壁上的倾斜小孔射出，形成许多蒸汽细流，并和水迅速均匀地混合。在混合过程上，蒸汽多余的势能和动能用来引射水做功，从而消耗了产生振动和噪声的

那部分能量。蒸汽与水正常混合时，要求蒸汽压力至少应比换热器入口水压高 0.1MPa 以上。喷射式汽-水换热器体积小，制造简单，安装方便，调节灵敏，加热温差大，运行平稳。但换热量不大，一般只用热水供应和小型热水供暖系统上。用于供暖系统时，多设于循环水泵的出水口侧。

第三节　热　力　站

集中供热系统的热力站可以根据热网的工况和用户的需要，采用合理的连接方式，将热网输送的热媒，调节转换后输入用户系统以满足用户需要，还能够集中计量、检测热媒的参数和流量。

一、用户热力站

又叫用户引入口。设置在单民用建筑及公共建筑的地沟入口或该用户的地下室或底层处，通过它向该用户或相邻几个用户分配热能。图 6-12 是用户引入口示意图。在用户供、回水总管上均应设置阀门、压力表和温度计。

为了能对用户进行供热调节，应在用户供水管上设置手动调节阀或流量调节器。在用户进水管上还安装了除污器，可避免外管网中的杂质进入室内系统。

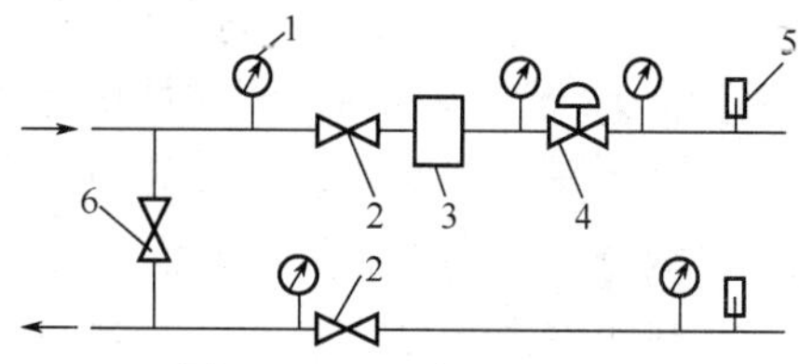

图 6-12　用户引入口

1—压力表；2—用户供、回水总管阀门；3—除污器；4—手动调节阀；5—温度计；6—旁通管阀门

如果用户引入口前的分支管线较长，应在用户供、回水总管的阀门前设置旁通管，当用户停止供暖或检修时，可将用户引入口总阀门关闭，将旁通管阀门打开，使水在分支管线内循环，避免分支管线内的水冻结。

用户引入口要求有足够的操作和检修空间，净高一般不小于 2m，各设备之间检修、操作通道不应小于 0.7m。对于位置较高而需要经常操作的入口装置应设操作平台、扶梯和防护栏等设施。应有良好的照明，通风设施，还应考虑设置集水坑或其他排水设施。

二、小区热力站

通常又叫集中热力站，多设在单独的建筑物内，向多栋房屋或建筑小区分配热能。集中热力站比用户引入口装置更完善，设备更复杂，功能更齐全。

图 6-13 为小区热力站，热水供应用户（a）与热水网路采用间接连接，用户的回水和城市生活给水一起进入水—水加热器被外网水加热，用户供水靠循环水泵提供动力在用户循环管路中流动，热网与热水供应用户的水力工况完全隔开。温度调节器依据用户的供水温度调节进入水—水加热器网路循环水量；设置上水流量计，计量热水供应用户的用水量。

用户（b）是供暖热用户与热水网路的直接连接。该系统热网供水温度高于供暖用户的设计水温，在热力站内设混合水泵，抽引供暖系统的回水，与热网供水混合后直接送入用户。

混合水泵的设计流量

$$G'_h = \mu' G'_o, \text{t/h} \tag{6-1}$$

$$\mu' = (\tau'_1 - t'_g)/(t'_g - t'_h)$$

式中　G'_o——承担该热力站供暖设计热负荷的网路流量，t/h；

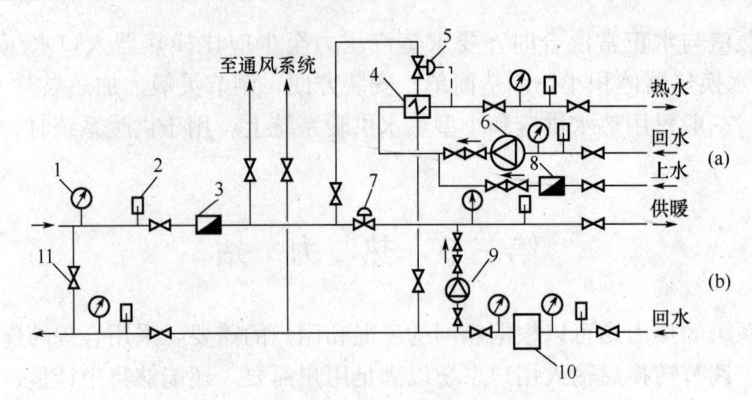

图 6-13 小区热力站

1—压力表；2—温度计；3—热网流量计；4—水—水换热器；
5—温度调节器；6—热水供应循环水泵；7—手动调节阀；8—上水流量计；
9—供暖系统混合水泵；10—除污器；11—旁通管

G'_h——从供暖系统抽引的网路回水量，t/h；

μ'——混水装置的设计混合比；

τ'_1——热水网路的设计供水温度，℃；

t'_g、t'_h——供暖系统的设计供、回水温度，℃。

混合水泵扬程应不小于混水点后所有用户的总水头损失。

热力站内水加热器外表面之间或距墙面应有不小于 0.7m 的净通道。前端应留有抽出加热排管的空间和放置检修加热排管操作面的空间。热力站内所有阀门应设置在便于控制操作和便于检修时拆卸的位置。

设小区热力站，比在每建筑物设热力引入口能减少运行管理工作量，便于检测、计量和遥控，可以提高管理水平和供热质量。

第四节 减温减压器及其热力系统

一、减温减压器及其热力系统

减温减压器是用于将较高参数的蒸汽降低到需要的压力和温度的设备，其基本工作原理是通过节流降低压力，喷水降低温度。

在热电厂中，主蒸汽通过减温减压器与蒸汽热网相连或与热网加热器相连，即减温减压器作为抽汽的备用汽源，有时尖峰加热器的汽源直接采用主蒸汽通过减温减压后供给。

凝汽式发电厂也常用其作为厂用汽源设备，将降压后的蒸汽用于加热重油或作除氧器的备用汽源；在单元机组中常用它构成主蒸汽旁路系统。

经常运行的减温减压器应设有备用，并且备用要处于热备用状态，以保证随时可自动投入。

减温减压器主要由节流减压阀、喷水减温设备、压力温度自动调节系统等组成。减温水一般为锅炉给水或凝结水。如图 6-14 所示，减温减压器的减压系统是由减压阀 1 和节流孔板 2 组成。减温系统由混合管 3、喷嘴 4、给水分配阀 5、给水节流装置 6、截止阀 7 和逆止阀 8 组成。安全保护装置由主安全阀 9、脉冲安全阀 10、压力表 11 和温度计 12 组成。

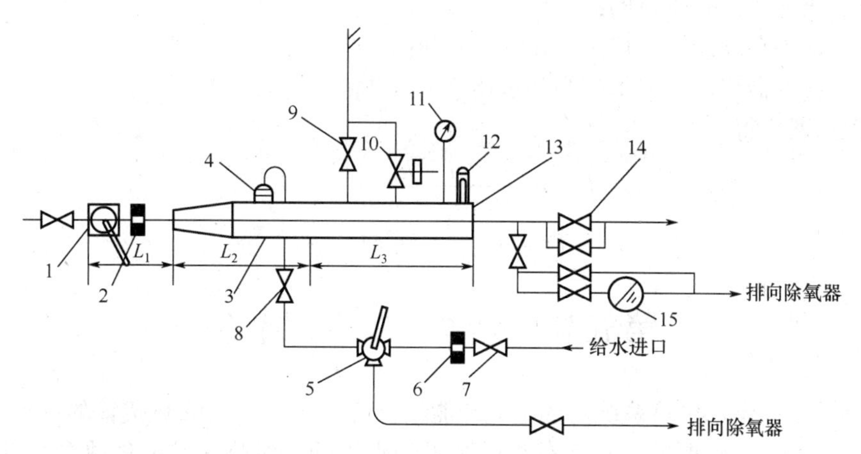

图 6-14　减温减压器热力系统图

1—减压阀；2—节流孔板；3—混合管；4—喷嘴；5—给水分配阀；6—节流装置；7—截止阀；8—逆止阀；9—主安全阀；10—脉冲安全阀；11—压力表；12—温度计；13—蒸汽管道；14—出口阀；15—疏水排出系统

L_1—减压系统长度；L_2—减温系统长度；L_3—安全装置长度

减温减压器的工作过程如下，新蒸汽经过减压阀和节流孔板节流降压到所需的压力后进入混合器，与经给水分配阀来的减温水混合，使新蒸汽温度降至规定的参数，然后将减温减压后的蒸汽引出到所需之处。为了维持出口蒸汽参数的稳定，要求进口蒸汽流量的变动不得太大，且出口蒸汽的温度至少具有 20～30℃的过热度。

分产供热用减温减压器出口蒸汽参数的选择，不影响热电厂的热经济性。作为供热设备用的减温减压器，其出口蒸汽参数应与该供热抽汽参数完全相同。作为峰载热网加热器的汽源设备时，其出口汽压应能将网水加热至所需温度，即设计送水温度值加上峰载热网加热器的端差，并能使其疏水自流至除氧器；出口汽温还宜有 30～60℃的过热度，以便测量流量，简化疏水系统。

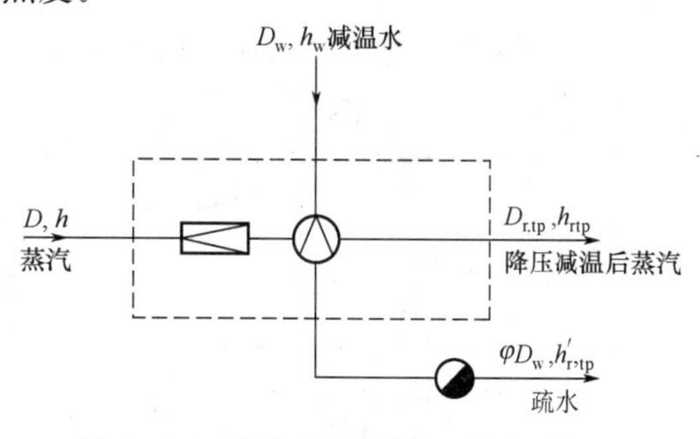

图 6-15　减温减压器计算用热力系统

为了保持供汽压力的稳定，防止由于减压系统失灵使供汽设备超压，在减温减压器上设有安全阀。当减压后的管道压力超过规定数值时，安全动作，将蒸汽排放至大气，以保证减温减压器及其后管道的安全。

二、减温减压器的热力计算

进入减温减压器的蒸汽流量 D 和喷水量 D_w，可通过其物质平衡式和热平衡式联解求得。

物质平衡式　$$D + D_w = \varphi D_w + D_{r,tp},\ \mathrm{kg/h} \qquad (6-2)$$

热平衡式　$$Dh + D_w h_w = \varphi D_w h'_{r,tp} + D_{r,tp} h_{r,tp},\ \mathrm{kJ/h} \qquad (6-3)$$

式中　φ——减温水中未汽化的水量占总喷水量的份额，一般为 0.3 左右；

D、$D_{r,tp}$——进入、离开减温减压器的蒸汽流量，kg/h；

h——进入减温减压器的蒸汽比焓，kJ/kg。

$h_{r,tp}$——减温器减压器出口蒸汽比焓，kJ/kg。

$h'_{r,tp}$——减温器出口压力下的饱和水比焓，kJ/kg。

联立上述两式得

$$D_W = \frac{(h - h_{r,tp})D_{r,tp}}{h - h_w - \varphi(h - h'_{r,tp})} \tag{6-4}$$

$$D = D_{r,tp} - D_w(1 - \varphi) \tag{6-5}$$

第五节 尖峰热水锅炉

热水锅炉是高温水供热系统与热电联产能量供应系统承担高峰热负荷的一种主要设备。在热电联产系统中，根据尖峰热水锅炉的装设地点不同，对热水炉的供热参数有不同的要求。装设在热电厂内的尖峰热水锅炉主要任务是高峰热负荷期把基本热网加热器的出口水温进一步加热到热网设计供水温度（我国一般规定为130～150℃）。对装在热网中部或末端的尖峰热水锅炉的供热参数，一般采用和热电厂相同的供热参数。对现有的热电厂也可增加一定数量的尖峰热水锅炉或使热电厂与区域锅炉房配合供热，以扩大热电厂的供热能力，提高经济效益。

热水锅炉是发展热电联产与集中供热不可缺少的供热设备。热水锅炉的工作原理与蒸汽锅炉相似，也有直流锅炉和自然循环锅炉之分。但不论哪种型式的锅炉，水在锅炉中都是单相流动。

热水锅炉作为热电厂的厂内尖峰锅炉时，其原则性连接系统如图6-16所示。热网水经

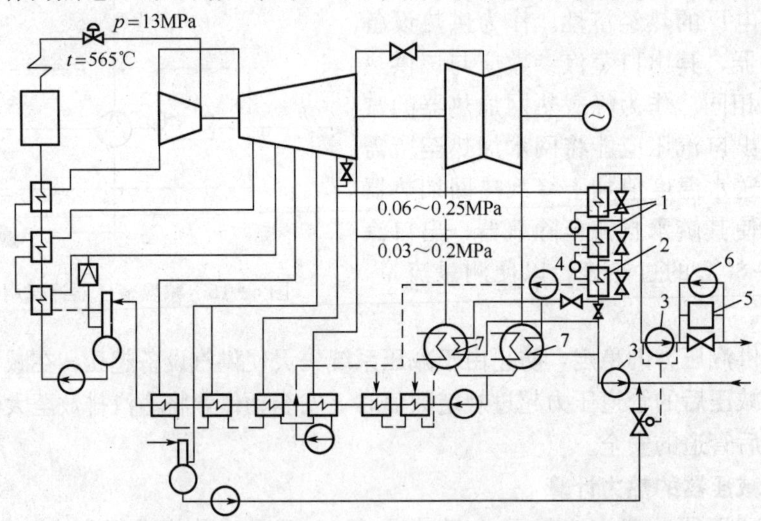

图6-16 超高参数采暖机组热网加热设备的原则性热力系统

1—基本热网加热器；2—疏水冷却器；3—热网水泵；4—热网凝结水泵；5—尖峰热水炉；6—循环水泵；7—凝汽器内热网水加热管束

过串联的两台基本热网加热器，被加热到110℃左右，如室外温度继续降低进入高峰热负荷时，把热网水送入尖峰锅炉，继续加热到150℃左右，再送入供热系统。当室外气温回升到尖峰锅炉停止运行的室外气温时，则停运尖峰锅炉，使热网水从基本加热器出来，通过旁路

直接进入供热系统。

当热水锅炉用在厂外锅炉房或大型区域热水锅炉房时，其双管热网的原则性系统如图 6-17。

热网水在尖峰锅炉中被加热到所需温度后（如 150℃），把其中一部分的水用循环水泵 2 打回锅炉入口回水管与回水混合，其目的是把锅炉入口水温提高到露点温度以上，同时也使流经锅炉的水温保持恒定。在室外气温较高时，热网回水温度较低，当锅炉入口水温低于露点温度时，烟气中的蒸汽就会在换热面上凝结产生积灰和硫腐蚀。若锅炉中水流量太低，将会导致其加热管束的水流分布不均引起汽化和管壁局部过热。

锅炉出口的大部分水进入热网供水干管；用热网水泵 5 保持热网内的水循环，用补水泵 7 把化学补水送入热网水泵。

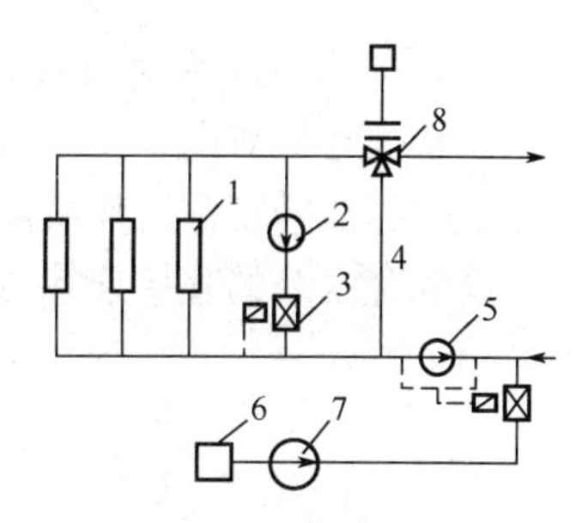

图 6-17　热水锅炉房的原则性系统图

1—热水锅炉；2—循环水泵；3—调节阀；4—旁通管；5—热网水泵；6—净水设备；7—补水泵；8—阀门

第六节　厂外供热系统

一、热水供热系统

热水供热系统的供热对象多为供暖、通风和热水供应热用户。

按热用户是否直接取用热网循环水，热水供应系统又分为闭式系统和开式系统。闭式系统：热用户不从热网中取用热水，热网循环水仅作为热媒，起转移热能的作用，供给用户热量。开式系统：热用户全部或部分地取用热网循环水，热网循环水直接消耗在生产和热水供应用户上，只有部分热媒返回热源。

（一）闭式系统

闭式供热系统热用户与热水网路的连接方式分为直接连接和间接连接两种。直接连接是热用户直接连接在热水网路上，热用户与热水网路的水力工况直接发生联系。间接连接方式是在供暖系统热用户设置表面式水—水换热器，用户系统与热水网路被表面式水—水换热器隔离，形成两个独立的系统。用户与网路之间的水利工况互不影响。

供暖系统热用户与热水网路的连接方式，常见的有以下几种方式。

1. 不混合的直接连接

系统连接如图 6-18（a）所示。当热用户与外网水力工况和温度工况一致时，热水经外网供水管直接进入供暖系统热用户，在散热设备散热后，回水直接返回外网回水管路。这种连接形式简单，造价低。

2. 装水喷射器的直接系统

如图 6-18（b）所示，热网供水管的高温水进入水喷射器，在喷嘴高速喷出后，喷嘴出口处形成低于用户回水管的压力，回水管的低温水被抽入水喷射器，与外网高温水混合，使用户入口处的供水温度低于外网温度，符合用户系统的要求。

水喷射器无活动部件，构造简单、运行可靠，网路系统的水力稳定性好。但由于水喷射器抽引回水时需消耗能量，通常要求管网供、回水管在用户入口处留有 0.08～0.12MPa 压差，才能保证水喷射器正常工作。

3. 设混合水泵的直接连接

系统连接如图 6-18（c）所示。当建筑物用户引入处外网的供、回水压差较小，不能满足水喷射器的正常工作所需压差，或设集中泵站将高温水转为低温水向建筑物供暖时，可采用设混合水泵的直接连接方式。

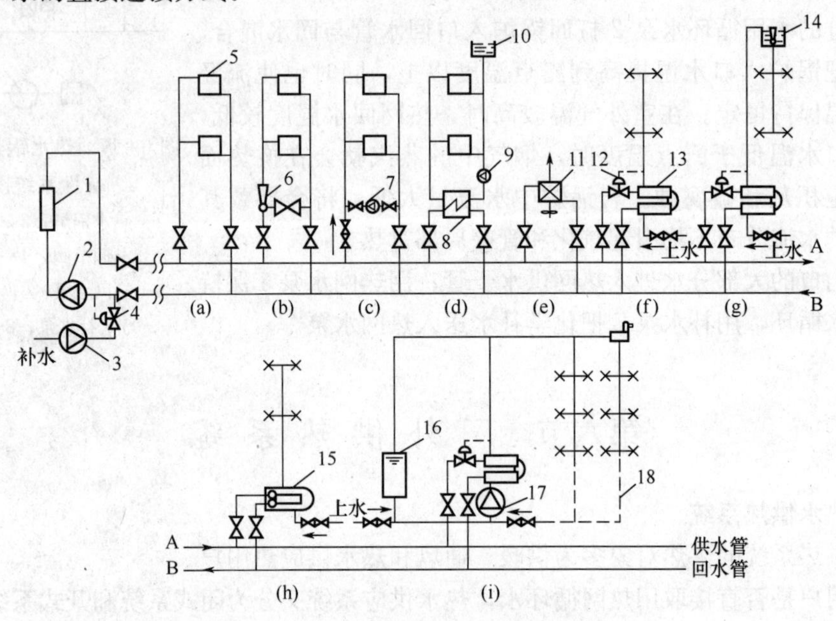

图 6-18　双管闭式热水供热系统

（a）无混合装置的直接连接；（b）装水喷射器的直接连接；（c）装混合水泵的直接连接；（d）供暖热用户网的间接连接；（e）通风热用户与热网的连接；（f）无储水箱的连接方式；（g）装设上部储水箱的连接方式；（h）装置容积式换热器的连接方式；（i）装设下部储水箱的连接方式

1—热源的加热装置；2—网路循环水泵；3—补给水泵；4—补给水压力调节器；5—散热器；6—水喷射器；7—混合水泵；8—表面式水—水换热器；9—供暖热用户系统的循环水泵；10—膨胀水箱；11—空气加热器；12—温度调节器；13—水—水式换热器；14—储水箱；15—容积式换热器；16—下部储水箱；17—热水供应系统的循环水泵；18—热水供应系统的循环管路

混合水泵设在建筑物入口或专设的热力站处，外网高温水与水泵加压后的用户回水混合，降低温度后送入用户供热系统，混合水的温度和流量可通过调节混合水泵的阀门或外网供、回水管进出口处阀门的开启度进行调节。为防止混合水泵扬程高于外网供、回水管的压差，将外网回水抽入外网供水管，在外网供水管入口处应装设止回阀。

设混合水泵的连接方式是目前高温水供热系统中应用较多的一种直接连接方式。但其造价比水喷射器的方式高，运行中需要经常维护并消耗电能。

4. 供暖用户的间接连接

系统连接如图 6-18（d）所示。外网高温水通过设置在用户引入口或热力站的表面式水—水换热器，将热量传递给供暖用户的循环水，在换热器内冷却后的回水，返回外网回水管。用户循环水靠用户水泵驱动循环流动，用户循环系统内部设置膨胀水箱、集气罐及补给水装置，形成独立系统。

间接连接方式系统造价比直接连接高得多，而且运行管理费用也较高，适用于局部用户系统必须和外网水力工况隔绝的情况。例如外网水在用户入口处的压力超过了散热器的承压能力；或个别高层建筑供暖系统要求压力高，又不能普遍提高整个热力网路的压力；或外网为高温水，而用户是低温水供暖用户时，均可以采用这种间接连接形式。

5. 通风用户的直接连接

系统连接如图 6-18（e）所示。如果通风系统的散热设备承压能力较高，对热媒参数无严格限制，可采用最简单的直接连接形式与外网相连。

6. 热水供应用户的间接连接

热水供应用户与外网间接连接时，必须设有水—水换热器。

（1）无储水箱的连接方式。如图 6-18（f）所示。外网水通过水—水换热器将城市生活给水加热，冷却后的回水返回外网回水管。该系统用户供水管上应设温度调节器，控制系统供水温度不随用水量的改变而剧烈变化。这是一种最简单的连接方式，适用于一般住宅或公共建筑连续用热水且用水量较稳定的热水供应系统上。

（2）设上部储水箱的连接方式。如图 6-18（g）所示。城市生活给水被表面式水—水换热器加热后，先送入设在用户最高处的储水箱，再通过配管输送到各配水点。上部储水箱起着储存热水和稳定水压的作用。适用于用户需要稳压供水且用水时间较集中，用水量较大的浴室、洗衣房或工矿企业处。

（3）设容积式换热器的连接方式。如图 6-18（h）所示。容积式换热器不仅可以加热水，还可以储存一定的水量。不需要设上部储水箱，但需要较大的换热面积。适用于工业企业和小型热水供应系统。

（4）设下部储水箱的连接方式。如图 6-18（i）所示。该系统设有下部储水箱、热力循环管和循环水泵。当用户用水量较小时，水—水换热器的部分热水直接流入用户，另外的部分流入储水箱储存；当用户用水量较大，水—水换热器供水量不足时，储水箱内的水被城市生活给水挤出供给用户系统。装设循环水泵和循环管的目的是使热水在系统中不断流动，保证用户打开水龙头就能流出热水。这种方式复杂、造价高，但工作稳定可靠，适用于对热水供应要求较高的宾馆或高级住宅。

7. 闭式双级串联和混联连接的热水供热系统

为了减少热水供应热负荷所需的网路循环水量，可采用供暖系统与热水供热系统串联或混联连接的方式，如图 6-19（a）、（b）所示。

图 6-19（a）是双级串联的连接方式。热水供应系统的用水首先由串联在网路回水管上的水加热器（Ⅰ级加热器）加热。经过Ⅰ级加热后，热水供应水温仍低于要求温度，水温调节器将阀门打开，进一步利用网路中的高温水通过第Ⅱ级加热器将水加热到所需温度，经过第Ⅱ级加热器后的网路供水进入到供暖系统中去。供水管上应安装流量调节器 4，控制供暖用户系统流量，稳定供暖系统水力工况。

图 6-19（b）是混联连接的方式。热网供水分别进入热水供应和供暖系统的热交换器中（通常采用板式热交换器）。上水同样采用两级加热，通过热水供应热交换器的终热段 6b［相当于图 6-19（a）中的Ⅱ级加热器］的热网回水并不进入供暖系统，而是与热水供暖系统的热网回水混合，进入热水供应热交换器的预热段 6a［相当于图 6-19（a）中的Ⅰ级加热器］将上水预热，上水最后通过热交换器的终热段 6b，被加热到热水供应所需的温度。可根据热水供应的热水温度和供暖系统保证的室温，调节各自热交换器的热网供水阀门的开启度，控制进入各热交换器的网路水流量。

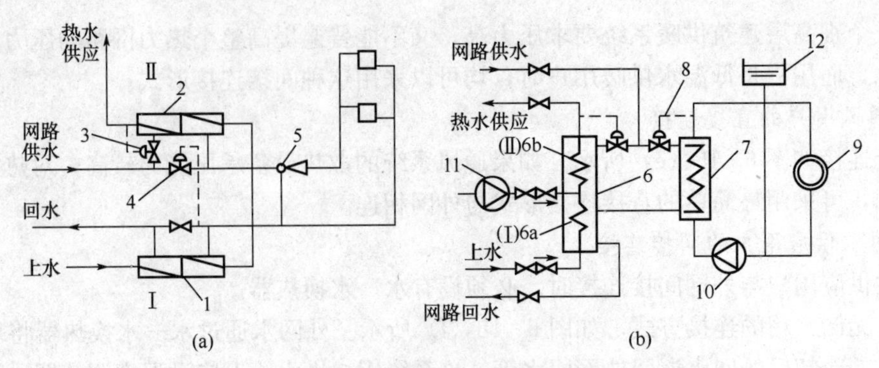

图 6-19　闭式双级串联和混联连接的供水供热系统

（a）闭式双级串联水加热器；（b）闭式混合连接水加热器

1—Ⅰ级热水供应水加热器；2—Ⅱ级热水供应水加热器；3—水温调节器；4—流量调节器；5—水喷射器；6—热水供应水加热器；7—供暖系统水加热器；8—流量调节装置；9—供暖热用户系统；10—供暖系统循环水泵；11—热水供应系统的循环水泵；12—膨胀水箱；6a—水加热器的预热段；6b—水加热器的终热段

串联或混联连接的方式，利用了供暖系统回水的部分热量预热上水，减少了网路的总计算循环水量，适用在热水供应热负荷较大的城市热水供热系统上。全部热用户（供暖、热水供应、通风空调等）与热水网路均采用间接连接方式，使用户系统与热水网路的水力工况完全隔开，便于管理。

（二）开式热水供应系统与热水网路的连接方式

1. 无储水箱的连接方式

系统连接如图 6-20（a）所示。热网水直接经混合三通送入热水用户，混合水温由温度调节器控制。为防止外网供应的热水直接流入外网回水管，回水管上应设止回阀。这种方式网路最简单，适用于外网压力任何时候都大于用户压力的情况。

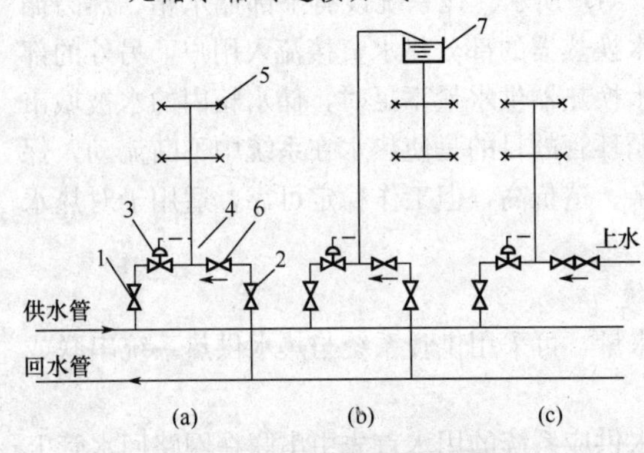

图 6-20　开式热水供热系统

1、2—进水阀门；3—温度调节器；4—混合三通；5—取水栓；6—止回阀；7—上部储水箱

2. 设上部储水箱的连接方式

系统连接如图 6-20（b）所示。网路供水和回水经混合三通送入热水用户的高位储水箱，热水再沿配水管路送到各配水点。这种方式常用于浴室、洗衣房或用水量较大的工业厂房内。

3. 与城市生活给水混合的连接方式

系统连接如图 6-20（c）所示。当热水供应用户用水量很大并且需要的水温较低时，可采用这种连接方式。混合水温同样用温度调节器控制。为了便于调节水温，外网供水管的压力应高于城市生活给水管的压力，在生活给水管上要安装止回阀，以防止外网水流入生活给水管。

二、蒸汽供热系统

蒸汽供热系统能够向供暖、通风空调和热水供应用户提供热能，同时还能满足各类生产工艺用热的要求。它在工业企业中得到了广泛的应用。

蒸汽供热网一般采用双管制，即一根蒸汽管，一根凝结水管。有时，根据需要还可以采用三管制，即一根管道供应生产工艺用汽和加热生活热水用汽，一根管道供给供暖、通风用汽，它们的回水公用一根凝结水管道返回热源。

蒸汽供热管网与用户的连接方式取决于外网蒸汽的参数和用户的使用要求。也分为直接连接和间接连接两大类。

图6-21为蒸汽供热管网与用户的连接方式。锅炉生产的高压蒸汽进入蒸汽管网，以直接或间接的方式向各用户提供热能，凝结水经凝水管网返回热源凝水箱，经凝结水泵加压后注入锅炉重新被加热成蒸汽。

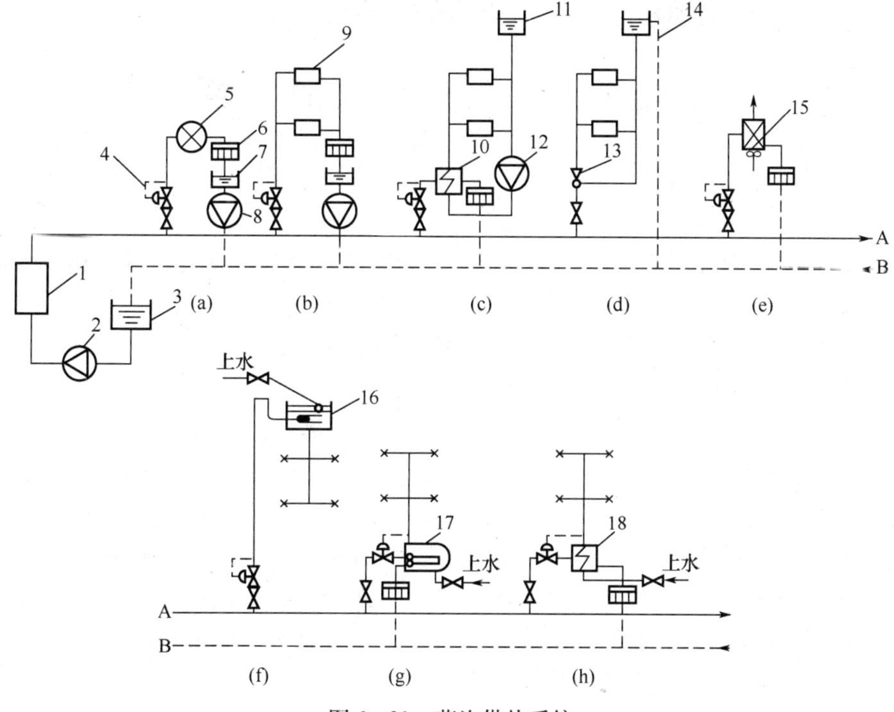

图6-21 蒸汽供热系统

(a) 生产工艺热用户与蒸汽网连接图；(b) 蒸汽供暖用户系统与蒸汽网直接连接图；(c) 采用蒸汽-水换热器的连接图；(d) 采用蒸汽喷射器的连接图；(e) 通风系统与蒸汽网路的连接图；(f) 蒸汽直接加热的热水供应图；(g) 采用容积式换热器的热水供应图；(h) 无储水箱的热水供应图

1—蒸汽锅炉；2—锅炉给水泵；3—凝结水箱；4—减压阀；5—生产工艺用热设备；6—疏水器；7—用户凝结水箱；8—用户凝结水泵；9—散热器；10—供暖系统用的蒸汽-水换热器；11—膨胀水箱；12—循环水泵；13—蒸汽喷射器；14—溢流管；15—空气加热装置；16—上部储水箱；17—容积式换热器；18—热水供应系统的蒸汽-水换热器

图6-21 (a) 为生产工艺热用户与蒸汽网路的直接连接，即蒸汽经减压阀减压后送入用户系统，放热后生成凝结水，凝结水经疏水器后流入用户凝水箱，再由用户凝结水泵加压后返回凝水管网。

图6-21 (b) 为蒸汽供暖用户与蒸汽网路的直接连接，即高压蒸汽经减压阀减压后向供暖用户供热。

图6-21 (c) 为热水供暖用户与蒸汽网路的间接连接。在这种连接方式中，高压蒸汽减

压后，经蒸汽-水换热器将用户循环水加热，用户内部采用热水供暖型式。

图 6-21（d）是采用蒸汽喷射器的直接连接，在这种连接方式中，蒸汽经喷射器喷嘴喷出后，产生低于热水供暖系统回水的压力，回水被抽进喷射器，混合加热后送入用户供暖系统，用户系统的多余凝结水经水箱溢流管返回凝水管网。

图 6-21（e）是通风系统与蒸汽网路的直接连接。如果蒸汽压力过高，可用入口处减压阀调节。

图 6-21（f）是蒸汽直接加热热水的热水供热系统。

图 6-21（g）是采用容积式汽-水换热器的间接连接热水供热系统。

图 6-21（h）是无储水箱的间接连接热水供热系统。

第七节 热力网系统的计算

热力网路系统计算的目的是确定热网加热器的汽耗量，用计算的结果确定在一定热电厂工况下锅炉房的总供热量。

供热设备热力系统计算常常是整个热电厂热力系统计算的一部分。进行热力网路系统计算的原始数据是：

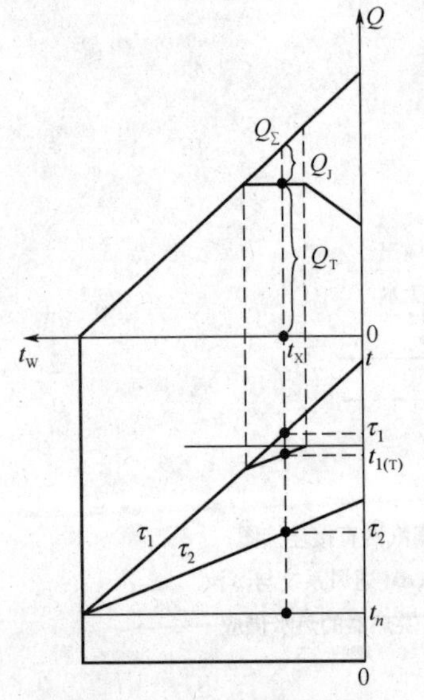

图 6-22 热网加热器的负荷和送、回水温度的关系

（1）所要计算的热电厂工况下（即在一定的室外温度下）总的采暖热负荷 Q_{Σ}；

（2）在上述热负荷下，热网供、回水温度 τ_1、τ_2；

（3）送至基本热网加热器的抽汽压力和抽汽比焓。若尖峰供热设备是尖峰加热器也应该知道它的抽汽压力和抽汽比焓。

为了确定基本热网加热器的抽汽压力和热负荷，必须事先绘制热网加热器的负荷分配简图，以确定基本和尖峰热网加热器的热负荷。若无热负荷分配图，可根据加热器的出口水温决定各加热器的热负荷。

基本加热器负荷

$$Q_{T}=Q_{\Sigma}\frac{t_{1(T)}-\tau_2}{\tau_1-\tau_2} \tag{6-6}$$

尖峰设备的热负荷

$$Q_{J}=Q_{\Sigma}-Q_{T} \tag{6-7}$$

式中 Q_T、Q_J——在室外温度 t_X 下，基本和尖峰加热器的热负荷（见图 6-22）；

τ_1、τ_2——在室外温度 t_X 下，热网供、回水温度；

$t_{1(T)}$——基本加热器的出水温度。

热力网系统的计算与热网的连接系统有关，常见热网连接系统如图 6-23 所示。

图 6-23（a）系统的计算。列出各加热器的热平衡方程式

$$D_J(h_J-h'_J)\eta=Q_J \tag{6-8}$$

$$D_T(h_T-h'_T)\eta=Q_T \tag{6-9}$$

式中 η——加热器的散热损失系数，可取 0.97～0.99；

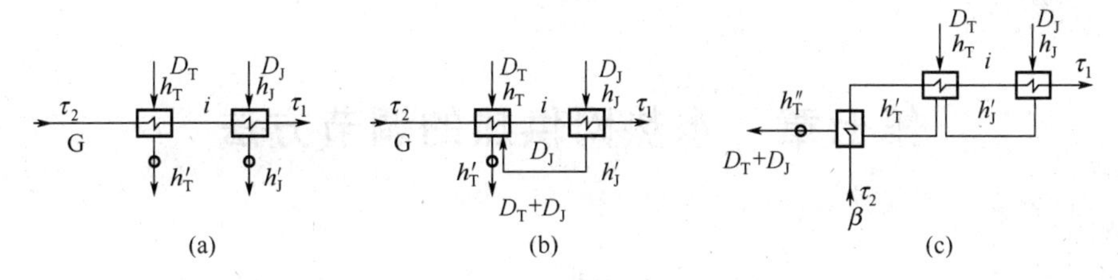

图 6-23 热力网的不同连接系统

图 6-23（b）为尖峰加热器的疏水入基本加热器的系统。尖峰加热器的热平衡式同式（6-8），基本加热器的热平衡式为

$$[D_T(h_T - h'_T) + D_J(h'_J - h'_T)]\eta = Q_T \tag{6-10}$$

图 6-23（c）用疏水冷却器系统。尖峰加热器的热平衡式同式（6-8），为了计算方便，可把基本加热器和疏水冷却器作为整体列热平衡方程式

$$[D_T(h_T - h''_T) + D_J(h'_J - h''_T)]\eta = Q_T \tag{6-11}$$

在计算中，疏水冷却器后温度 t_T 的选取应以除氧器不自生沸腾为原则，但要高于热网回水温度，一般取 80～90℃。h''_T为疏水冷却器出口疏水的比焓。

第七章　水热网供热的调节方法

第一节　概　　述

热水供热系统的热用户，主要有供暖、通风、热水供应和生产工艺用热系统等。这些用热水系统的热负荷并不是恒定的，如供暖通风热负荷随室外气象条件（主要是室外气温）变化，热水供应和生产工艺随使用条件等因素而不断变化。为了保证供热质量，满足使用要求，并使热能制备和输送经济合理，就要对热水供热系统进行供热调节。

在城市集中热水供热系统中，供暖热负荷是系统的最主要的热负荷，甚至是惟一的热负荷。因此，在供热系统中，通常按照供暖热负荷随室外温度的变化规律，作为供热调节的依据。供热（暖）调节的目的，在于使供暖热用户的散热设备的放热量与用户热负荷的变化规律相适应，以防止供暖热用户出现室温过高或过低。

热水供热的调节方式，根据供热调节地点不同可分为：

(1) 集中（中央）调节。在热源处进行调节；

(2) 局部调节。在热力站或用户入口处调节；

(3) 个体调节。直接在散热设备（如散热器、暖风机、换热器等）处进行调节。

集中供热调节容易实施，运行管理方便，是最主要的供热调节方法。但即使对只有单一供暖热负荷的供热系统，也往往需要对个别热力站或用户进行局部调节，调整用户的用热量。对有多种热负荷的热水供热系统，通常根据供暖热负荷进行集中供热调节，而对于其他热负荷（如热水供应、通风等热负荷)，由于其变化规律不同于供暖热负荷，则需要在热力站或用户处配以局部调节，以满足其要求。对多种热用户的供热调节，通常也称为供热综合调节。集中供热调节的方法，主要有下列几种：

(1) 质调节——改变网路的供水温度；

(2) 分阶段改变流量的质调节；

(3) 间歇调节——改变每天供暖小时数。

近年来，在热水供热系统中，由于供暖热用户与网路采用间接连接，以及采用变速水泵技术来改变网路循环水量，故也采用了质量－流量调节——即同时改变网路供水温度和流量，进行集中供热调节。

第二节　供暖热负荷供热调节的基本公式

供暖热负荷供热调节的主要任务是维持供暖房屋的室内计算温度 t_{n}。当热水网路在稳定状态下运行时，如不考虑管网沿途热损失，则网路的供热量应等于供暖热用户系统散热设备的放热量，同时也应等于供暖热用户的热负荷。

由第二章可知，在供暖室外计算温度为 t_{w}，则有如下的热平衡方程式

$$Q_1' = Q_2' = Q_3', \mathrm{W} \tag{7-1}$$

$$Q_1' = q'V(t_n - t_w'),\text{W} \tag{7-2}$$

$$Q_2' = K'A(t_{pj} - t_n),\text{W} \tag{7-3}$$

$$Q_3' = G'c(t_g' - t_h')/3600 = 4187G'(t_g' - t_h')/3600 = 1.163G'(t_g' - t_h'),\text{W} \tag{7-4}$$

式中　Q_1'——建筑物的供暖热负荷，W；

Q_2'——在供暖室外计算温度为 t_w' 下，散热器放热量，W；

Q_3'——在供暖室外计算温度为 t_w' 下，热水网路输送给供暖热用户的热量，W；

q'——建筑物的体积供暖热指标，即建筑物 $1m^3$ 外部体积在室内外温度差为 1℃时的耗热量，W/（m^3·℃）；

V——建筑物的外部体积，m^3；

t_w'——供暖室外计算温度,℃；

t_n——供暖室内计算温度,℃；

t_g'——进入供暖热用户的供水温度,℃，如用户与热网采用无混水装置的直接连接方式，则热网的供水温度 $\tau_1' = t_g'$，如用户与热网采用混水装置的直接连接方式，则 $\tau_1' > t_g'$；

t_h'——供暖热用户的回水温度,℃，如供暖热用户与热网采用直接连接，则热网的回水温度与供暖系统的回水温度相等，即 $\tau_2' = t_h'$；

t_{pj}——散热器内的热媒平均温度,℃；

G'——供暖热用户的循环水量，kg/h；

c——热水的质量比热容，c=4187J/（kg·℃）；

K'——散热器在设计工况下的传热系数，W/（m^2·℃）；

A——散热器的散热面积，m^2。

散热器的放热方式属于自然对流放热，它的传热系数具有 $K = a(t_{pj} - t_n)^b$ 的形式。如就整个供暖系统来说，可近似地认为 $t_{pj} = (t_g' + t_h')/2$，则式（7-3）可改写为

$$Q_2' = aA\left(\frac{t_g' + t_h'}{2} - t_n\right)^{1+b},\text{W} \tag{7-5}$$

若以带“′”上标符号表示在供暖室外计算温度下的各种参数，而不带上标符号表示在某一室外温度下的各种参数，在保证室内计算温度条件下，可列出与上面相对应的热平衡方程式，即

$$Q_1 = Q_2 = Q_3 \tag{7-6}$$

$$Q_1 = qV(t_n - t_w),\text{W} \tag{7-7}$$

$$Q_2 = aA\left[\left(\frac{t_g + t_h}{2}\right) - t_n\right]^{1+b},\text{W} \tag{7-8}$$

$$Q_3 = 1.163G(t_g - t_h),\text{W} \tag{7-9}$$

若令在运行调节时，相应 t_w 下的供暖热负荷与供暖设计热负荷之比，称为相对供暖热负荷比 $\bar{Q}$，而称其流量之比为相对流量比 $\bar{G}$，则

$$\bar{Q} = \frac{Q_1}{Q_1'} = \frac{Q_2}{Q_2'} = \frac{Q_3}{Q_3'} \tag{7-10}$$

$$\bar{G} = \frac{G}{G'} \tag{7-11}$$

同时，为了便于分析计算，假设供暖热负荷与室内外温差的变化成正比，即把供暖热指

标定为常数（$q'=q$）。但实际上，由于室外的风速和风向，特别是太阳辐射热的变化与室内外温差无关，因此这个假设会有一定的误差。如不考虑这一误差影响，则

$$\overline{Q}=\frac{Q_1}{Q_1'}=\frac{t_n-t_w}{t_n-t_w'} \tag{7-12}$$

亦即相对供暖热负荷比等于相对的室内外温差比。

综合上述公式，可得

$$\overline{Q}=\frac{t_n-t_w}{t_n-t_w'}=\frac{(t_g+t_h-2t_n)^{1+b}}{(t_g'+t_h'-2t_n)^{1+b}}=\overline{G}\frac{t_g-t_h}{t_g'-t_h'} \tag{7-13}$$

式（7-13）是供暖热负荷供热调节的基本公式。式中分母的数值，均为设计工况下的已知参数。在某一室外温度 t_w 的运行工况下，如要保持室内温度 t_n 值不变，则应保证有相应的 t_g、t_h、$\overline{Q}$（Q）和 $\overline{G}$（G）的四个未知值，但只有三个联立方程式，因此需要引进补充条件，才能求出四个未知值的解。所谓引进补充条件，就是我们要选定某种调节方法。可能实现的调节方法主要有：改变网路的供水温度（质调节），改变网路流量（量调节），同时改变网路的供水温度和流量（质量-流量调节）及改变每天供暖小时数（间歇调节）。如采用质调节，即增加了补充条件，此时即可确定相应的值了。

第三节　水热网供热调节的方法

一、质调节

在进行质调节时，只改变供暖系统的供水温度，而用户的循环水量保持不变，即 $\overline{G}=1$。

1. 直接连接的热水供暖系统质调节

对无混合装置的直接连接的热水供暖系统，将此补充条件代入热水供暖系统供热调节的基本公式（7-13），可求出质调节的供、回水温度的计算公式：

$$\tau_g=t_g=t_n+0.5(t_g'+t_h'-2t_n)\overline{Q}^{\frac{1}{1+b}}+0.5(t_g'-t_h')\overline{Q},℃ \tag{7-14}$$

$$\tau_h=t_h=t_n+0.5(t_g'+t_h'-2t_n)\overline{Q}^{\frac{1}{1+b}}-0.5(t_g'-t_h')\overline{Q},℃ \tag{7-15}$$

或写成下式：

$$\tau_g=t_g=t_n+\Delta t_s'\overline{Q}^{\frac{1}{1+b}}+0.5\Delta t_j'\overline{Q},℃ \tag{7-16}$$

$$\tau_h=t_h=t_n+\Delta t_s'\overline{Q}^{\frac{1}{1+b}}-0.5\Delta t_j'\overline{Q},℃ \tag{7-17}$$

其中

$$\Delta t_s'=0.5(t_g'+t_h'-2t_n)$$

$$\Delta t_j'=t_g'-t_h'$$

式中　$\Delta t_s'$——用户散热器的设计平均计算温差，℃；

$\Delta t_j'$——用户的设计供、回水温度差，℃。

对带混合装置的直接连接的热水供暖系统（如用户或热力站处设置水喷射器或混合水泵）。则 $\tau_1>t_g$。$\tau_2=t_h$，式（7-16）所求的 τ_g 值是混水后进入供暖用户的供水温度，网路的供水温度 τ_1 还应根据混合比再进一步求出。

混合比（或喷射系数）

$$\mu=G_h/G_o \tag{7-18}$$

式中　G_o——供暖系统的入口水量，kg/h；

G_h——从供暖系统抽回水的回水量，kg/h。

在设计工况下，各量用“′”，根据热平衡方程式（见图 7 - 1）

$$cG'_{\rm o}\tau'_1 + cG'_{\rm h}t'_{\rm h} = (G'_{\rm o} + G'_{\rm h})ct'_{\rm g}$$

由此可得

$$\mu' = \frac{\tau'_1 - t'_{\rm g}}{t'_{\rm g} - t'_{\rm h}} \tag{7 - 19}$$

式中　τ'_1——网路的设计供水温度，℃。

图 7 - 1　带混水装置的直接连接供暖系统与热水网路连接示意图

在任意室外温度 $t_{\rm w}$ 下，只要没有改变供暖用户的总阻力 S 值，则混合比 μ 不会改变，仍与设计下的混合比 μ' 相同，即

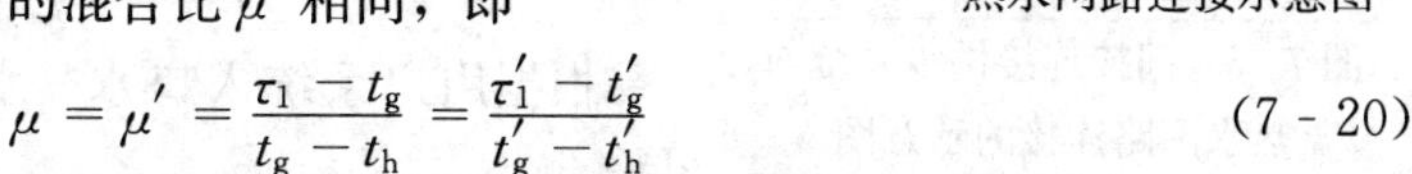

$$\mu = \mu' = \frac{\tau_1 - t_{\rm g}}{t_{\rm g} - t_{\rm h}} = \frac{\tau'_1 - t'_{\rm g}}{t'_{\rm g} - t'_{\rm h}} \tag{7 - 20}$$

即

$$\tau_1 = t_{\rm g} + \mu(t_{\rm g} - t_{\rm h}) = t_{\rm g} + \mu\overline{Q}(t'_{\rm g} - t'_{\rm h})/\overline{G} \tag{7 - 21}$$

根据式（7 - 21），即可求出在热源处进行质调节时，网路的供水温度 τ_1 随室外温度 $t_{\rm w}$（即 $\overline{Q}$）的变化关系式。

将式（7 - 16）的 $t_{\rm g}$ 值和式（7 - 20）的 $\mu = (\tau'_1 - t'_{\rm g})/(t'_{\rm g} - t'_{\rm h})$ 代入式（7 - 21），由此可得出对带混合装置的直接连接热水供暖系统的网路供、回水温度：

$$\tau_1 = t_{\rm n} + \Delta t'_{\rm s}\overline{Q}^{\frac{1}{1+b}} + (\Delta t'_{\rm w} + 0.5\Delta t'_{\rm j})\overline{Q}, ℃ \tag{7 - 22}$$

$$\tau_{\rm h} = t_{\rm h} = t_{\rm n} + \Delta t'_{\rm s}\overline{Q}^{\frac{1}{1+b}} - 0.5\Delta t'_{\rm j}\overline{Q}, ℃ \tag{7 - 23}$$

根据式（7 - 16）、式（7 - 17）、式（7 - 22）、式（7 - 23）可绘制热水供热系统质调节的水温曲线或图表，供运行调节使用。

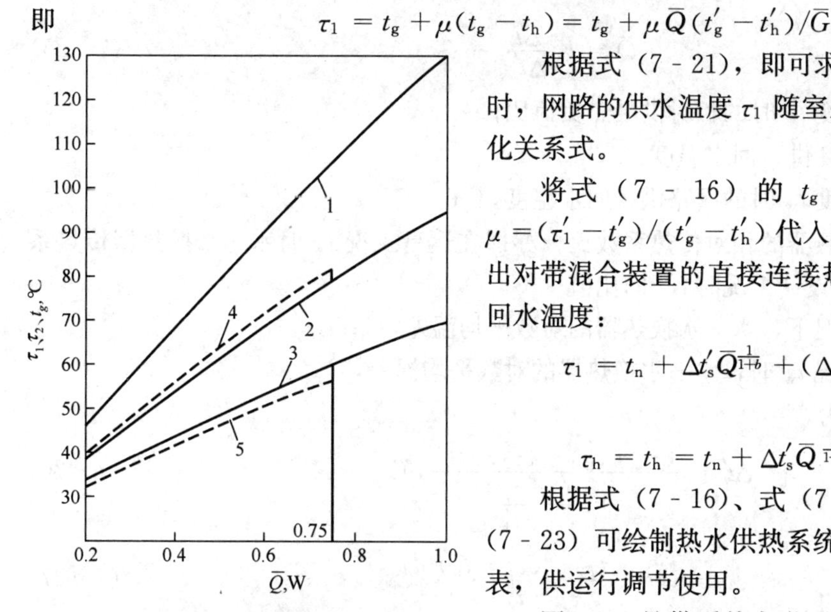

图 7 - 2　按供暖热负荷进行供热质调节的水温调节曲线图

1—130℃/95℃/70℃热水供暖系统，网路供水温度 τ_1 曲线；2—130℃/95℃/70℃的系统，混水后的供水温度 $t_{\rm g}$ 曲线，或 95℃/70℃的系统，网路和用户的供水温度 $\tau_2 = t_{\rm g}$ 曲线；3—130℃/95℃/70℃和 95℃/70℃的系统，网路和用户的回水温度 $\tau_2 = t_{\rm h}$ 曲线；4、5—95℃/70℃的系统，按分阶段改变流量的质调节的供水温度（曲线 4）和回水温度（曲线 5）

图 7 - 2 是供暖热负荷进行质调节的水温调节曲线图。由图 7 - 2 和质调节基本公式可知网路的供、回水温度随室外温度的变化有如下规律：

（1）随着室外温度的 $t_{\rm w}$ 的升高，网路和采暖系统的供、回水温度随之降低，供、回水温差也随之减少。

（2）由于散热器传热系数 K 值的变化规律为 $K = a(t_{\rm pj} - t_{\rm n})^b$，因此回水呈一条向上凸的曲线。

（3）随着室外温度的 $t_{\rm w}$ 的升高，散热器的平均计算温差亦随之降低。

2. 间接连接的热水供暖系统质调节

供暖用户系统与热水网路采用间接连接时（图 7 - 3），随室外温度 $t_{\rm w}$ 的变化，需同时对热水网路和供暖用户进行调节。通常，对供暖用户按质调节方式进行供热调节，以保持供暖用户系统的水力工况稳定。供暖用户系统质调节的供、回水温度 $t_{\rm g}/t_{\rm h}$，可以按式（7 - 16）、式（7 - 17）确定。

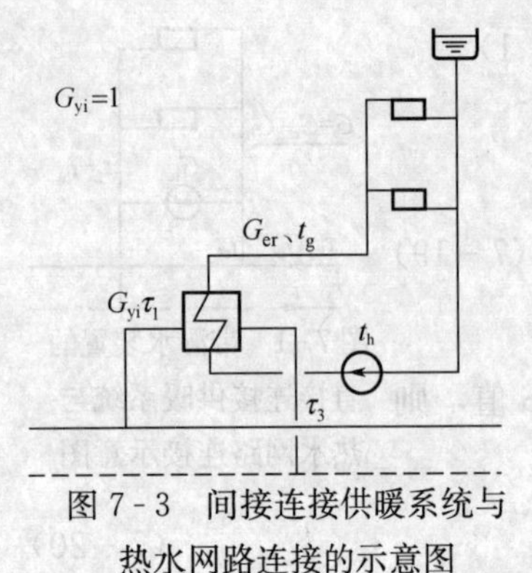

图 7-3 间接连接供暖系统与热水网路连接的示意图

热水网路的供、回水温度 τ_1 和 τ_2，取决于一级网路采取的调节方式和水—水换热器的热力特性。通常可采用集中质调节或质量-流量调节方法。

当热水网路同时也采用质调节时，可引进补充条件 $\overline{G}_{yi}=1$。

根据网路供给热量的热平衡方程式，得出

$$\overline{Q}_{yi}=\overline{G}_{yi}\frac{\tau_1-\tau_2}{\tau_1'-\tau_2'}=\frac{\tau_1-\tau_2}{\tau_1'-\tau_2'} \tag{7-24}$$

根据用户系统入口水—水换热器放热的热平衡方程式，可得

$$\overline{Q}=\overline{K}\frac{\Delta t}{\Delta t'} \tag{7-25}$$

式中 $\overline{Q}$——在室外温度 t_w 时的相对供暖热负荷比；

τ_1'、τ_2'——网路的设计供、回水温度，℃；

τ_1、τ_2——在室外温度 t_w 时的网路供、回水温度，℃；

$\overline{K}$——水—水换热器的相对传热系数比，亦即在运行工况 t_w 时水—水换热器传热系数 K 值与设计工况时 K' 的比值；

$\Delta t'$——在设计工况下，水—水换热器的对数平均温差，℃；

Δt——在运行工况 t_w 时，水—水换热器的对数平均温差，℃。

$\Delta t'$ 和 Δt 的计算式为

$$\Delta t'=\frac{(\tau_1'-t_g')-(\tau_2'-t_h')}{\ln\frac{\tau_1'-t_g'}{\tau_2'-t_h'}},℃ \tag{7-26}$$

$$\Delta t=\frac{(\tau_1-t_g)-(\tau_2-t_h)}{\ln\frac{\tau_1-t_g}{\tau_2-t_h}},℃ \tag{7-27}$$

水—水换热器的相对传热系数 $\overline{K}$ 值取决于选用的水—水换热器的传热特性，由实验数据整理得出。对壳管式水—水换热器，$\overline{K}$ 值可近似地由下列公式计算：

$$\overline{K}=\overline{G}_{yi}^{0.5}\overline{G}_{er}^{0.5} \tag{7-28}$$

式中 $\overline{G}_{yi}$——水—水换热器中，加热介质的相对流量比，此处亦即热水网路的相对流量比；

$\overline{G}_{er}$——水—水换热器中，被加热介质的相对流量比，此处亦即供暖用户系统的相对流量比。

当热水网和用户系统均采用质调节，$\overline{G}_{yi}=1$，$\overline{G}_{er}=1$ 时，可近似认为两工况下水—水换热器的相对传热系数相等，即

$$\overline{K}=1 \tag{7-29}$$

根据式（7-24)、式（7-26）和式（7-29）代入式（7-25)，可得出供热质调节的基本公式。

$$\overline{Q}=\frac{\tau_1-\tau_2}{\tau_1'-\tau_2'}=\frac{t_g-t_h}{t_g'-t_h'} \tag{7-30}$$

$$\overline{Q}=\frac{(\tau_1-t_g)-(\tau_2-t_h)}{\Delta t'\ln\dfrac{\tau_1-t_g}{\tau_2-t_h}} \tag{7-31}$$

在某一室外温度 t_w 下，上两式中 $\overline{Q}$、$\Delta t'$、τ_1'、τ_2' 为已知值，t_g 及 t_h 值可以从供暖系统质调节计算公式确定。未知数仅为 τ_1、τ_2。通过联立求解，即可确定热水网路采用质调节的相应供、回水温度 τ_1 和 τ_2 值。

集中质调节只需在热源处改变网路的供水温度，运行管理简便。网路循环水量保持不变，网路的水力工况稳定。对于热电厂供热系统，由于网路供水温度随室外温度升高而降低，可以充分利用供热汽轮机的低压抽汽，从而有利于提高热电厂的经济性，节约燃料，所以，质调节是目前最为广泛采用的供热调节方式。但由于在整个供暖期中，网路循环水量保持不变，消耗电能较多。同时，对于有多种用户的热水供热系统，在室外温度较高时，往往难以满足其他热负荷的要求。例如，对连接有热水供应热用户的网路，供水温度就不应低于70℃。热水连接通风用户系统时，如网路供水温度过低，在实际运行中，通风系统的送风温度过低也会产生吹冷风的不舒适感。在这种情况下，就不能再按质调节的调节方式，而是需要保持供水温度不再降低，用减小供热小时数的调节方法，即采用间歇调节，或其他调节方式进行供热调节。

二、分阶段改变流量的质调节

分阶段改变流量质调节，是在供暖期之中按室外温度高低分成几个阶段，在室外温度较低的阶段中，保持设计最大的流量，而在室外温度较高的阶段中，保持较小的流量。在每一阶段内，网路的循环水量始终保持不变，按改变网路供水温度的质调节进行供热调节，即令

$$\varphi=\overline{G}=\text{const}$$

将这一补充条件代入供暖系统的供热调节基本公式（7 - 13），可求出对无混水装置的供暖系统

$$\tau_1=t_g=t_n+\Delta t_s'\overline{Q}^{\frac{1}{1+b}}+0.5\frac{\Delta t_j'}{\varphi}\overline{Q},℃ \tag{7-32}$$

$$\tau_2=t_h=t_n+\Delta t_s'\overline{Q}^{\frac{1}{1+b}}-0.5\frac{\Delta t_j'}{\varphi}\overline{Q},℃ \tag{7-33}$$

对带混水装置的供暖系统

$$\tau_1=t_n+\Delta t_s'\overline{Q}^{\frac{1}{1+b}}+(\Delta t_w'+0.5\Delta t_j')\frac{\overline{Q}}{\varphi},℃ \tag{7-34}$$

$$\tau_2=t_h=t_n+\Delta t_s'\overline{Q}^{\frac{1}{1+b}}-0.5t_j'\frac{\overline{Q}}{\varphi},℃ \tag{7-35}$$

在中小型热水供热系统中，一般可选用两组（台）不同规格的循环水泵。如其中一组（台）循环水泵的流量按设计值100%选择，另一组（台）按设计值的70%～80%选择。在大型热水供热系统中，也可以考虑选用三组不同规格的水泵。由于水泵的扬程与流量的平方成正比，水泵的电功率 P 与流量的立方成正比，节约电能效果显著。因此，分阶段改变流量的质调节的供热调节方式，在区域锅炉房热水供热系统中，得到较多的应用。

对直接连接的供暖用户系统，采用此调节方式时，应注意不要使进入供暖系统的流量过小。通常不应小于设计流量的60%，即 $\varphi=\overline{G}\geqslant 60\%$。如流量过小，对双管供暖系统，由于各层的重力循环作用压头的比例差增大，会引起用户系统的垂直失调。对单管系统，由于

各层散热器传热系数 K 值变化程度不一致，也同样会引起垂直失调。

分阶段改变流量的质调节方式的水温曲线见图 7 - 2。采用分阶段改变流量的质调节，由于流量减小，网路的供水温度升高，回水温度降低，供、回水的温差较大。分阶段改变流量的质调节方式在区域锅炉房热水供热系统中得到了较多的应用。

三、间接连接的热水供暖系统采用质量-流量调节

供暖用户系统与网路间接连接，网路和用户的水力工况互不影响。热水网路可考虑采用质量-流量调节，即同时改变供水温度和流量的供热调节方法。

随室外温度的变化，如何选定流量变化的规律是一个优化调节方法的问题。目前采用的一种方法是调节流量使之随供暖热负荷的变化而变化，使热水网路的相对流量比等于供暖的相对热负荷比，即

$$\overline{G}_{yi} = \overline{Q} \tag{7-36}$$

亦即人为增加了一个补充条件，进行供热调节。

同样，根据网路和水—水换热器的供热和放热的热平衡方程式，得出

$$\overline{Q} = \overline{G}_{yi}\frac{\tau_1 - \tau_2}{\tau_1' - \tau_2'}$$

$$\overline{Q} = \overline{K}\frac{\Delta t}{\Delta t'}$$

又根据相对传热系数比

$$\overline{K} = \overline{G}_{yi}^{0.5}\overline{G}_{er}^{0.5} = \overline{Q}^{0.5} \tag{7-37}$$

可得

$$\tau_1 - \tau_2 = \tau_1' - \tau_2' = \text{const} \tag{7-38}$$

$$\overline{Q}^{0.5} = \frac{(\tau_1 - t_g) - (\tau_2 - t_h)}{\Delta t' \ln\dfrac{\tau_1 - t_g}{\tau_2 - t_h}} \tag{7-39}$$

式（7 - 38）和式（7 - 39）中 $\overline{Q}$、$\Delta t'$、τ_1'、τ_2' 为某一室外温度 t_w 下或供暖室外计算温度 t_w' 下的参数，为已知值，t_g、t_h 可由供暖系统质调节计算公式确定。未知数为 τ_1、τ_2。通过联立方程求解，就可确定热水网路 $\overline{G}_{yi} = \overline{Q}$ 规律进行质量-流量调节时的相应供、回水温度 τ_1、τ_2 值。

采用质量-流量调节方法，室外网路的流量随供暖热负荷的减小而减小，可大大节省网路循环水泵的电能消耗。但系统中需设置变速循环水泵和相应的自控设施（如控制网路供、回水温差为定值或控制变速水泵的转速等措施），才能达到满意的运行效果。

四、间歇调节

当室外温度升高时，不改变网路的循环水量和供水温度，而只减少每天供暖小时数，这种供热调节方式称为间歇调节。

间歇调节可以在室外温度较高的供暖初期和末期，作为一种辅助的调节措施。当采用间歇调节时，网路的流量和供水温度保持不变，网路每天工作总时数 n 随室外温度的升高而减少。它可按下式计算：

$$n = 24\frac{t_n - t_w}{t_n - t_w''}, \text{h/d} \tag{7-40}$$

式中 t_w——间歇运行时的某一室外温度，℃；

t_w''——开始间歇调节时的室外温度（相应与网路保持的最低供水温度），℃。

当采用间歇调节时，为使网路远端和近端的热用户通过热媒的小时数接近，在区域锅炉

房的锅炉压火后，网路循环水泵应继续运转一段时间。运转时间相当于热媒从离热源最近的热用户流到最远热用户的时间。因此，网路循环水泵的实际工作小时数应比由式（7-40）的计算值大一些。

第四节 采暖调节中的重力压头

在进行采暖负荷的质调节和量调节时，由于水温和水量的变化，特别是量调节时，应考虑采暖中重力压头对双管系统的影响，因热网水不仅承受热网水泵所施加的机械压头，而且还受到自然循环的所谓“重力压头”的作用。重力压头是由于采暖的供水和回水立管中水温不同、水的密度不同而形成的（见图7-4），其值可用下式求得

$$H = h\left(1 - \frac{\rho_{rt}}{\rho_{su}}\right) \tag{7-41}$$

$$\Delta p = hg(\rho_{su} - \rho_{rt})$$

式中 h——采暖设备与热网系统连接点的垂直距离；

ρ_{su}、ρ_{rt}——采暖系统供水和回水立管内水的密度。

由于采暖设备的位置不同，其重力压头的数值和对各层的影响也不同，愈是位置高的采暖设备，重力压头的作用愈大。如果把水泵所施加的压头和重力压头一起考虑，会发现它们的方向有时相同，有时相反。重力压头的作用加剧水在高层建筑物顶部采暖设备中的循环，而使底层采暖设备中的水循环受到阻碍，这种现象称为垂直反调节。

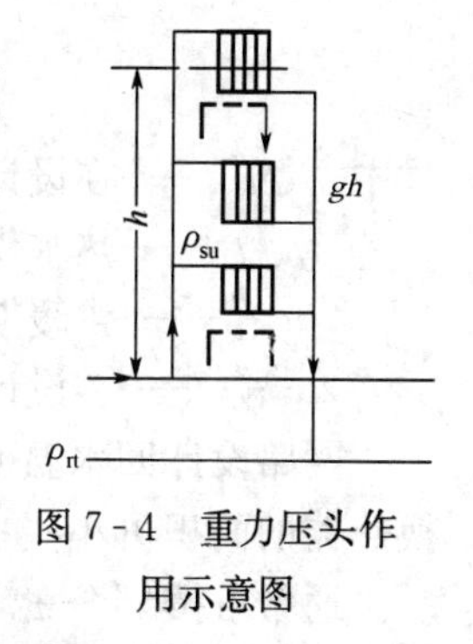

图7-4 重力压头作用示意图

在住宅和公共建筑物的强迫采暖系统中，系统的流动阻力一般为0.0098～0.0196MPa，当采暖建筑物每升高1m，供回水立管中的温差为1℃时，所产生的重力压头为5.8Pa。

采暖热负荷的调节方式不同，其重力压头的影响也是不同的。

（1）当采暖用质调节时，由重力压头产生的垂直反调节对系统的影响较小。因质调节时热网水流量不变，系统的外加机械压头也不变。当采暖热负荷最大时，重力压头为最大值。例如建筑物高20m，热网的供回水温差为25℃，则重力压头为

$$H = 5.8 \times 20 \times 25 = 0.0029\text{MPa}$$

该值约为机械压头的15%～30%。这就是建筑物上层各散热器的流量大于其额定值，而下层散热器中的流量经常小于其额定值，从而形成建筑物上层各房间过热，下层房间过冷的不正常现象。当采暖负荷降低时，供回水温差减少，重力压头的作用亦随之减少。

（2）当采暖负荷用量调节时，由重力压头产生的垂直反调节现象加剧。在热负荷最大时，量调节所产生的重力压头与质调节时是一样的，可是当采暖负荷减小时由于热网水流量相应减小，所需的外加机械压头相应降低，因而使机械压头与重力压头的比值相应减小。此外，因流量减小使热网回水温度降低，供回水立管温差增大，重力压头增加，这样更减小了机械压头和重力压头的比值，使重力压头的相对作用增长得很快，加剧了系统的垂直反调节现象。在同一系统中量调节时的最小垂直反调节等于质调节时的最大垂直反调节。因此，水热网通常不采用中央量调节，只有当建筑物高度低，而流动阻力大的工业建筑物，热网水温不高时才采用量调节。

第五节 供热综合调节

如前所述，对具有多种热负荷的热水供热系统，通常是根据供暖热负荷进行集中供热调节的，而其他热负荷则在热力站或热用户处进行局部调节。这种调节称作综合调节。本节主要阐述目前常用的闭式并联供热系统（见图7-5）当按供暖热负荷进行集中质调节时，对热水供应和通风热负荷进行局部调节的方法。

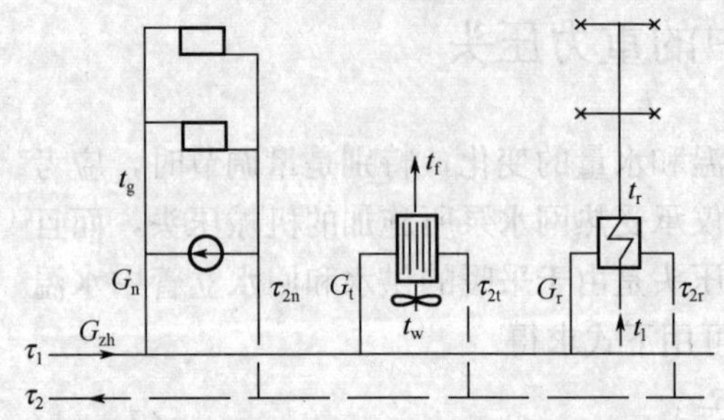

图7-5 闭式并联热水供热系统示意图

1. 热水供应用户系统

热水供应的用热量和用水量，受室外温度影响较少。在设计热水供应用的水—水换热器及其管路系统时，最不利的工况应是在网路供水温度 τ_1 最低时的工况，因为此时换热器的对数平均温差最小，所需散热面积和网路水流量最大。此时，

$$\Delta t_r'' = \frac{(\tau_1''-t_r)-(\tau_{2r}''-t_1)}{\ln\dfrac{\tau_1''-t_r}{\tau_{2r}''-t_1}}, ℃ \tag{7-42}$$

式中 $\Delta t_r''$——在设计工况下，热水供应用的水—水换热器的对数平均温差，℃；

t_r、t_1——热水供应系统中热水和冷水的温度，℃；

τ_1''——供暖期内，网路最低的供水温度，℃；

τ_{2r}''——在设计工况下，流出水—水换热器的网路设计回水温度，℃。

网路设计回水温度 τ_{2r}'' 可由设计者给定。给定较高的值，则换热器的对数平均温差较大，换热器的面积可小些；但网路进入换热器的水量较大，管径较粗，因而是一个技术经济问题。通常可按 $\tau_1''-\tau_{2r}''=30\sim40℃$ 来确定设计工况下的 $\Delta t_r''$ 值。

当室外温度下 t_w 降低时，热水供应用热量被认为变化很小（$\overline{Q}_r=1$，但此时网路供水温度 τ_1 升高。为保持换热器的供热能力不变，流出换热器的回水温度 τ_{2r} 应降低，因此就需要进行局部流量调节。

在室外温度 t_w 下，可列出如下的热平衡方程式

$$\overline{Q}_r = \overline{G}_{yi,r}\frac{\tau_1-\tau_{2r}}{\tau_1''-\tau_{2r}''} = 1 \tag{7-43}$$

$$\overline{Q}_r = \overline{K}\frac{\Delta t_r}{\Delta t_r''} = 1 \tag{7-44}$$

又根据式（7-28）可得

$$\overline{K} = \overline{G}_{yi,r}^{0.5} \tag{7-45}$$

式中 τ_1、τ_{2r}——在室外温度 t_w 下，网路供水温度和流出换热器的回水温度，℃；

$\overline{G}_{yi,r}$——网路供给热水供应用户的相对流量比；

$\overline{K}$——换热器的相对传热系数比；

Δt_r——在室外温度 t_w 下，热水供应用的水—水换热器的对数平均温差，℃。

$$\Delta t_r = \frac{(\tau_1-t_r)-(\tau_{2r}-t_1)}{\ln\dfrac{\tau_1-t_r}{\tau_{2r}-t_1}} \tag{7-46}$$

将式（7－45）代入热平衡方程式，可得

$$\bar{G}_{yi,r}\frac{\tau_1-\tau_{2r}}{\tau_1''-\tau_{2r}''}=1 \tag{7-47}$$

$$\bar{G}_{yyi,r}^{0.5}\frac{(\tau_1-t_r)-(\tau_{2r}-t_1)}{\Delta t_r''\ln\frac{\tau_1-t_r}{\tau_{2r}-t_1}}=1 \tag{7-48}$$

在上两式中，$\bar{G}_{yir}$、τ_{2r}为未知数。通过试算或迭代方法，可确定在某一室外温度 t_w 下，对热水供应用热负荷进行流量调节的相对流量比和相应的流出水—水换热器的网路回水温度。对热水供应用热用户的网路回水温度曲线为 $\tau_{2r}''-\tau_{2r}'$，见图 7－6（a），相应的流量图见图 7－6（b）。

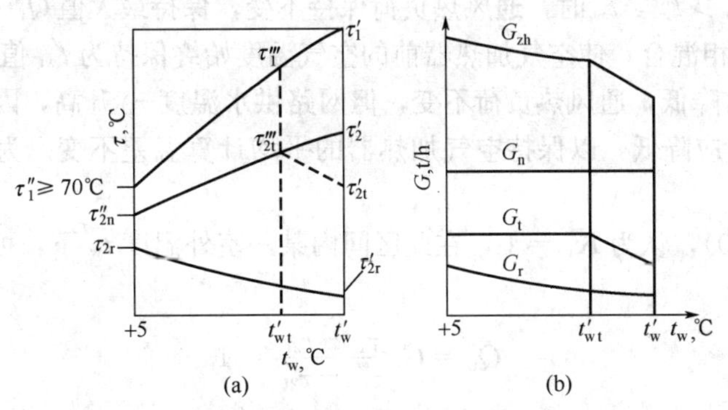

图 7－6　热水供应热用户网路回水温度与流量

（a）并联闭式热水供热系统供热综合调节水温曲线示意图；（b）各热用户和网路总水流量图

t_w'—供暖室外计算温度，℃；t_{wt}'—冬季通风室外计算温度，℃；G_n，G_t，G_r—网路向供暖、通风、热水供应用户系统供给的水流量，t/h；G_{zh}—网路的总循环水量，t/h

2. 通风用户系统

在供暖期间，通风热负荷随室外温度变化而变化。最大通风热负荷开始在冬季通风室外温度 t_{wt}'时刻，当 t_w 低于 t_{wt}' 时，通风热负荷保持不变，但网路供水温度升高，通风的网路水流量减小，故应以 t_{wt}' 作为设计工况。在设计工况 t_{wt}' 下，可列出下面的热平衡方程式

$$Q_t'=G_t'(\tau_1'''-\tau_{2t}''')=K_t'''A(\tau_{pj}'''-t_{pj}''') \tag{7-49}$$

式中　Q_t'——通风设计热负荷；

G_t'——在设计工况 t_w' 下，网路进入通风用户系统空气加热器的水流量；

τ_1'''、τ_{2t}'''——在设计工况下，空气加热器加热热媒（网路水）的进、出口水温，可由供暖热负荷进行集中质调节的水温曲线确定；

A——空气加热器的加热面积；

τ_{pj}'''——在设计工况 t_w' 下，空气加热器加热热媒（网路水）的平均温度，$\tau_{pj}'''=(\tau_1'''+\tau_{2t}''')/2$；

t_{pj}'''——在设计工况 t_w' 下，空气加热器被加热热媒（空气）的进、出口平均温度，$t_{pj}'''=(t_{wt}'+t_f')/2$；

t_f'——在设计工况 t_w 下，通风用户系统的送风温度；

K_t'''——在设计工况 t_w' 下，空气加热器的传热系数。

空气加热器的传热系数，在运行过程中，如通风风量不变，加热热媒温度和流量参数变化幅度不大时，可近似认为常数，即

$$\overline{K}_t = \frac{K_1}{K_t'''} \tag{7-50}$$

式中　$\overline{K}_t$——空气加热器的相对传热系数比，即任一工况下传热系数与设计工况时的比值。

在室外温度 $t_w \geqslant t'_{wt}$ 的区域内，通风热负荷随着室外温度 t_w 升高而降低。相应地，由于网路是按供暖热负荷进行集中质调节的，网路的供水温度 τ_1 也相应下降。如对通风热负荷也采用质调节，可以得出：通风质调节与供暖质调节曲线中的回水水温差别很小。因此，在此区域内，流出空气加热器的网路回水温度 τ_{2t} 曲线，认为与供暖的回水温度曲线接近，可按同一条回水温度曲线绘制水温调节曲线图。

在室外温度 $t'_{wt} > t_w \geqslant t'_w$ 时，通风热负荷保持不变，保持最大值 Q'_t（$\overline{Q}_t = 1$）。室内再循环空气与室外空气相混合，使空气加热器前的空气温度始终保持为 t'_{wt} 值。

当室外温度 t_w 降低，通风热负荷不变，但网路供水温度 τ_1 升高，因而流出空气加热器的网路回水温度 τ_{2t}应降低，以保持空气加热器的平均计算温差不变。为此需要进行局部的流量调节。

根据式（7-50），认为 $\overline{K}_t = 1$，在此区间内某一室外温度 t_w 下，可列出下列两个热平衡方程式：

$$\overline{Q}_t = \overline{G}_t \frac{\tau_1 - \tau_{2t}}{\tau_1''' - \tau_{2t}'''} = 1 \tag{7-51}$$

$$\overline{Q}_t = \frac{\tau_1 + \tau_{2t} - t'_{wt} - t'_f}{\tau_1''' + \tau_{2t}''' - t'_{wt} - t'_f} = 1 \tag{7-52}$$

上两式联立求解，得出

$$\tau_{2t} = \tau_1''' + \tau_{2t}''' - \tau_1 \tag{7-53}$$

$$\overline{G}_t = \frac{\tau_1''' - \tau_{2t}'''}{2\tau_1 - \tau_1''' - \tau_{2t}'''} \tag{7-54}$$

整个供暖期中，流出空气加热器的网路回水温度曲线以曲线 $\tau_{2n}'' - \tau_{2t}''' - \tau_{2t}'$ 表示，如图 7-6（a）所示，相应的水流量曲线如图 7-6（b）所示。

通过以上述分析和从图 7-6（b）可见，对具有多种热用户的热水供热系统，热水网路的设计（最大）流量，并不是在室外供暖计算温度 t'_w 时出现，而是在网路供水温度 τ_1 最低的时刻出现。因此，制定供热调节方案，是进行具有多种热用户的热水供热系统网路水力计算的重要步骤。

如前所述，前面分析的热水供热系统，假设是不需要采用间歇调节的情况。如对供暖室外计算温度 t'_w 较低而供热系统的设计供水温度 τ 又较低的情况（如 $t'_w \leqslant -13$℃，$\tau_1 \leqslant 130$℃时），在开始和停止供热期间，网路的供水温度 τ_1，如按质调节供热，就会低于 70℃，因此不得不辅以间歇调节供热，以保证热水供应系统用水水温的要求。对需要采用间歇调节的热水供热系统，在连续供热期间，供热综合调节的方法与上述例子完全相同。在间歇调节期间，对通风热用户，由于通风热负荷随室外温度升高而减小，但网路供水温度 τ_1 在间歇调节期间总保持不变，因而需要辅以局部的流量调节。对热水供应用户的影响，视其采用间歇调节方式而定，即采用热源处集中间歇调节，还是利用自控设施，在热力站处进行局部的间歇调节。

第八章　供热式汽轮机

第一节　供热式汽轮机的型式及其特点

一、供热式汽轮机的型式

供热式汽轮机是一种同时承担供热和发电两项任务的汽轮机，主要有背压式（纯背压式B型机、抽汽背压式CB型机）、调节抽汽式（一次调节抽汽式C型机、两次调节汽式CC型机）和凝汽-采暖两用机组（NC型机）三种类型。提高汽轮机排汽压力，由排汽向热用户直接供热或采用热交换器的方式向热用户供热，这种利用做过功的排汽进行供热的汽轮机，称为背压式汽轮机。从汽轮机某中间级抽出做过功的蒸汽，向外界热用户供热，减少进入凝汽器内的排汽量，这种利用中间抽汽供热方式的机组，称为抽汽式汽轮机组。抽汽式汽轮机是将汽轮机的某一级或两级抽汽供给热用户；其余的蒸汽和纯凝汽电厂一样回热和做功。凝汽-采暖两用机组是在中压缸至低压缸的导汽管上设置了蝶阀，在采暖期以减少发电来增加对外供热，在非采暖期仍然为凝汽式机组。大型热电站用的供热式汽轮机，几乎都是一方面通过电网供电，一方面通过热网向热用户供热。为了完成供电和供热两项任务，供热式汽轮机必须在一定的装置系统中工作，才能获得满意的效果。

二、供热式汽轮机的特点

背压式汽轮机的排汽用来供热，排汽放出的热量不再是一项能量损失。机组的热耗率与热力系统的循环热效率和机组的相对内效率无关，而只决定于锅炉效率、管道效率、机械效率和发电机效率。蒸汽在汽轮机内的焓降只取决于蒸汽的初参数和终参数。背压式机组排汽压力和过热度根据有关资料确定后，其排汽量由总供热量决定。背压式机组的排汽状态和供热量以及回水参数确定后，其进汽量也就确定了。这时背压式机组能够发出的功率决定于进汽和排汽参数。进汽参数越高，其绝热焓降也越大，所发出的功率也越大。在对热电厂进行全面分析之后才能选择最佳进汽参数，国产背压机组3～12MW的进汽参数一般为3.43～4.9MPa，温度为435℃。其背压因机而异，最低的为0.29MPa，最高的为3.63MPa。背压机组在运行中不得使排汽压力过多地低于额定压力，以防止末级叶片超负荷运行，致使设备损坏。在运行中背压式汽轮机是按照“以热定电”的运行方式，电能和热能不能单独调节，没有热负荷时，背压机不能单独运行。当用户要求增加热负荷时，必须多供给汽轮机蒸汽，这样发电量也要相应增加。当满足供热时，所差的电容量由电网补偿，因而增大了电网的备用容量。

抽汽式机组克服了背压式机组供热的缺点，可同时满足热、电负荷两者随时变化的需要。抽汽从汽轮机的某中间级抽出送往热用户，蒸汽在热用户放热后，其凝结水又被部分或全部回收至电厂的疏水回收器中，再由水泵重新送往锅炉循环使用。如果在运行中热负荷增大时，汽轮机则根据热负荷的需要增大进汽量，满足外界热负荷增加的需要。汽轮机进汽量增加，电负荷亦相应增大，这时为维持电负荷不变，由中压调节汽阀控制进入汽轮机低压缸的进汽量，减少低压缸的负荷，而高压缸负荷相应增加时总发电量保持不变，使热、电负荷达到了新的平衡。因此抽汽式汽轮机在热负荷不够稳定的热电厂中得到广泛采用。当外界热负荷变动时，可以同时调节供热用的抽汽量和汽轮机总的进汽量，以使发电量保持不变。

凝汽-采暖两用机组是一种把大型凝汽式机组改造成供热机组的，在中低缸的导汽管上设置了蝶阀用以调节抽汽量，在采暖期供热，在非采暖期仍以纯凝汽式机组运行。它的高压缸通流容积是按凝汽流设计的，所以当抽汽供热时，电功率减少，以牺牲电功率来增加供热量。由于在导汽管上蝶阀压损的影响，在非采暖期虽为凝汽机组，热经济性仍会下降约0.1%~0.5%。在抽汽运行时具有抽汽式汽轮机的特点，但它的设计制造简单，成本低，是适应热电联产事业迅速发展的一项有效措施。

三、供热式机组机型选择

对于生产工艺热负荷等的全年性热负荷，一年四季变化不大，一般可选用背压式或抽汽式机组，具体以两种机型的节煤量为基础，再通过全面的技术经济比较确定。

对于采暖、通风等的季节性热负荷，在全天中相对比较稳定而在全年中变化很大，只有采暖期才存在，一般选用凝汽-采暖两用机组或抽汽式机组，具体也是以两种机型的节煤量为基础，再通过全面的技术经济比较确定。

当一台机组要同时承担全年性热负荷和季节性热负荷时，应装设抽汽式机组。

第二节　背压式汽轮机

一、背压式汽轮机的类型及特点

背压式汽轮机的主要任务是在一定的排汽参数下供应用户规定的蒸汽量，并能同时发出一定的电能。它与凝汽式汽轮机相比，没有凝汽设备。由于没有凝汽器中的冷却损失，所以在经济上是优越的。

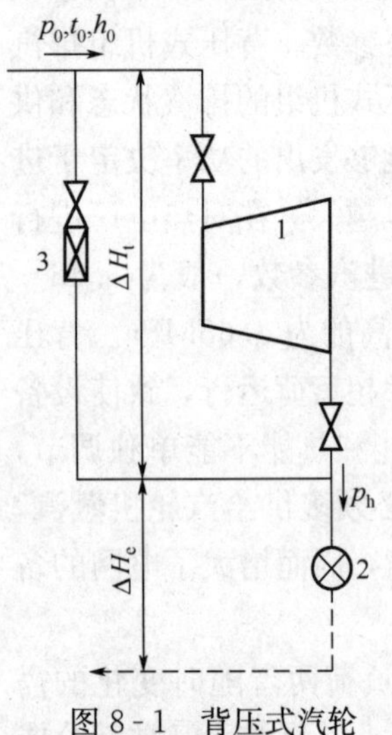

图8-1　背压式汽轮机装置简图

1—背压式汽轮机；2—热用户；3—减温减压器

在背压式汽轮机中，背压与初压的比值较大，所以蒸汽在汽轮机内焓降较小。若采用节流调节，则在低负荷下，节流损失较大，机组效率降低较大，因此背压式汽轮机一般采用喷嘴调节。若热负荷变化较大，调节级焓降应选得大些，一般常采用双列速度级，以保证机组在工况变动时效率改变不大；若热负荷比较稳定，为了尽可能提高机组效率，调节级采用单列级，其焓降就可选得小些。

背压式汽轮机总的理想焓降虽然小些，但总流量较大，所以在同样功率和平均直径的条件下与凝汽式汽轮机相比，叶片长度与部分进汽度均较大，机组效率较高。同时，由于各级的蒸汽比体积变化不大，所以通流部分的平均直径及叶高变化不大，因此，结构上可使叶轮轮缘外径相等。非调节级各级也可以选择相同的叶栅。这些情况基本上与凝汽式汽轮机高压部分相似。

背压式汽轮机无法同时满足热、电两种负荷。其基本的运行方式是：“以热定电”，电能并入电网，电负荷的变动由电网中并列运行的其他机组承担。热负荷缺少的供热蒸汽由锅炉减温减压后供给，此时热电厂的经济性要下降。

如果需要将现有的中压电厂加以改造，可以设置背压式汽轮机，用它的排汽供给进汽压力较低的汽轮机使用。这种背压式汽轮机称为前置式汽轮机，其排汽压力要根据原有机组的参数选择。

二、背压式汽轮机热、电负荷间的关系

当背压式汽轮机单独运行时，新蒸汽经主汽门和调节阀进入汽轮机做功后，排汽在调压器规定的压力下进入供热装置，送往用户。蒸汽热量被利用后，凝结为水，引回电厂再由给水泵送入锅炉。一般情况下其凝结水不能全部回收，所以总需要另外补充给水。当背压式汽轮机维持稳定的背压向热用户供汽时，其供热量 Q_h 为

$$Q_h = D_h \Delta H_e \tag{8-1}$$

式中 ΔH_e——1kg 蒸汽的供热量，kJ/kg；

D_h——供热蒸汽量，kg/h。

此时，汽轮机的功率为

$$P_e = \frac{D_0 \Delta H_t h_{ri} \eta_m \eta_g}{3600} \tag{8-2}$$

当背压式汽轮机无回热系统时，排汽量等于汽轮机的进汽量，即 $D_h = D_0$。而整个机组的理想焓降已由蒸汽初、终参数所确定，背压式汽轮机发出的电功率决定于当时热负荷的大小，不能单独变动，即背压式汽轮机不能同时满足热、电负荷的需要。因此，在没有电网供电的地区，背压式汽轮机不能单独运行，而必须与凝汽式汽轮机并列运行。背压式汽轮机完全按照热负荷的大小工作，并同时供应一部分电能，不足的电能则由电网中其他凝汽式汽轮机供应。当热负荷大于背压式汽轮机最大排汽量时，或背压机事故检修期间，由锅炉来的蒸汽减温减压后向热用户供热。这种运行方式能同时满足热电负荷的要求，不过前者存在冷源损失，后者存在节流损失，都是不经济的。

上述的运行方式，由于蒸汽在凝汽式汽轮机的高压部分和背压式汽轮机中工作时，容积流量都很小，效率不高。因此提出了背压式汽轮机与一台或几台利用其排汽工作的低压凝汽式汽轮机串联运行，即按前置式汽轮机方式布置。这时它的发电量主要由低压机组所需要的总蒸汽量决定，并根据此总汽量利用调压器控制背压汽轮机的进汽量，以保持低压机组前压力稳定不变。低压机组则根据电负荷的需要来调节其进汽量，从而改变前置汽轮机的排汽量，但不能由前置汽轮机直接根据电负荷大小控制其进汽量。

第三节 抽汽式汽轮机

一、一次调节抽汽式汽轮机

一次调节抽汽式汽轮机是指将做过功的一部分蒸汽从汽轮机中间抽出供给热用户，其余蒸汽继续膨胀做功，最后排至凝汽器。相当于将并列运行的背压式汽轮机与凝汽式汽轮机合并而成，可同时满足热电两种负荷的需要。如图 8-2 所示。

一次调节抽汽式汽轮机由高压部分 1 和低压部分 2 组成。新蒸汽通过调节阀 4 在机组的高压部分膨胀做功后，分成两股，一股 D_h 通过逆止阀和截止阀供给热用户 6，另一股 D_c 经过中压调节阀 5 进入低压部分继续膨胀做功后，排入凝汽器 3。由于有了调节抽汽，使流经高压缸和低压缸的流量相差较大，在调节阀中有较大的节流损失，而且工况变化范围也大。因此，机组在设计之前，详细了解该机组的主要运行工况，合理地确定各汽缸的设计流量。

如某一调节抽汽式机组在凝汽工况下的电功率不大，且电功率又随热负荷增加而增大，则其低压缸的设计流量就可以选得低些，这样不仅可提高机组运行的经济性，还可减小低压部分尺寸，降低机组的造价；若调节抽汽机组的抽汽量不大，则低压缸的设计流量应略低于凝汽工况下额定功率的蒸汽量，而高压缸则略高于上述蒸汽量。在大多数情况下，低压缸的设计流量比高压缸的低得多，因此低压缸的通流部分尺寸往往并不大，要比同等功率的凝汽式机组小得多。

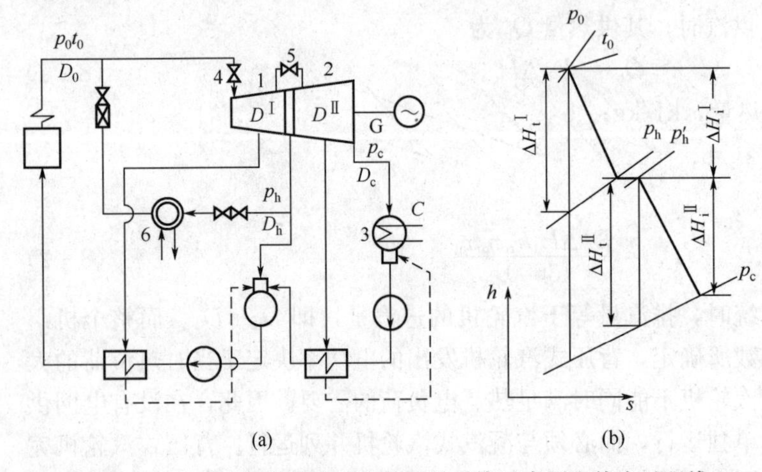

图 8-2　一次调节抽汽式汽轮机的系统示意图和热力过程线

(a) 热力系统简图；(b) 热力过程线

1—高压部分；2—低压部分；3—凝汽器；

4—调节阀；5—中压调节阀；6—热用户

二、一次调节抽汽式汽轮机功率与流量的关系

由于调节抽汽式汽轮机各汽缸的最大流量工况极少遇到，所以一般设计的最大功率选择为额定功率的1.2倍。

如果用 P_i^{I} 和 P_i^{II} 表示一次调节抽汽式汽轮机高压部分和低压部分的内功率。D^{I}、D_h 和 D^{II} 分别表示进汽量、调节抽汽量和低压部分流量，且不考虑任何回热抽汽量。在任何情况下，都有以下的关系式：

$$D^{I} = D_h + D^{II} \tag{8-3}$$

$$P_i = P_i^{I} + P_i^{II} \tag{8-4}$$

用图 8-2 的符号，则汽轮机的内功率 P_i 及电功率 P_e 分别为

$$P_i = P_i^{I} + P_i^{II} = \frac{D^{I}\Delta H_t^{I}\eta_{ri}^{I}}{3600} + \frac{D^{II}\Delta H_t^{II}\eta_{ri}^{II}}{3600} \tag{8-5}$$

$$P_e = (P_i - \Delta P_m)\eta_g = \left(\frac{D^{I}\Delta H_t^{I}\eta_{ri}^{I}}{3600} + \frac{D^{II}\Delta H_t^{II}\eta_{ri}^{II}}{3600} - \Delta P_m\right)\eta_g \tag{8-6}$$

$$P_e = \left(\frac{D^{I}\Delta H_t\eta_{ri}}{3600} - \frac{D_h\Delta H_t^{II}\eta_{ri}^{II}}{3600} - \Delta P_m\right)\eta_g \tag{8-6a}$$

式中　P_i——汽轮机总的内功率，kW；

ΔH_t^{I}、η_{ri}^{I}——高压部分的理想焓降（kJ/kg）和相对内效率；

ΔH_t^{II}、η_{ri}^{II}——低压部分的理想焓降（kJ/kg）和相对内效率；

η_{ri}——整机相对内效率。

由于一次调节抽汽式汽轮机的内功率等于高、低压两部分所产生的内功率之和，对于某一供热抽汽量 D_h，可调节进汽量 D_0 以得到不同的功率，即一次调节抽汽式汽轮机在一定的电负荷范围内，可以同时满足热、电负荷的要求。同样，对某一电负荷 P_e，可调节进汽量 D_0，在一定的热负荷范围内也可以满足热、电负荷的要求。

三、一次调节抽汽式汽轮机的工况图

一次调节抽汽式汽轮机的进汽量、调节抽汽量及功率之间的关系曲线称为该机组的工况

图。为了讨论方便和图形简化，假定低压缸的理想焓降和内效率都不随流量而变，于是其功率与流量之间成直线关系。如图 8 - 3 所示。

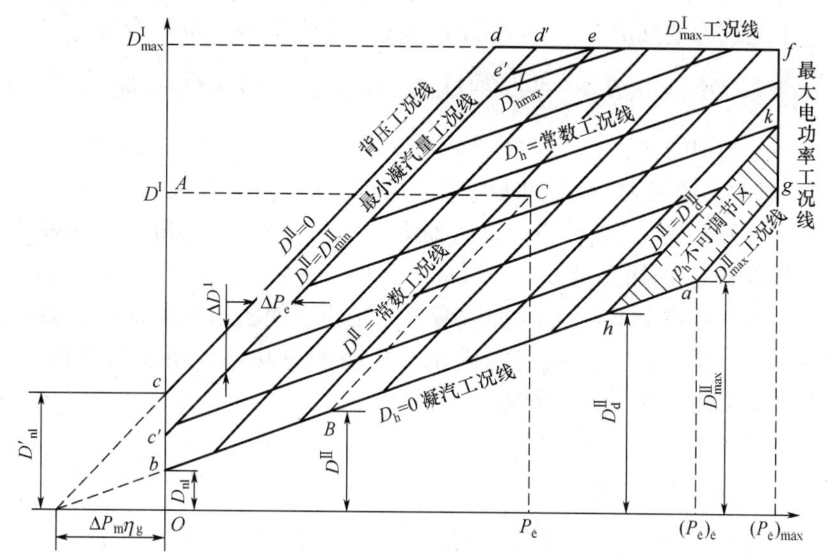

图 8 - 3 一次调节抽汽式汽轮机的简化工况图

1. 凝汽工况线

当供热抽汽量 $D_h=0$ 时，全机相当于凝汽式汽轮机，因此 $D_h=0$ 时，机组功率与流量的关系曲线称为凝汽工况线，如图 8 - 3 中的 ba 线。由式（8 - 6a）知

$$D^{I}=\frac{3600}{\Delta H_t\eta_{ri}\eta_g}P_e+\frac{3600}{\Delta H_t\eta_{ri}}\Delta P_m=d_1P_e+D_{nl} \tag{8-7}$$

根据假定条件，d_1 和 D_{nl}都为常数，d_1 为汽耗微增率，即 ba 线的斜率；D_{nl}是空载汽耗量，如图 8 - 3 所示。以电功率表示的机械损失 $\Delta P_m\eta_g$ 是消耗掉的，并未在发电机端输出。

2. 背压工况线

在低压段流量 $D^{II}=0$ 时，相当于背压式汽轮机，因此 $D^{II}=0$ 时，机组功率与流量的关系曲线称为背压工况线，如图 8 - 3 中的 cd 线。这时式（8 - 6）可变为

$$D^{I}=\frac{3600}{\Delta H_t^{I}\eta_{ri}^{I}\eta_g}P_e+\frac{3600}{\Delta H_t^{I}\eta_{ri}^{I}}\Delta P_m=d'_1P_e+D'_{nl} \tag{8-8}$$

由于 $\Delta H_t^{I}<\Delta H_t$，所以 $d'_1>d_1$，$D'_{nl}>D_{nl}$。故背压工况线比凝汽工况线陡一些，且截距更大。

3. 最小凝汽量工况线

为了带走低压段叶轮、叶片高速旋转所产生的鼓风摩擦损失，避免低压段温度过高危及安全，低压段至少应流过一最小流量 D_{min}^{II}（通常称为最小通风流量），D_{min}^{II} 一般为低压段设计流量 D_d^{II} 的 5%～10%，所以低压缸调节阀或旋转隔板关到最小位置时，应仍有最小通风流量进入低压段。故低压段流量 D^{II} 应大于等于最小凝汽量 D_{min}^{II} 。因此，$D^{II}=D_{min}^{II}$ 时机组功率与流量的关系曲线称为最小凝汽量工况线，如图 8 - 3 中的 $c'd'$ 线。这时式（8 - 6）可变为

$$D^{I}=d'_1P_e-\frac{\Delta H_t^{II}\eta_{ri}^{II}}{\Delta H_t^{I}\eta_{ri}^{I}}D_{min}^{II}+D'_{nl}=d'_1P_e+D'_{nl}-\Delta D_{min} \tag{8-9}$$

由于 d_1' 与 cd 线相同，故最小凝汽量工况线平行于 cd，且在 cd 线的下方。

4. 等抽汽量工况线

等抽汽量工况线为抽汽量 D_h = 常数的工况线，这时式（8 - 6a）变为

$$D^{\mathrm{I}} = d_1 P_e + \frac{\Delta H_t^{\mathrm{II}} \eta_{ri}^{\mathrm{II}}}{\Delta H_t \eta_{ri}} D_h + D_{nl} = d_1 P_e + d_2 D_h + D_{nl} \tag{8 - 10}$$

斜率 d_1 与 ba 线相同，故 D_h = 常数工况线都平行于 ba；$d_2 D_h > 0$，故 D_h = 常数线位于 ba 线之上。D_h 越大，同一 P_e 对应的 D^{I} 越大。实际上凝汽工况线 ba 是等抽汽量工况线中 $D_h = 0$ 的特例。如图 8 - 3 中的 d' 点是最大抽汽工况点，它是最小凝汽工况线与最大抽汽工况线的交点，所以 d' 点的抽汽量 $D_{h,d'} = D_{max}^{\mathrm{I}} - D_{min}^{\mathrm{II}}$。$D_{h,d'}$ 是理论上的最大抽汽量。一般计算时选取的最大抽汽量均小于 d' 点的抽汽量。这是为了使机组在保证最大抽汽量和低压段最小流量的条件下，还能在一定的范围内增加机组的总功率，便于电负荷的调节。$D_h = D_{h,max}$ 的 ee' 线段称为最大抽汽量工况线。

5. 等凝汽量工况线

等凝汽量工况线为 D^{II} = 常数的工况线。这时式（8 - 6）变为

$$D^{\mathrm{I}} = d_1' P_e - \frac{\Delta H_t^{\mathrm{II}} \eta_{ri}^{\mathrm{II}}}{\Delta H_t^{\mathrm{I}} \eta_{ri}^{\mathrm{I}}} D^{\mathrm{II}} + D_{nl}' = d_1' P_e - d_2' D^{\mathrm{II}} + D_{nl}' \tag{8 - 11}$$

斜率 d_1' 和 cd 线相同。故 D^{II} = 常数工况线都平行于 cd；$d_2' D^{\mathrm{II}} > 0$，故 D^{II} = 常数工况线位于 cd 线之下，且 D^{II} 越大，相同 P_e 时 D^{I} 越小，即 D^{II} = 常数工况线越靠下方。实际上背压工况线 cd 是等凝汽工况线中 $D^{\mathrm{II}} = 0$ 的特例。

ag 为最大凝汽量 D_{max}^{II} 工况线。当调节抽汽量 $D_h = 0$ 时，高、低压段流量相等，汽轮机应能发出额定功率，这时低压段达最大流量 D_{max}^{II}，这种工况较少，若以 D_{max}^{II} 作为低压段设计流量，则通流面积太大，经常运行工况的效率太低，故低压段设计流量 D_d^{II} 一般是 D_{max}^{II} 的 65%～80%。

低压段流量为设计流量 D_d^{II} 时，中压调节阀已全开，当低压段流量 D^{II} 继续增大时，只能靠升高抽汽室中的压力 p_h 来增加流量，故 hk 与 ag 两线间为抽汽压力 p_h 的不可调区。

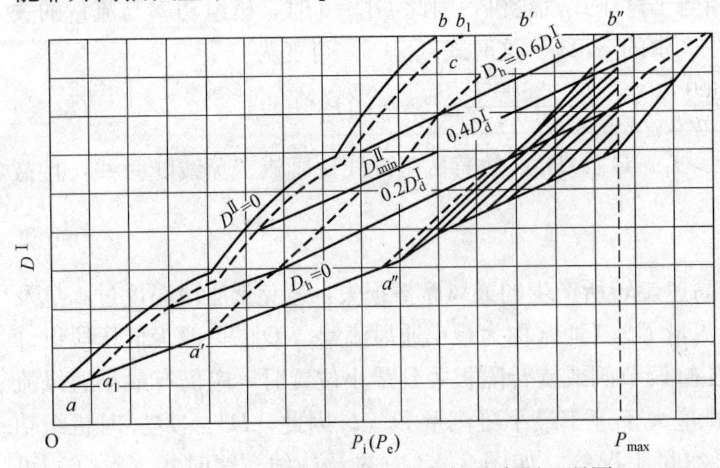

图 8 - 4 一次调节抽汽式汽轮机的实际工况图

高压调门全开时的工况线 ef 为最大进汽量 D_{max}^{I} 工况线，gf 为最大电功率工况线。图 8 - 3 中所围成的封闭面积 $abc'e'efga$ 上任何一点，都代表着汽轮机的一种运行工况。当 D^{I}、D^{II}、D_h 与 P_e 四值中任意两个已知时，即可由工况图求出另外两个。

真实的一次调节抽汽式汽轮机的工况图（如图 8 - 4）考虑了回热抽汽的影响，同时考虑了高压调门的节流作用，故各曲线呈波浪形。所有波浪形的节点都落在三条 D^{I} 等于常数的曲线上，因为在这三个进汽量下没有部分开启的调节阀在工作，所以机组的效率较高，汽

耗率较低。

图 8-5 所示为 C135—13.24/535/535 型汽轮机工况图，已知新汽流量、工业抽汽量、功率三个参数中的两个，即可以查出第三个量。例如：新汽流量为 380t/h、工业抽汽量为 80t/h，由工况图可以查得功率为 110MW。

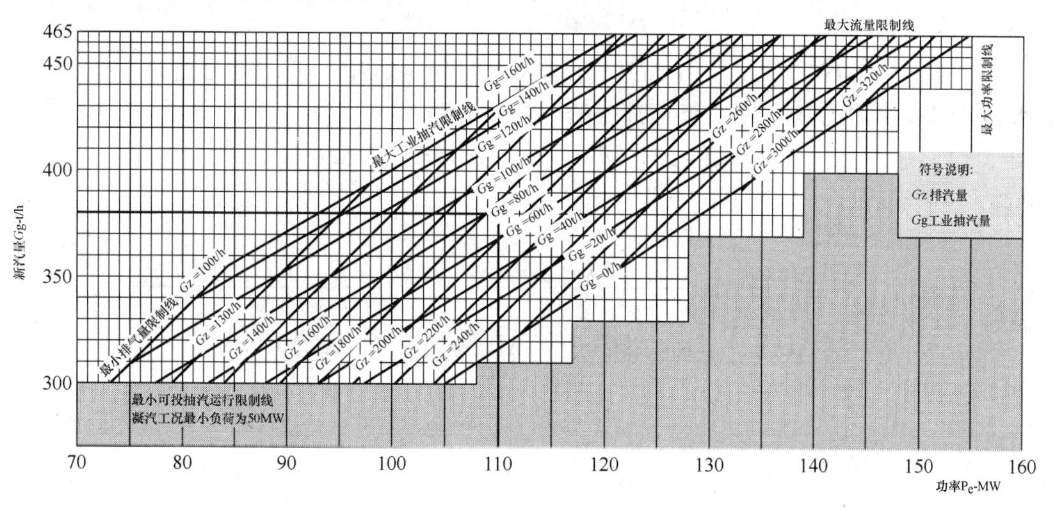

图 8-5 C135—13.24/535/535 型汽轮机工况图

四、二次调节抽汽式汽轮机流量与功率的关系

二次调节抽汽式汽轮机可在两种不同的压力下供热，结构更加复杂，但其工作原理与一次调节抽汽式汽轮机基本相同。其热力系统简图和热力过程曲线如图 8-6 所示，工况图如图 8-7 所示。整个机组分为高、中、低压三部分。参数为 p_0、t_0，流量为 D_0 的蒸汽进入汽轮机高压部分，在高压缸内膨胀至压力 p_{h1} 后，一部分蒸汽 D_{h1} 供给工业热用户 4，另一部分蒸汽 $D_2=D_0-D_{h1}$ 经调节阀 5 进入汽轮机的中压部分 2，在中压缸内膨胀至压力 p_{h2} 后，又有一部分蒸汽 D_{h2} 供采暖用户 6，剩余的蒸汽 D_c 经调节阀 7 进入汽轮机的低压部分继续膨胀做功，最后以压力 p_c 排入凝汽器。

该机设有高、中、低压三层调节阀，三者都要同时受调速器和 p_{h1}、p_{h2} 的调压器控制，以保证电功率和两种热负荷可分别自由变动，所以调节系统相当复杂。例如，当 D_{h1}、D_{h2} 都不变，P_e 变小时，调整器控制三个调门同时关小，使高、中、低压段的流量减少量相等，这时 D_{h1} 与 D_{h2} 不变，三段少发的电功率之和应等于外界减少的电负荷。其他情况可以类推。

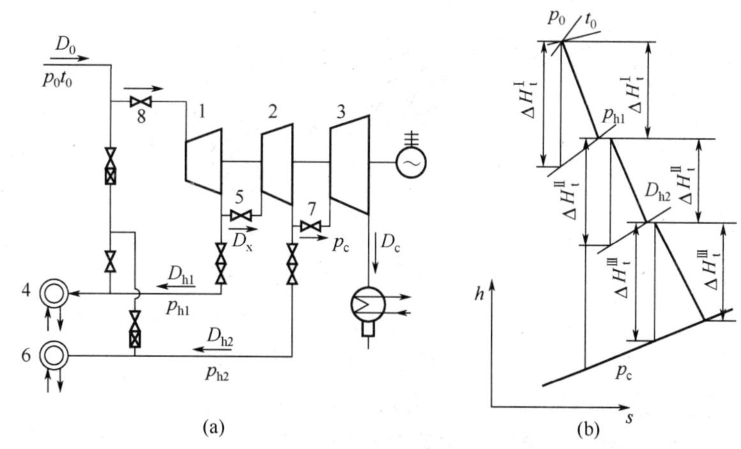

图 8-6 二次调节抽汽式汽轮机的系统示意图和热力过程线

(a) 系统图；(b) 热力过程线

1—高压部分；2—中压部分；3—低压部分；

4、6—热用户；5、7、8—调节阀

两次调节抽汽式汽轮机可以看作是两台背压式汽轮机和一台凝汽式汽轮机彼此串联而成。三部分各有其不同的流量，可发出不同的功率，如果不考虑回热抽汽量、阀杆漏汽及轴封漏气的影响，则在任何工况下，其总功率和进汽量的关系式为

$$D_0 = D_{h1} + D_{h2} + D_c \tag{8-12}$$

$$P_i = P_i^{\mathrm{I}} + P_i^{\mathrm{II}} + P_i^{\mathrm{III}} \tag{8-13}$$

图 8-6 中，ΔH_t^{I}、ΔH_t^{II} 和 $\Delta H_t^{\mathrm{III}}$ 分别表示机组高、中、低压部分的理想焓降，η_{ri}^{I}、η_{ri}^{II} 和 η_{ri}^{III} 分别表示机组高、中、低压部分的内效率，则

$$P_i = \frac{D_0 \Delta H_t^{\mathrm{I}} \eta_{ri}^{\mathrm{I}}}{3600} + \frac{D_2 \Delta H_t^{\mathrm{II}} \eta_{ri}^{\mathrm{II}}}{3600} + \frac{D_c \Delta H_t^{\mathrm{III}} \eta_{ri}^{\mathrm{III}}}{3600} \tag{8-14}$$

或

$$\begin{aligned} P_i &= \frac{D_0 \Delta H_t^{\mathrm{I}} \eta_{ri}^{\mathrm{I}}}{3600} + \frac{(D_0 - D_{h1}) \Delta H_t^{\mathrm{II}} \eta_{ri}^{\mathrm{II}}}{3600} + \frac{(D_0 - D_{h1} - D_{h2}) \Delta H_t^{\mathrm{III}} \eta_{ri}^{\mathrm{III}}}{3600} \\ &= \frac{D_0 \Delta H_t \eta_{ri}}{3600} - \frac{D_{h1}(\Delta H_t^{\mathrm{II}} \eta_{ri}^{\mathrm{II}} + \Delta H_t^{\mathrm{III}} \eta_{ri}^{\mathrm{III}})}{3600} - \frac{D_{h2} \Delta H_t^{\mathrm{III}} \eta_{ri}^{\mathrm{III}}}{3600} \end{aligned}$$

或

$$P_i = P_i^{\mathrm{I}} - \Delta P_{h2} \tag{8-15}$$

则

$$\Delta P_{h2} = \frac{D_{h2} \Delta H_t^{\mathrm{III}} \eta_{ri}^{\mathrm{III}}}{3600} \tag{8-16}$$

式中 P_i^{I}——没有抽汽 D_{h2} 时机组所发出的内功率，kW；

ΔP_{h2}——机组有抽汽 D_{h2} 时在低压部分少发的内功率，kW。

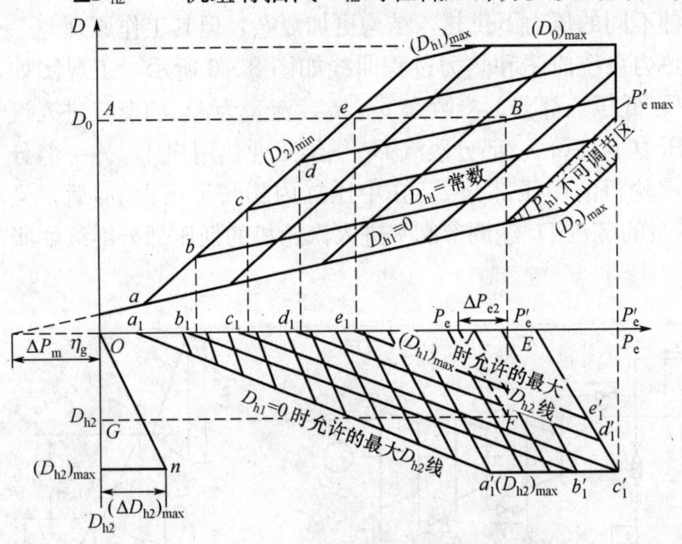

图 8-7 二次调节抽汽式汽轮机的工况图

若已知高、中、低压各部分的焓降和效率，则只要合理地调节各部分的进汽量，或总进汽量和各段抽汽量，使之满足式（8-14）的要求，两次调节抽汽式汽轮机是可以同时满足热、电负荷要求的。

五、调节抽汽背压式汽轮机

两次调节抽汽式汽轮机去掉低压级组后就成为调节抽汽背压式汽轮机，这种汽轮机和两次调节抽汽式汽轮机一样，可以同时供电、供工业用汽和供暖，但由于原来流经低压部分到凝汽器的蒸汽用作低压供热蒸汽，所以这种汽轮机必须用在需要低压供热量很大的场合。因为是背压式汽轮机，要使它在没有电网的地区同时满足三种负荷变化的要求，必须与凝汽式汽轮机并列运行，它的工作原理、工况图、热力设计和热力系统的特点类同上述几种供热式汽轮机，本书不再赘述。

六、抽汽式汽轮机主要参数的选择

1. 设计流量的选择

设计一次调节抽汽式汽轮机时，高压缸的设计流量可选为额定功率和额定抽汽量时总进汽量的 1.2 倍，对于二次调节抽汽式汽轮机中压缸的设计流量可选为额定功率、工业抽汽量

为零而供暖抽汽量为最大时的总进汽量的70%～90%。低压缸的设计流量是机组在额定功率、调节抽汽为零时通过低压缸流量的60%～80%，因为这种工况不常遇到，故其设计流量选得较小些，以免在经常运行工况下，通流面积过大，使效率降低，但是为了带走因摩擦鼓风损失热量，低压缸最小流量应为低压缸设计流量的5%～10%。

蒸汽进入调节抽汽式汽轮机的高压缸或中、低压缸时，都分别有一个调节机构控制其进汽量。为了适应机组工况变动范围大的特点，高压调节机构均毫无例外地采用喷嘴调节，而且调节多数采用双列级。中、低压调节机构可采用喷嘴调节或节流调节。一般工业抽汽因工况变化较大采用喷嘴调节，供暖抽汽多用节流调节。

抽汽调节机构的型式有调节阀和旋转隔板两种，旋转隔板的结构，虽较复杂，但能减少机组的轴向尺寸，功率不太大的抽汽式汽轮机采用了旋转隔板后就有可能设计成单缸结构。低压旋转隔板用来调节低压抽汽的压力和流量，旋转隔板的转动部分（旋转圈）转到不同的位置时，就使隔板本体中的喷嘴组得到不同的开启程度。从而有效地控制抽汽量和进入低压缸的流量。高压旋转隔板为了减少所需的转动力矩，在旋转部分外面设有一个环形的压力平衡室，因此结构更加复杂。所以有些机组采用一般的调节汽阀，而不用旋转隔板。

应当特别指出的是，以上所述的中压缸或低压缸的设计流量是指当中压调节阀或低压调节阀全开的情况下，中压抽汽压力或低压抽汽压力等于设计值时所通过的流量。通过最大流量时，相应的抽汽压力应升高到上限值。

2. 抽汽压力的选择

一次调节抽汽压力应在满足外界热用户的要求下，尽量降低其压力值，这样抽汽的理想焓降较大，可以提高机组的发电量，改善其经济性。如将工业抽汽压力由1～1.2MPa降低到0.6～0.7MPa，供暖抽汽压力由0.12～0.25MPa降低到0.05～0.25MPa，则可使机组的发电经济性显著提高。有些机组甚至采用两次供暖抽汽，高压供暖压力范围为0.06～0.25MPa。低压供暖压力范围为0.03～0.2MPa。这种根据不同需要采用两次供暖抽汽与采用一次供暖抽汽相比可降低燃料消耗量的3%～4%。

由于设计时要求在中、低压调节阀或旋转隔板全开、抽汽压力为设计值时，流过设计流量。当流量小于设计值时，调节阀必须减小开度以维持抽汽压力为设计值不变。而在流量大于设计值至其最大值的范围内，中压或低压调节阀已全开，抽汽压力就将随流量增加而增加，其值将超过设计抽汽压力。

第四节 凝汽-采暖两用机组

凝汽-采暖式机组是一种新型供热式机组，采用在凝汽式机组中低压缸的导汽管上安装蝶阀，在采暖期通过关小蝶阀，减少低压缸的进汽量，即减小电功率的方法来对外供热。它是专为季节性采暖热负荷设计的。其热力系统示意图如图8-8所示。

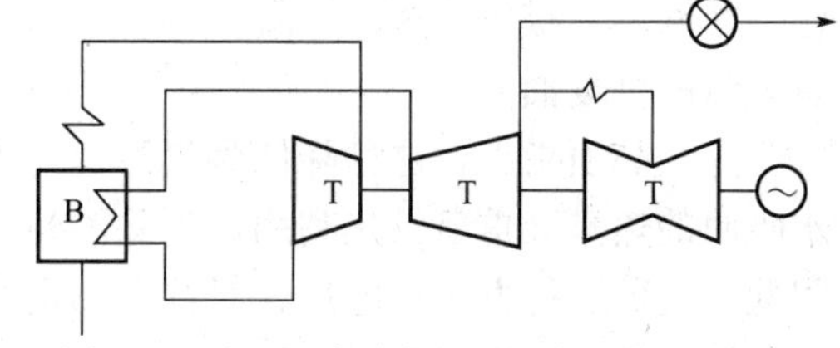

图8-8 凝汽-采暖式机组热力系统示意图

与抽汽式机组供季节性采暖热负荷相比具有以下特点。

(1) 设备利用率高。由于凝汽-采暖式机组按纯凝汽式机组设计，所以一年短时间的采暖期内，仅低压缸、低压加热器和发电机未达到设计能力。大部分时间内按纯凝汽工况运行，所有设备的利用率均可达到100%，可收到最大的投资效益。相反，若采用抽汽式机组，供热工况下发电机虽达到设计能力，而低压缸与低压加热器的利用率同样达不到设计能力。在一年的非供暖期内，锅炉、汽轮机包括进汽部分在内的高压部分、除氧器、给水泵、高压加热器等的能力没有得到发挥，这部分的投资总和远高于发电机。

(2) 非采暖期（8～9个月）具有较高的热效率。凝汽-采暖式机组的热耗仅比同容量的凝汽式机组高0.2%～0.3%，增高部分主要是由蝶阀的额外节流损失引起。相反，在非采暖期抽汽式机组的调节阀远没有开足，高压通流部分的负荷率低，变工况幅度大，总的热效率降低2%～3%。

(3) 机组设计工作量小。与同容量同型式的凝汽式汽轮机本体上通用，且主辅机配套基本相同。

(4) 凝汽-采暖式机组可起到缓解电空调器引起的夏季用电高峰的作用。以东方汽轮机厂生产的NC300为例，冬季采暖期NC机组比额定功率少发电约28%，夏季NC机组基本恢复铭牌功率，夏季比冬季发电量多，可起到缓解电空调器引起的夏季用电高峰的作用。

(5) 与凝汽式机组在电网中形成冬夏容量互补。以东方汽轮机厂生产的NC300与N300机组为例，冬季采暖期NC机组比额定功率少发电约28%，此时N型机组处于冬季低背压下，与额定背压比可增加电功率约2%。夏季NC机组基本恢复铭牌功率，而N型机组却因高背压少发电约3%，从而形成冬夏容量互补。由此可减小电网中的补偿容量，理论上，当电网中的NC机组总容量达到电网容量的17%时，两者冬夏容量可完全互补。

总体而言，NC机在非采暖期比C型机热经济性高，但会使电网中的补偿容量增大；而在采暖期比C型机热经济性稍低，因为C型机采暖期属设计工况，NC机为非设计工况，低压缸通流量减小，鼓风摩擦损失增大。从全年来看，NC机供采暖热负荷具有较高的热经济性。

BBC公司就制造了550MW两用机组。我国已先后试制成200、300MW凝汽-采暖两用机，并分别安装在北京、沈阳、吉林、长春、郑州、哈尔滨、秦皇岛、太原等城市的热电厂。

第五节 低真空供热凝汽机组

凝汽器低真空运行，这是一种将小型凝汽机组改造为供热机组的方式。在冬季采暖期时，提高机组背压，用循环水供热。由于提高了排汽压力也会使电功率减少。应用凝汽器低真空运行，提高冷却水温升供暖，是能源综合利用、省煤节电的一项技术革新措施。这项技术在全国许多电厂投入热网供暖运行，都取得了较好的效果。

凝汽器的低真空运行，是将汽轮机的排汽压力提高（或是说提高凝汽器内压力）至0.0454MPa下运行，使相应的循环水出口温度为70～80℃。因此，可将温度较高的循环水作为热网供热媒质。这样，凝汽器就承担了供暖系统中的热网基本加热器的任务，从而可节省大量的供暖抽汽。

这里必须指出，这种降低凝汽器真空供暖的运行方式会使汽轮机的效率下降，但把循环水吸收的热量又重新供热利用，消除了凝汽器的冷源损失，从总体能量利用上节约了燃料。因此，这种运行方式对电厂、对社会都是有益的。目前全国有条件进行综合供热的电厂，都在积极探索这种运行方式。

第九章 发电厂的热力系统

第一节 发电厂热力系统的概念和分类

发电厂的任务是将燃料的化学能转变为电能，这种转化是由已给定的热力设备按照热力循环的顺序来完成的。发电厂热力系统是指发电厂热力部分的主、辅设备按照热力循环的顺序用管道和附件连接起来的有机整体，用来反映发电厂热力系统的线路图，称为发电厂的热力系统图。

以范围划分，热力系统可分为全厂和局部两类。

在生产实践中，按其应用的目的和编制方法不同，热力系统有两种不同的基本类型，即原则性热力系统和全面性热力系统。

第二节 发电厂原则性热力系统

一、发电厂原则性热力系统的作用与组成

以规定的符号来表示工质按某种热力循环顺序流经的各种热力设备之间联系的线路图，称为发电厂的原则性热力系统。

发电厂的原则性热力系统表明工质的能量转换及其热量利用的过程，它反映了发电厂能量转换过程的技术完善程度和发电厂热经济性的好坏。由于原则性热力系统只表示工质流过时状态参数发生变化的各种热力设备，故图中同类型同参数的设备只用一个来表示，并且它仅表明设备之间的主要联系，因此备用设备、管道及附件一般不画出。

原则性热力系统的作用主要是用来计算和确定各设备、管道的汽水流量，发电厂的热经济指标等，故又称为计算热力系统。

发电厂的原则性热力系统是以汽轮机及其原则性回热系统为基础，考虑锅炉与汽轮机的匹配及辅助热力系统与回热系统的配合而形成的。因此发电厂的原则性热力系统主要由以下各局部系统组成：①锅炉、汽轮机、主蒸汽及再热蒸汽管道和凝汽设备的连接系统；②给水回热加热系统；③除氧器和给水箱系统；④补充水系统；⑤连续排污及热量利用系统。如供热机组还包括对外供热系统等。

二、典型机组热电厂的原则性热力系统

下面主要介绍供热机组热电厂的原则性热力系统。

图 9 - 1 为 C12 - 4.9/0.98 机组热电厂原则性热力系统。本机组有三段抽汽，二段非调整抽汽和一级调整抽汽，即“一高、一低、一除氧”。第二级抽汽除供除氧器用汽之外，还给生水加热器供汽。本电厂采用两台同型号汽轮机配三台 75t/h 的锅炉。锅炉设连续排污扩容系统，扩容蒸汽进入除氧器。

图 9 - 2 所示是国产 CC25 - 8.82 型供热式汽轮机热电厂原则性热力系统，该机组具有两段可调整抽汽，第一段生产调整抽汽，压力为 0.8～1.3MPa，第二段采暖调整抽汽，压力

为0.107～0.25MPa。

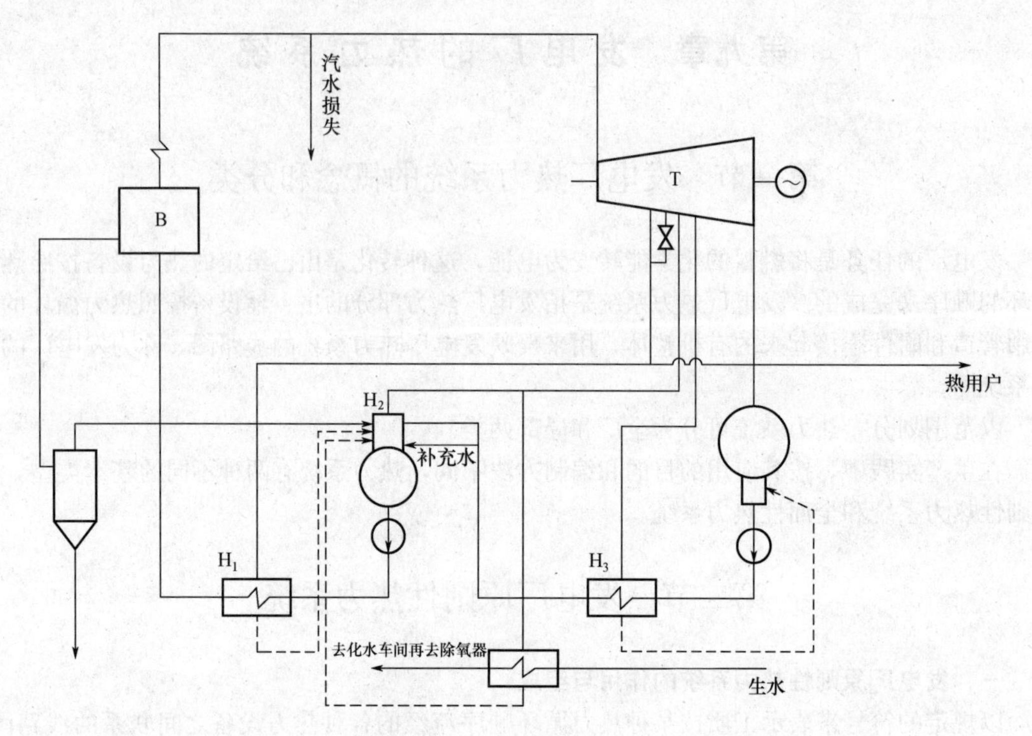

图9-1 C12-4.9/0.98型热电厂原则性热力系统图

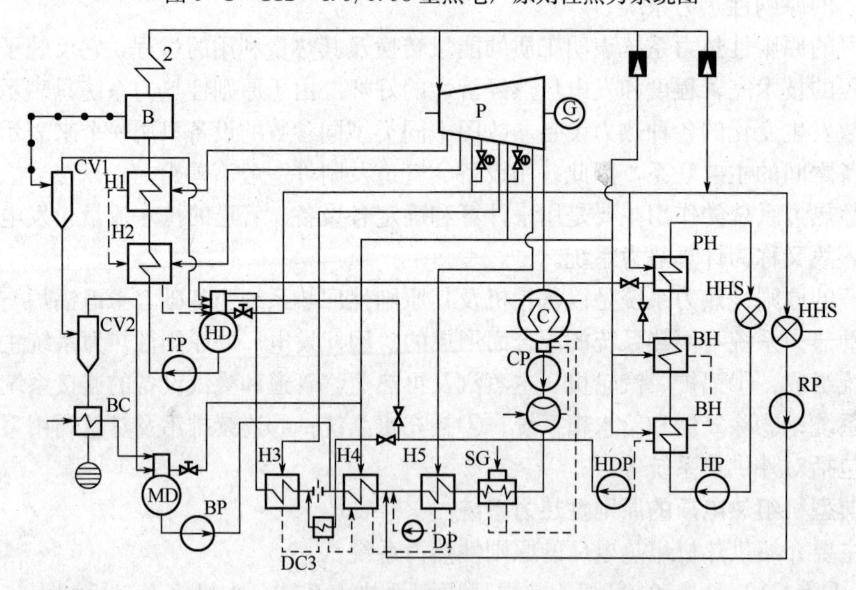

图9-2 CC25-8.82型热电厂原则性热力系统图

该机组共有六台回热加热器（两台高压加热器，一台压力式除氧器和三台低压加热器），另设射汽抽气冷却器和轴封加热器组成回热加热系统，高压加热器的疏水自流除氧器。低压加热器的疏水先逐级自流到一号低压加热器，然后用疏水泵送入该加热器后的主凝结水管道中。为提高系统的热经济性，在二号和三号低压加热器之间设置了一台外置式疏水冷却器。

对外供热系统由工业热用户和生活采暖热用户组成。机组可向工业热用户供0.8～1.3MPa的生产蒸汽，工业用户的生产凝结水由回水泵送入二号低压加热器入口的主凝结水管道中。采暖供热由两个基载热网加热器和一个峰载热网加热器组成。热网水形成一个单独系统，用热网水泵维持其循环。峰载加热器的疏水送入高压除氧器，基载加热器的疏水用疏水泵送至二号低压加热器出口的主凝结水管道或低压除氧器中。两台减温减压器作备用汽源。系统采用了两级除氧系统、两级连续排污利用系统。

图9-3为国产C50-8.82/0.118型汽轮机热电厂的原则性热力系统。锅炉为自然循环汽包炉，采用一级连续排污扩容利用系统，其扩容蒸汽引入除氧器 汽轮机共有六级回热抽汽，其中第五级为调整抽汽，其调整范围为0.118～0.29MPa。回热系统为“二高、三低、一除氧”，除氧器定压运行。高压加热器的疏水自流入除氧器，低压加热器的疏水逐级流到5号低压加热器，然后用疏水泵送入该加热器后的主凝结水管道中。采暖供热由一个基载热网加热器和一个峰载热网加热器组成。热网水形成一个单独系统，用热网水泵维持其循环。峰载热网加热器的加热蒸汽来自经过减温减压的新蒸汽，其疏水自流到基载热网加热器，基载热网加热器的加热蒸汽来自第五级抽汽，其疏水用疏水泵送至H5加热器出口的主凝结水管道中。

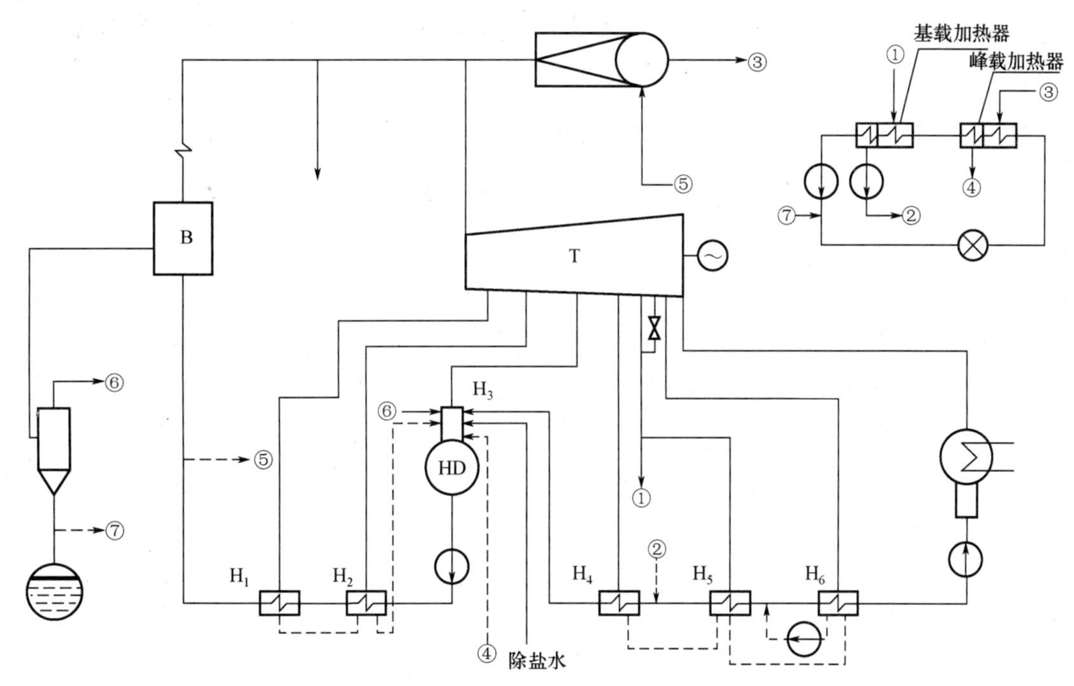

图9-3　C50-8.82/0.118型热电厂原则性热力系统图

图9-4为山东白杨河热电厂C135-13.24/535/535抽凝式汽轮发电机组的原则性热力系统。其汽轮机类型为超高压、一次中间再热、双缸双排汽、单轴、一次调节抽汽式汽轮机。汽轮机共设六级非调整抽汽和一级调整抽汽，三抽为调整抽汽，供厂外工业及采暖用汽，除氧器、软化水、暖通用汽、暖风器及燃油用汽，除氧器采用滑压运行方式。配哈尔滨锅炉厂的HG465/13.7-L.PM超高压、一次中间再热、自然循环流化床锅炉，锅炉冷渣器冷却用水采用凝结水，可回收部分工质热量以提高机组效率。该部分凝结水由7号低加凝结

水进口引出，经升压泵送入锅炉冷渣器，回水接至7号低加出口，与7号低加并联运行。

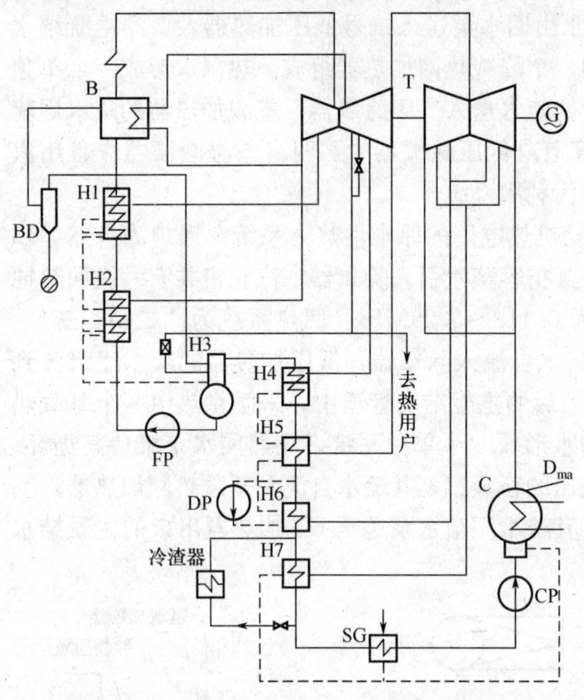

图9-4 C135-13.24/535/535型热电厂原则性热力系统图

图9-5所示是国产CC200-12.75/535/535型双抽凝汽式机组热电厂的原则性热力系统，共八级抽汽，回热系统为“二高、四低、一除氧”，除氧器定压运行。高压加热器的疏水自流入除氧器，低压加热器的疏水逐级流到6号低压加热器，然后用疏水泵送入该加热器后的主凝结水管道中。7号低压加热器也设置一台疏水泵。为了提高系统的热经济性，高压加热器H2和高压除氧器设有外置式蒸汽冷却器SC2、SC3，SC2、SC3与H1为出口主给水串联两级并联方式。H2设置了一台外置式疏水冷却器DC2。

对外供热系统由工业热用户和生活采暖热用户组成。第三级抽汽为0.78～1.2MPa的高压调整抽汽，主要对工艺热负荷HIS直接供汽，其生产返回水用回水泵RP送入H6低压加热器出口，另一路供采暖系统中峰载热网加热器PH用

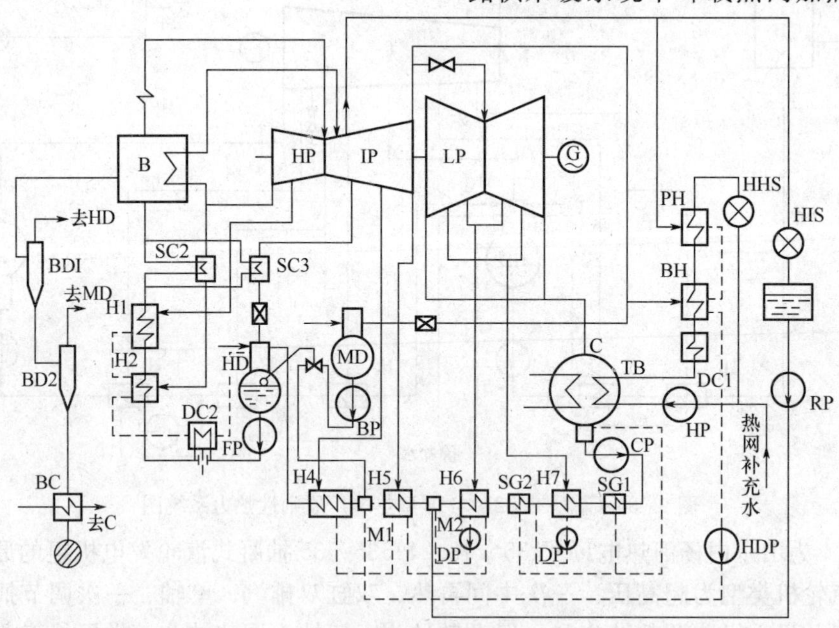

图9-5 CC200-12.75/535/535型双抽汽凝汽式机组热电厂的原则性热力系统

汽。采暖供热由一个基载热网加热器和一个峰载热网加热器以及疏水冷却器组成。热网水形成一个单独系统，用热网水泵维持其循环。峰载热网加热器的疏水自流到基载热网加热器，基载热网加热器的疏水经外置式疏水冷却器DC1后用疏水泵送至H5加热器出

口的主凝结水管道中。从热用户返回的网水，先引至凝汽器内的加热管束 TB，然后经过 DC1 引至 BH、PH。

为了保证给水质量，采用了二级除氧系统。设有高压除氧器和大气式补充水除氧器。系统采用了两级连续排污利用系统，其扩容蒸汽分别引入两级除氧器。

当工业最大抽汽量 50t/h，采暖抽汽量 350t/h，电功率 P_e＝136.88MW 时，机组的热耗 q＝4949.7kJ/（kW·h）。夏季工况时，采暖热负荷为零，机组可凝汽运行带电负荷 200MW，额定工况运行时，机组热耗率 q＝8444.3kJ/（kW·h）。

图 9－6 为前苏联超临界压力单采暖抽汽 T－250－240 型供热式机组的原则性热力系统。该机组配单炉膛直流锅炉，蒸发量为 1000t/h，其蒸汽参数为 25.8MPa、545℃/545℃，给水温度 260℃。锅炉效率为 93.3%（燃煤）、93.8%（燃油）。

该机组为九级回热，其系统为“三高、五低、一除氧”，除氧器滑压运行。给水泵为背压小汽轮机 TD 驱动，正常工况时汽源为第三级抽汽，其排汽至第五级抽汽。三台高压加热器疏水逐级自流汇合于除氧器，低压加热器 H6、H7、H8 各带一台疏水泵；低压加热器 H9、轴封加热器 SG1、SG2 及抽气器 EJ 的疏水排入凝汽器热井。

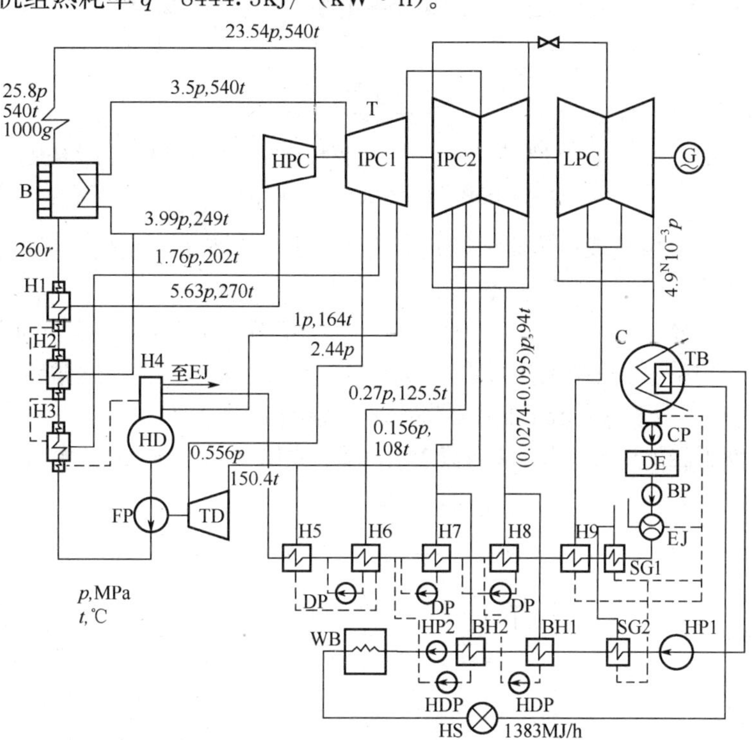

图 9－6　超临界压力单采暖抽汽 T－250/300－23.54－2 热电厂原则性热力系统

该厂采暖系统为水热网，热负荷为 1383MJ/h。水热网由内置于凝汽器的加热管束 TB、热网水泵 HP1、轴封加热器 SG2、基载热网加热器 BH1、BH2、热网水泵 HP2、热水锅炉 WB 以及热用户 HS 组成。基载热网加热器 BH1、BH2 的加热蒸汽分别来自第八、七级回热抽汽，其疏水由热网疏水泵 HDP 打入主凝结水管与凝结水汇合。

该机组的特点：①通流部分可适应大抽汽量的要求；②在控制上能满足电、热负荷各自在大范围内变化的需要，互不影响；③可抽汽、纯凝汽方式运行。该机组纯凝汽方式运行时的热耗率为 7900kJ/（kW·h）。采暖期带电力基本负荷，全部抽汽用于供热，此时发电热耗率为 6300kJ/（kW·h），相应标准煤耗率为 0.2158kg/（kW·h）。

图 9－7 为 NC300/220－16.7－537/537 型两用汽轮机组的原则性热力系统。此机组为采暖－凝汽两用式机组，汽轮机为亚临界压力一次再热、三缸二排汽抽凝式汽轮机。锅炉是波兰拉法克锅炉制造厂生产的低倍率复合循环塔式 BP－1025 型锅炉，配置两台强制循环泵，

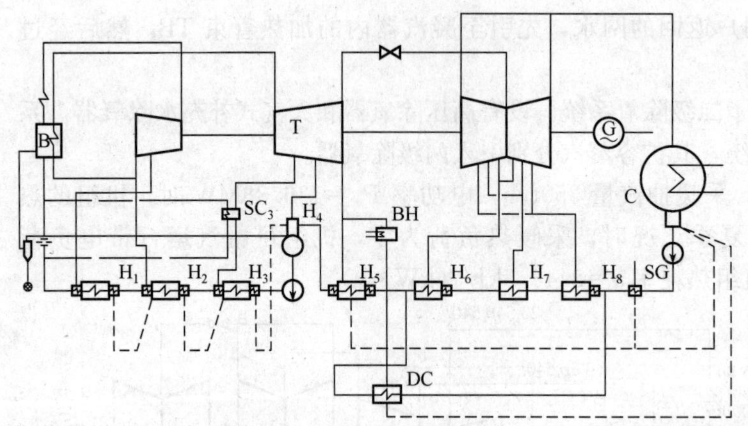

图 9-7　NC300/22016.7-537-537 型机组发电厂原则性热力系统图（冬季采暖最大供热工况图）

其中一台备用。该机组设有八段回热抽汽，即“三高、四低、一除氧”，3 号高压加热器装了一台外置式蒸汽冷却器。此机组主要特点是中压缸排汽管上装有阀门。非采暖期，阀门全开为凝汽式运行，在采暖期可以调整阀门的开度对外供热。在冬天采暖最大供热工况下，6、7、8 三台低压加热器关闭。中压缸排汽进入基载加热器 B。热网系统由基载加热器和峰载加热器（图上未表示）组成，基载加热器的加热蒸汽来自中压缸排汽，峰载加热器加热蒸汽来自老厂工业抽汽。

图 9-8 为引进 N600-16.67/537/537 型亚临界压力一次中间再热凝汽式机组的发电厂原则性热力系统，机组配置 HG-2008/186-M 型亚临界压力控制循环汽包炉。该机组有八级不调整抽汽，7 号和 8 号低压加热器为双列，其余加热器均为单列。三级高压加热器疏水自流除氧器，四级低压加热器疏水逐级自流入凝汽器。主给水泵为汽动泵，由汽轮机第四级抽汽供汽。

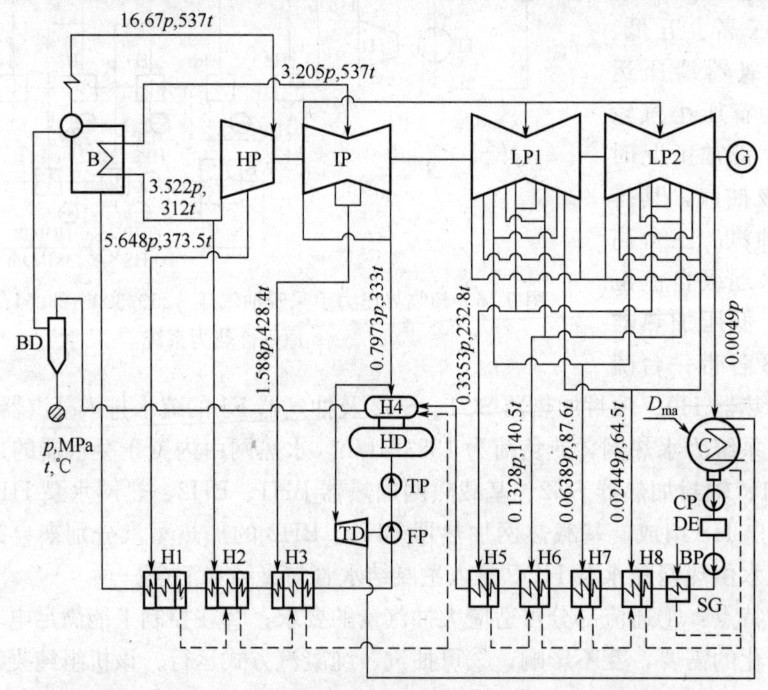

图 9-8　N600-16.67/537/537 型机组的发电厂原则性势力系统

图 9-9 为上海石洞口二厂进口的美国 600MW 超临界压力机组的原则性热力系统。锅炉为瑞士苏尔寿和美国 CE 公司设计制造的超临界压力一次再热螺旋管圈、变压运行的直流锅炉，最大连续出力为 1900t/h，蒸汽参数为 25.3MPa、541℃/569℃，给水温度 285℃。锅炉

设计热效率92.53%，不投油的最低稳定负荷为1800MW。汽轮机由瑞士ABB公司设计并制造，型号为D4Y-454，结构为单轴、四缸四排汽、一次再热的反动式凝汽机组，主蒸汽参数为24.2MPa\538℃，再热参数为4.29MPa、566℃。TMCR工况时保证热耗为7648kJ/（kW·h），VWO工况下出力644.95MW，最大连续出力为628.41MW，额定工况为600MW。

该机组共有八级非调整抽汽，回热系统为“三高、四低、一除氧”。主给水泵FP为汽动调速泵，驱动小汽轮机用汽来自第四级抽汽，其排汽直接排往主机凝汽器，前置泵为电动泵。三台高压加热器均有内置式蒸汽冷却段和疏水冷却段。高加疏水自流进入除氧器，除氧器滑压运行。四台低加均带有内置式疏水冷却段，疏水逐级自流至凝汽器热井。补充水由凝汽器补入。所有凝结水全部需除盐精处理。

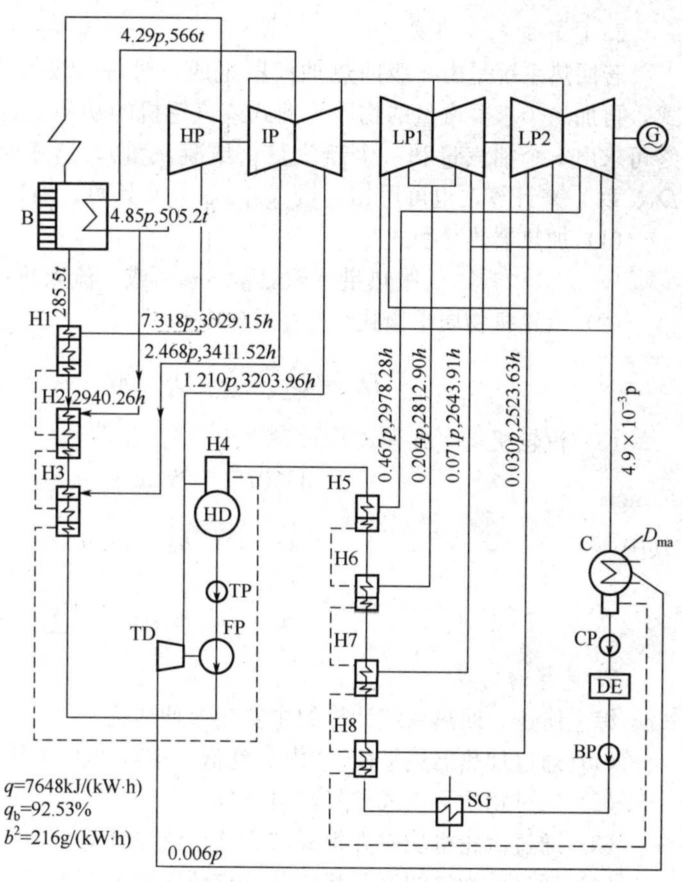

图9-9 进口美国600MW超临界压力机组的上海石洞口二厂发电厂原则性热力系统

第三节 发电厂原则性热力系统计算

一、给水回热加热系统热力计算

1. 给水回热加热系统热力计算的目的及方法

给水回热加热系统计算是发电厂原则性热力系统计算的基础和核心。给水回热系统热力计算的方法有很多，有传统的常规计算法、等效热降法、循环函数法以及矩阵法等。常规计算法是最基本的计算方法，所以本书只介绍该方法。

给水回热系统热力计算，一般是在汽轮机类型、容量、参数（初、终参数、回热参数、再热参数、供热参数等）、机组相对内效率以及回热系统具体组成已知条件下进行的。若是在机组负荷给定情况下进行计算的称为“定功率”计算；若是在汽轮机进汽量给定的情况进行计算，称为“定流量”计算。不论是“定功率”计算，还是“定流量”计算，计算的目的都是确定机组各部分的汽水流量和热经济指标。

2. 计算的基本公式

若回热系统是由 z 级回热抽汽所组成，对每一级回热抽汽加热器分别列出热平衡方程式，再加一个求凝汽量的物质平衡式或汽轮机的功率方程式，组成 $z+1$ 个线性方程组，最终可求出 z 个抽汽量和一个新汽量（或凝汽量），这 $z+1$ 个方程组既可以用绝对量（D_j、D_0、D_c）来计算，也可用相对量（α_j、α_c）来计算。所以回热系统计算的基本公式有三个：

（1）加热器热平衡式

$$\text{吸热量}=\text{放热量}\times\eta_h \quad \text{或} \quad \text{流入热量}=\text{流出热量}$$

（2）汽轮机物质平衡式

$$D_c = D_0 - \sum_1^z D_j \quad \text{或} \quad \alpha_c = 1 - \sum_1^z \alpha_j$$

（3）汽轮机功率方程式

$$3600P_e = W_i\eta_m\eta_g = D_0 w_i\eta_m\eta_g$$

其中

$$W_i = D_0 h_0 + D_{rh}q_{rh} - \sum_1^z D_j h_j - D_c h_c$$

$$w_i = h_0 + \alpha_{rh}q_{rh} - \sum_1^z \alpha_j h_j - \alpha_c h_c$$

3. 计算的内容

综上所述，回热系统计算的主要内容便成为

（1）通过加热器热平衡，“由高到低”求各级抽汽量（D_j 或 α_j）。

（2）通过物质平衡式求凝汽量（D_c 或 α_c）。

（3）通过汽轮机功率方程式求 P（定流量计算）或 D_0（定功率计算）。

（4）通过前面讲的有关基本公式求所需的机组热经济指标。

4. 给水回热加热系统热力计算时应注意的几点

（1）求 η_i 的计算可采用正平衡 $\eta_i=\frac{W_i}{Q_0}=\frac{w_i}{q_0}$。也可采用反平衡 $\eta_i=1-\frac{\Delta Q_c}{Q_0}=1-\frac{\Delta q_c}{q_0}$。一般用正平衡比较多。若用反平衡计算时，应注意实际热力系统的 ΔQ_c（Δq_c）不仅包括排汽 D_c 在凝汽器中损失的汽化潜热，还包括各加热器的散热损失以及流入凝汽器中疏水带来的热损失，即 ΔQ_c（Δq_c）应视为“广义的冷源热损失”。

（2）拟定热平衡式时，最好根据需要与简便的原则，选择最合适的热平衡范围。热平衡范围可以是一个加热器或数个相邻加热器，乃至全部加热器或包括一个混合点与加热器组合的整体。

二、发电厂原则性热力系统计算

1. 计算目的

前面已指出发电厂原则性热力系统与机组回热系统的关系，它们不仅范围不同，而且内容也有别。前者已扩展至全厂范围，内容也比后者多，但还是以回热系统为基础，因此发电厂原则性热力系统计算的主要目的仍是要确定在不同负荷工况下各部分汽水流量及其参数、发电量、供热量及全厂性的热经济指标，由此可衡量热力设备的完善性，热力系统的合理性，运行的安全性和全厂的经济性。如根据最大负荷工况计算的结果，可作发电厂设计时选择锅炉、热力辅助设备、各种汽水管道及其附件的依据。

对凝汽式电厂，根据平均电负荷工况计算结果，可以确定设备检修的可能性。如运行条件恶化（夏季冷却水温升高至30℃等），而电负荷又要求较高时，还必须计算这种特殊工况。

对于仅有全年性工艺热负荷的热电厂，一般只计算电、热负荷均为最大时的工况和电负荷为最大、热负荷为平均值时的工况两种。对于有季节性热负荷（如采暖）的热电厂，还要计算季节性热负荷为零时的夏季工况，校核热电厂在最大热负荷时，抽汽凝汽式汽轮机最小凝汽流量。热电厂在不同热负荷下全年节省的燃料量也需要通过计算获得。

对新型汽轮机的定型设计，或者新的热力系统方案，设计院或运行电厂对回热系统的改进方案，特殊运行方式（如高压加热器因故停运，疏水泵切除）等的安全性、经济性的评价都需要通过原则性热力系统计算来获得，它们与回热系统计算类似，不再赘述。

2. 计算的原始资料

发电厂原则性热力系统计算时，所需的原始资料为

（1）计算条件下的发电厂原则性热力系统图。

（2）给定（或已知）的电厂计算工况。对凝汽式电厂是指全厂电负荷或锅炉蒸发量。汽轮机通常以最大负荷、额定负荷、经济负荷、冷却水温升高至33℃时的夏季最大负荷、两阀全开负荷、一阀全开负荷等作为计算工况。锅炉则从额定蒸发量 D_b、90％D_b、70％D_b、50％D_b 等蒸发量作计算工况。对热电厂是指全厂的电负荷、热负荷（包括汽水参数、回水率及回水温度等）或热电厂的锅炉蒸发量、热负荷等，同样也有不同电、热负荷或锅炉蒸发量作为计算工况。

（3）汽轮机、锅炉及热力系统的主要技术数据。如汽轮机、锅炉的类型、容量；汽轮机初、终参数、再热参数；机组相对内效率 η_{ri}；机械效率 η_m 和发电机效率 η_g 等；锅炉过热器出口参数、再热参数、汽包压力、给水温度、锅炉效率和排污率等；热力系统中各回热抽汽参数、各级回热加热器进出水参数及疏水参数；加热器的效率等；还有轴封系统的有关数据。

（4）给定工况下辅助热力系统的有关数据。如化学补充水温，暖风器、厂内采暖、生水加热器等耗汽量及其参数，驱动给水泵和风机的小汽轮机的耗汽量及参数（或小汽轮机的功率、相对内效率、进出口蒸汽参数和给水泵、风机的效率等），厂用汽水损失，锅炉连续排污扩容器及其冷却器的参数、效率等。对供采暖的热电厂还应有热水网温度调节图、热负荷与室外温度关系图（或给定工况下热网加热器进出口水温），热网加热器效率，热网效率等。

3. 计算方法及步骤

发电厂原则性热力系统的计算和汽轮机组原则性热力系统计算大致相似，就是联立求解多元一次线性方程组。计算基本公式仍然是热平衡式、物质平衡式和汽轮机功率方程式。

计算可以相对量，即以1kg的汽轮机新汽耗量为基准来计算，逐步算出与之相应的其他汽水流量的相对值，最后根据汽轮机功率方程式求得汽轮机的汽耗量以及各汽水流量的绝对值。也可用绝对量来计算，或先估算新汽耗量，顺序求得各汽水流量的绝对值，然后求得汽轮机功率并予以校正。计算可用传统方法，也可用其他方法；也可定功率、定供热量计算，或定流量计算；还可以用正平衡、反平衡计算等众多方式。

发电厂原则性热力系统计算步骤大致如下：

（1）整理原始资料。此步骤与机组原则性热力系统计算时整理原始资料一样，求得各计算点的汽水比焓值，编制汽水参数表。值得注意的是除了汽轮机外，还应包括锅炉、辅助设备的原始数据。当一些小汽水流未给出时，可近似选为汽轮机汽耗量 D_0 的比值，如射汽抽气器新汽耗量 D_{ej} 和轴封用汽 D_{sg}，可取为 $D_{ej}=0.5\%D_0$，$D_{sg}=2\%D_0$；厂内工质泄漏汽水

损失 D_1 和锅炉连续排污量 D_{bl}的数值，应参照《电力工业技术管理法规（试行）》所规定的允许值选取。通常把厂内汽水损失 D_1 作为集中发生在新蒸汽管道上处理。

当锅炉效率未给定时，可参考同参数、同容量、燃用煤种相同的同类工程的锅炉效率选取。汽包压力未给出时，可近似按过热器出口压力的 1.25 倍选取。锅炉连续排污扩容器压力 p_f 的确定，应视该扩容器出口蒸汽引至何处而定，若引至除氧器，还需考虑除氧器滑压运行或定压运行而定，并选取合理的压损 Δp_f，最后才能确定锅炉连续排污利用系统中有关汽水的比焓值 h'_{bl}、h''_f、h'_f。

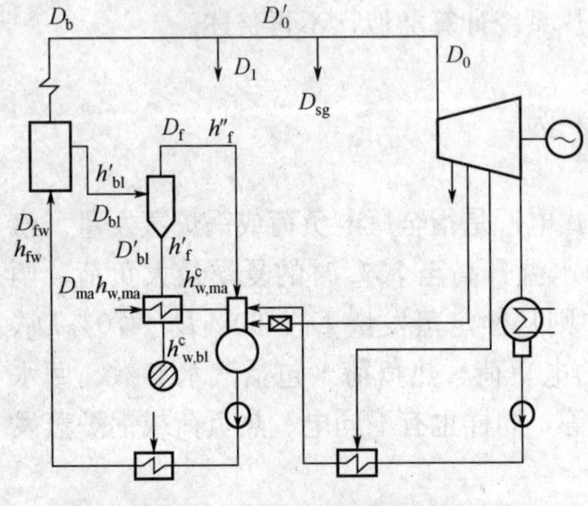

图 9-10 锅炉连续排污利用系统

（2）按"先外后内，由高到低"顺序计算。先计算锅炉连续排污利用系统，热电厂要根据热负荷，确定汽轮机的供热抽汽量（D_T）。求得 D_f（α_f）、D_{ma}（α_{ma}）、$h^c_{w,ma}$之后，再进行"内部"回热系统计算，此后的计算与机组回热系统"由高到低"的计算顺序完全一致，即通过联立求解多元一次线性方程组。

锅炉连续排污利用系统计算的目的在于确定由扩容器所分离出来的蒸汽量和补充水在排污冷却器中的温升，从而确定排污利用系统所回收的工质和热量。

以图 9-10 所示的单级排污利用系统为例，可写出如下平衡式：

扩容器的物质平衡式 $$D_{bl}=D_f+D'_{bl},\text{kg/h} \quad (9-1)$$

扩容器的热平衡式 $$D_{bl}h'_{bl}\eta_f=D_fh''_f+D'_{bl}h'_f,\text{kJ/h} \quad (9-2)$$

排污水冷却器的热平衡式 $$D'_{bl}(h'_f-h^c_{w,bl})\eta_r=D_{ma}(h^c_{w,ma}-h_{w,ma}),\text{kJ/h} \quad (9-3)$$

将式（9-1）代入式（9-2）得工质回水率 α_f：

$$\alpha_f=\frac{D_f}{D_{bl}}=\frac{h'_{bl}\eta_f-h'_f}{h''_f-h'_f} \quad (9-4)$$

式中 D_{bl}——锅炉连续排污量，kg/h；

D_f——扩容器所分离出来的蒸汽量，kg/h；

D'_{bl}——扩容器未扩容的污水量，kg/h；

D_{ma}——补充水量，kg/h；

h'_{bl}——排污水比焓，kJ/h；

h'_f、h''_f——扩容器压力下饱和水、饱和汽比焓，kJ/h；

$h_{w,ma}$、$h^c_{w,ma}$——进、出排污冷却器的补充水比焓，kJ/h；

η_f、η_r——扩容器、排污冷却器效率，一般取 0.97～0.98。

对于热电厂计算出的凝汽量 D_c 应不小于最小凝汽量 $D_{c,min}$。

（3）汽轮机汽耗 D'_0 热耗 Q_0、锅炉热负荷 Q_b 及管道效率 η_p 的计算。

（4）全厂热经济指标的计算。

对凝汽式发电厂只求出 η_{cp}、q_{cp}、b^s_{cp}等；对热电厂需要计算发电、供热的分项热经济指标和计算全厂总的热经济指标。

三、发电厂原则性热力系统计算举例

【例题 9-1】 电厂的原则性热力系统如图 9-7 所示，求在锅炉蒸发量 D_b =1025t/h 最大供热工况

（供热压力 0.2452MPa）时的发电厂热经济指标和分项热经济指标。

已知

1. 汽轮机的型式及参数

汽轮机的类型为 NC300/220 - 16.7/537/537，有关参数为，纯凝汽运行时的额定功率 300000kW，P_0 = 16.7MPa，t_0 = 537℃，p_{rh} = 3.34MPa，t_{rh} = 537℃，p_c = 0.00539MPa。

在锅炉蒸发量 D_b = 1025t/h 最大供热工况下，新蒸汽、再热蒸汽参数与纯凝汽工况相同，P_c = 0.0029MPa。

2. 回热系统参数

（1）此工况各级回热参数见图 9 - 11 及表 9 - 1；

（2）给水温度 t_{fw} = 269.5℃；

（3）给水泵出口压力 p_{fw} = 20.8MPa。

3. 锅炉的类型和参数

BP1025/18.2 - Ⅱ4 型低倍率强制循环炉；

（1）D_b = 1025t/h，p_b = 17.3MPa，t_b = 540℃；

（2）再热压力 p_{rh} = 3.83MPa，再热器出口温度 t_{rh} = 537℃；

（3）锅炉效率 η_b −0.92；

（4）汽包压力：p_{du} = 18.64MPa。

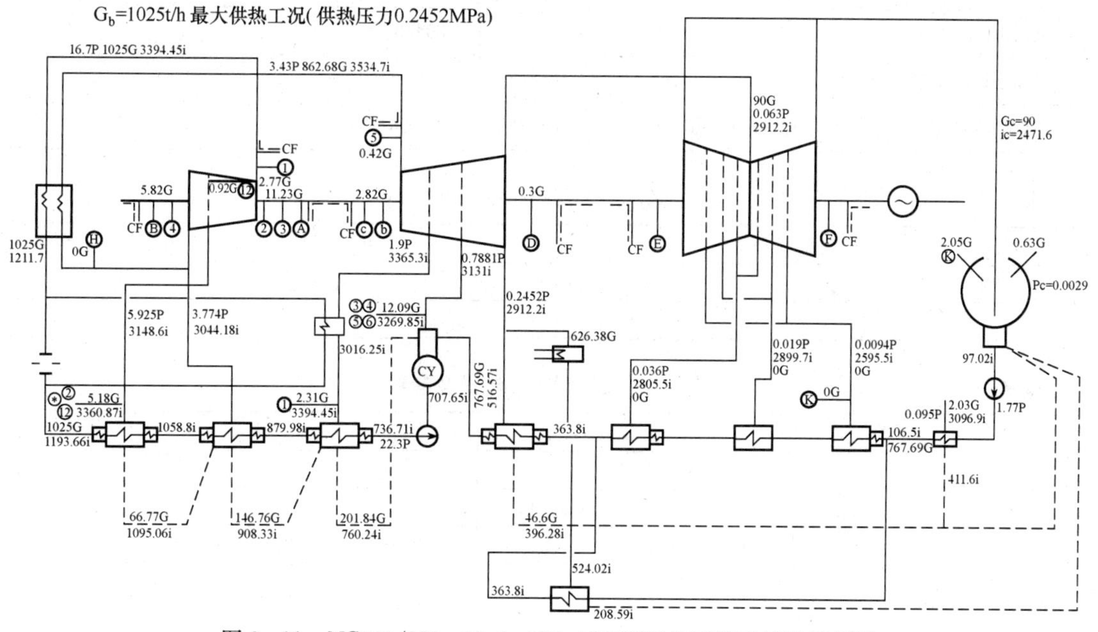

图 9 - 11　NC300/220 - 16.7 - 537 - 537 型机组回热系统计算用图

4. 其他数据

（1）新汽节流损失 3%，中压缸进汽节流损失 2%；

（2）轴封加热器压力 p_{sg} = 0.0095MPa；

（3）机组各门杆漏汽、轴封漏汽等小汽流量及参数见表 9 - 3；

（4）加热器的有关数据见表 9 - 2；

（5）补水温度 t_{ma} = 20℃；

（6）除氧器安装高度：H_d = 20m；

（7）汽水损失 D_l = 0.01D_b；

（8）锅炉排污量 D_{bl} = 0.005D_b；

(9) 机械效率、发电机效率 $\eta_m \times \eta_g = 0.98$;

(10) 加热器效率 $\eta_h = 0.99$;

(11) 给水泵焓升 $\Delta h_{Pw} = 30.61$kJ/kg。

解: 1. 整理原始数据得计算点汽水比焓值，如表9-1～表9-3所示。

表9-1 **各段的回热参数**

项目	单位	各计算点					
		1 H1	2 H2	3 H3	4 H4	5 H5	供热加热器 BH
抽汽压力 p	MPa	5.925	3.774	1.9	0.788	0.2452	0.2452
抽汽比焓 h	kJ/kg	3148.6	3044.18	3365.3	3131	2912.2	2912.2
抽汽管道压损系数	%	6	6	6	6	6	6
加热器压力 p'	MPa	5.57	3.55	1.79	0.741	0.23	0.23
p'下饱和水温 t_s	℃	269.5	243.8	205.3	165.3	125.6	125.6
加热器端差 θ	℃	0	0	1.5	0	2	2
疏水冷却器进口端差 θ	℃	8	8	8		8	8
加热器出口水温 t_j	℃	269.5	243.8	204.8	165.3	123.6	123.6
加热器出口水比焓 h_{wj}	kJ/kg	1193.66	1058.8	879.98	706.1	516.57	363.83
冷却器的疏水比焓 h_{wj}^{d}	kJ/kg	1095.06	908.33	760.24		396.28	208.59

表9-2 **基本加热器的有关数据**

抽气压力 p	抽气温度 t	抽汽比焓 h	加热器压力 p'	p'下饱水温 t_s
MPa	℃	kJ/kg	MPa	℃
0.2452	253	2912.2	0.23	125.6

表9-3 **最大供热工况时轴封汽量及参数**

项目	单位	D_{sg1}	D_{sg2}	D_{sg3}	D_{sg4}	D_{sg5}
汽量	t/h	5.18	2.31	12.09	2.03	2.68
汽比焓	kJ/kg	3360.87	3394.45	3269.85	3096.85	3248.2
去处		1号高压加热器	3号高压加热器	除氧器	轴封加热器	热井

2. 全厂物质平衡

汽轮机总耗汽量

锅炉蒸发量 $D_b = 1025$t/h

$D_0 = D_b - D_1 - D_{sg1} - D_{sg2} = 1025 - 10.25 - 5.18 - 2.31 = 1007.26$t/h

给水量 $D_{fw} = D_b + D_{bl} = 1025 + 5.18 = 1030.18$ t/h

锅炉连排扩容器的蒸汽量:

取连排扩容器的压力为0.9MPa. 则 $h_f'' = 2772$kJ/kg

$$h_f' = 742.8\text{kJ/kg}$$

则 $$D_f = \left(\frac{h_{bl}'\eta_f - h_f'}{h_f'' - h_f'}\right)D_{bl} = \frac{1760.16 \times 0.98 - 742.8}{2772 - 742.8} \times 0.518 = 2.50\text{ t/h}$$

$$D_{bl}' = D_{bl} - D_f = 2.68\text{t/h}$$

补充水量 $D_{ma}=D_1+D'_{bl}=10.25+2.68=12.93\ t/h$

3. 计算汽轮机各段抽气量

(1) 由1号高压加热器热平衡计算 D_1

$$D_1=\frac{D_{fw}(h_{w1}-h_{w2})/\eta_h-D_{sg1}(h_{sg1}-h_{w1}^d)}{h_1-h_{w1}^d}$$

$$=\frac{1030.18\times(1193.66-1058.8)/0.99-5.18\times(3360.87-1095.06)}{3148.6-1095.06}$$

$$=62.66t/h$$

(2) 由2号高压加热器热平衡计算 D_2

$$D_2=\frac{D_{fw}(h_{w2}-h_{w3})/\eta_h-(D_1+D_{sg1})(h_{w1}^d-h_{w2}^d)}{h_2-h_{w2}^d}$$

$$=\frac{1030.18\times(1058.8-879.98)/0.99-(62.66+5.18)\times(1095.06-908.33)}{3044.18-908.33}$$

$$=81.19t/h$$

由物质平衡得H2的疏水 D_{s2}:

$$D_{s2}=D_1+D_2+D_{sg1}$$

$$=62.66+81.19+5.18=149.03\ t/h$$

由高压缸物质平衡计算再热蒸气量 D_{rh}

$$D_{rh}=D_0-D_1-D_2$$

$$=1007.26-62.66-81.19=863.41\ t/h$$

(3) 由高压加热器H3热平衡计算 D_3

$$D_3=\frac{D_{fw}(h_{w3}-h_{w4}^{pw})/\eta_h-D_{s2}(h_{w2}^d-h_{w3}^d)-D_{sg2}(h_{sg2}-h_{w3}^d)}{h_3-h_{w3}^d}$$

$$=\frac{1030.18\times(879.98-736.71)/0.99-149.03\times(908.33-760.24)-2.31\times(3394.45-760.24)}{3016.25-760.24}$$

$$=53.60t/h$$

$$D_{s3}=D_{s2}+D_3+D_{sg2}=149.03+53.60+2.31=204.94$$

(4) 由除氧器H4的物质平衡和热平衡计算 D_4、除氧器进水量(注凝结水量)D_{c4}

$$D_4=\frac{D_{fw}(h_{w4}-h_{w5})/\eta_h-D_{sg3}(h_{sg3}-h_{w5})-D_{s3}(h_{w3}^d-h_{w5})}{h_4-h_{w5}}\ (h_{w4}^{Pw}=h_{w4}+\Delta h_{Pw}=706.1)$$

$$=\frac{1030.18(706.1-516.57)/0.99-12.09\times(3269.85-516.57)-204.94\times(760.24-516.57)}{3131-516.57}$$

$$=43.46\ t/h$$

$$D_{c4}=D_{fw}-D_{s3}-D_4-D_{sg3}$$

$$=1030.18-204.94-43.46-12.09$$

$$=769.69t/h$$

(5) 由低压加热器H5热平衡计算 D'_5

$$D'_5=\frac{D_{c4}(h_{w5}-h_{w6})/\eta_h}{h_5-h_{w5}^d}$$

$$=\frac{769.69\times(516.57-363.83)/0.99}{2912.2-396.28}$$

$$=47.20\ t/h$$

(6) 由基本加热器热平衡计算 $D_{h,t}$

基本加热器热平衡如图9-12。

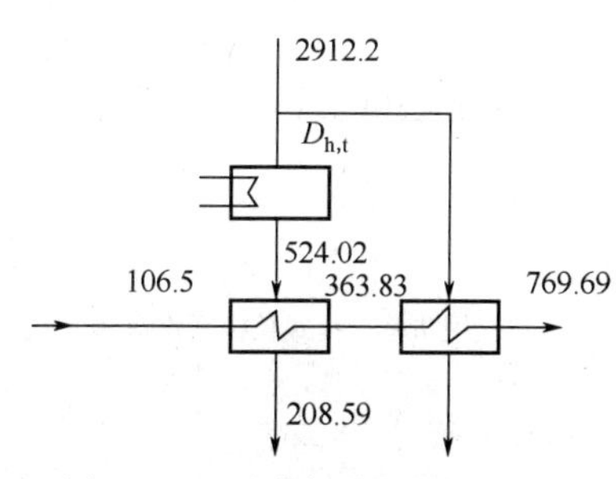

图9-12 基本加热器热平衡图

$$D_{h,t}=\frac{D_{c4}(h_{w6}-h_{w7})/\eta_h}{h_{h,t}-h_{w6}^d}$$

$$= \frac{769.69 \times (363.8 - 106.5)/0.99}{524.02 - 208.59} = 634.19 \text{ t/h}$$

$$D_5 = D_5' + D_{h,t} = 681.39 \text{ t/h}$$

（7）由热井物质平衡计算 D_c

$$D_c = D_{c4} - D_5 - D_{sg4} - D_{sg5} - D_{ma}$$
$$= 769.69 - 681.39 - 2.03 - 2.68 - 12.93 = 70.66 \text{ t/h}$$

4. 流量校核及功率计算

（1）由汽轮机物质平衡校核凝汽流量 D_c

$$D_c = D_0 - \sum_{1}^{5} D_j - D_{sg3} - D_{sg4}$$
$$= 1007.26 - 62.66 - 81.19 - 53.60 - 43.46 - 681.39 - 12.09 - 2.03$$
$$= 70.21 \text{ t/h}$$

该结果与上面热井物质平衡所得基本相同，说明计算误差很小。

（2）汽轮发电机功率计算

表 9-4　计算所用数据列

计算点	蒸汽量 D (t/h)	蒸汽比焓 (kJ/kg)	做功不足系数	计算结果小计 (kJ/h)
0	$D_0 = 1007.26$	3394.45		$D_0h_0 = 3419093707$
1	$D_1 = 62.66$	3148.6	0.8261	$D_1Y_1 = 51763$
2	$D_2 = 81.19$	3044.18	0.7522	$D_2Y_2 = 61673$
3	$D_3 = 53.60$	3365.3	0.6323	$D_3Y_3 = 33891$
4	$D_4 = 43.46$	3131	0.4165	$D_4Y_4 = 17926$
5	$D_5 = 681.39$	2912.2	0.3117	$D_5Y_5 = 212327$
c	$D_c = 70.66$	2471.56	0	
rh	$D_{rh} = 863.41$	490.53		
s_{g3}	$D_{sg3} = 12.09$	3269.85	0.5642	$D_{sg3}Y_{sg3} = 6821$
s_{g4}	$D_{sg4} = 2.03$	3096.85	0.4424	$D_{sg4}Y_{sg4} = 898$
s_{g5}	$D_{sg5} = 2.68$	3248.2	0.5494	$D_{sg5}Y_{sg5} = 1472$

注：Y 为抽汽做功不足系数。

汽轮机内功率

$$W_i = D_0h_0 + D_{rh}q_{rh} - \sum_{1}^{5} D_jh_j - D_ch_c - D_{sg3}h_{sg3} - D_{sg4}h_{sg4} - D_{sg5}h_{sg5}$$
$$= 881970320 \text{ kJ/h}$$

汽轮发电机电功率

$$P_e = W_i\eta_m\eta_g/3600 = 881970320 \times 0.98/3600$$
$$= 240091.92 \quad \text{kW}$$
$$= 240.09 \quad \text{MW}$$

（3）用功率方程式校核新汽流量

$$D_0 = D_{c0} + \sum D_jY_j = \frac{3600P_e}{(h_0 + q_{rh} - h_c)\eta_m\eta_g} + \sum_{1}^{5} D_jY_j + \sum_{3}^{5} D_{sgj}Y_{sgj}$$
$$= 628818.28 + 387075.72 = 1015894 \text{ kg/h}$$
$$= 1015.894 \text{ t/h}$$

计算结果与原始数据 $D_0=1007.26$（t/h）误差为

$$\Delta=\frac{1007.26-1015.894}{1007.26}\times100\%=0.86\%$$

在工程允许范围内

5. 热经济指标的计算

（1）汽轮机热耗 Q_0

$$D_0'=D_0+D_{sg1}+D_{sg2}=1007.26+5.18+2.31=1014.75$$

$$\begin{aligned}Q_0&=D_0'h_0+D_{rh}q_{rh}+D_f h_f''+D_{ma}h_{w,ma}^c-D_{fw}h_{fw}\\&=1014.75\times10^3\times3394.45+863.41\times10^3\times490.53+2.50\times10^3\\&\quad\times2772+12.93\times10^3\times84.6-1030.18\times10^3\times1211.7\\&=2627435.78\times10^3\ \text{kJ/h}\end{aligned}$$

（2）锅炉热负荷 Q_b

$$\begin{aligned}Q_b&=D_bh_b+D_{rh}q_{rh,b}+D_{bl}h_{bl}-D_{fw}h_{fw}\\&=1025000\times3394.5+863410\times502.6+5125\times1761.6-1030180\times1211.7\\&=2674011048\ \text{kJ/h}\end{aligned}$$

（3）管道效率 η_b

$$\eta_b=\frac{Q_0}{Q_b}=\frac{2627871550}{2674011048}=0.983$$

（4）全厂热效率、总热耗及其分配

热电厂总热耗量　$$Q_{tp}=\frac{Q_b}{\eta_b}=\frac{2674011048}{0.92}=2906533748\ \text{kJ/h}$$

供热量

$$\begin{aligned}Q_{h,t}&=D_{h,t}(h_{h,t}-h_{h,t}')\\&=634.19\times10^3\times(2912.2-524.02)\\&=1514.56\ \text{GJ/h}\end{aligned}$$

用户的用热量

$$Q=Q_{h,t}\eta_{hs}=1514.56\times0.97=1469\ \text{GJ/h}$$

$$\begin{aligned}\eta_{tp}&=\frac{3600P_e+Q_{h,t}}{Q_{tp}}\\&=\frac{3600\times241942+1514.56\times10^6}{2906.53\times10^6}=0.805=80.5\%\end{aligned}$$

（5）热电厂的分项热经济性指标

$$Q_{tp,h}=\frac{Q_{h,t}}{\eta_b\eta_p}=\frac{1514.56\times10^6}{0.92\times0.983}=1674.73\times10^6\ \text{kJ/h}$$

分配到发电方面热耗

$$\begin{aligned}Q_{tp,e}&=Q_{tp}-Q_{tp,h}=2906533748-1674730000\\&=1231803748\ \text{kJ/h}\end{aligned}$$

1）发电方面热经济性指标

发电热效率

$$\eta_{tp,e}=\frac{3600P_e}{Q_{tp,e}}=\frac{3600\times241942}{1231803748}=0.7071=70.71\%$$

发电热耗率

$$q_{tp,e}=\frac{3600}{\eta_{tp,e}}=5135.5\ \text{kJ/(kW·h)}$$

发电标准煤耗率

$$b_{tp,e}^{s}=\frac{0.123}{\eta_{tp,e}}=0.1739\ \text{kg 标煤}/(\text{kW}\cdot\text{h})$$

2）供热方面热经济性指标

供热热效率

$$\eta_{tp,h}=\eta_{b}\eta_{p}\eta_{hs}=0.92\times0.983\times0.98=0.8863=88.63\%$$

供热标准煤耗率

$$b_{tp,h}^{s}=\frac{34.1}{\eta_{tp,h}}=38.47\ \text{kg 标煤}/\text{GJ}$$

第四节 发电厂的全面性热力系统

一、发电厂的全面性热力系统的概念

上面我们分析和计算了电厂原则性热力系统。这些只涉及电厂的能量转换及能量利用的过程，并没有反映电厂能量是怎样保证转换的。实际上为了保证电厂能量转换，不仅要考虑系统中任一设备或管路事故、检修时，仍不影响主机乃至整个电厂的工作，还必须装设相应的备用设备或管道，以及考虑到机组启动、低负荷、变工况、正常工况、事故以及停运等各种操作方式。所以，发电厂的全面性热力系统是全厂所有热力设备及其汽水管道和附件连接的总系统图。

发电厂的全面性热力系统按所有设备的实际数量进行绘制，它包括运行和备用的全部主辅热力设备及其系统，并标明一切必须的连接管道和管道上的一切附件。但为了使全面性热力系统更为清晰明了，对属于某个设备本身的管道和一些次要的管道系统，如锅炉，一般就不需表示。全面性热力系统图应明确反映电厂各种工况及事故与检修时的运行方式，因而全面性热力系统反映了全厂热力设备的配置情况和各种运行工况的切换方式，是发电厂运行操作的依据。

发电厂全面性热力系统图是发电厂各项工作中必不可少而具有指导意义的重要资料之一。在发电厂设计时，可以据此编制全厂汽水设备总表，计算管子的直径和壁厚，提出管制件的定货清单。同时也给发电厂管道系统和主厂房布置设计提供了依据。电厂设计和运行工程师可以根据电厂的全面性热力系统图来估算投资，编制设备和材料的明细表，并对电厂运行的可靠性、灵活性和经济性，对设备检修时各种切换方式和备用设备投入的可能性作出实际的评估。

发电厂全面性热力系统简单或复杂，对设计而言，直接影响到投资的多少和钢材的耗用量；对施工而言，直接影响到施工工作量的大小和施工期限的长短；对运行而言，直接影响到运行调度的灵活性、可靠性和经济性，工质损失的多少和散热损失的大小；对检修而言，直接影响到各种切换的可能性及备用设备投入的可能性。因此拟定全面性热力系统要符合安全可靠、简单明显、便于运行操作、维护方便、留有扩建余地、投资运行费用低、技术经济上合理的原则。

一般发电厂全面性热力系统由下列各局部系统组成：主蒸汽和再热蒸汽系统，旁路系统，回热加热（即回热抽汽及其疏水）系统，除氧给水系统，主凝结水系统，补充水系统，供热系统，厂内循环水系统和锅炉启动系统等。

二、发电厂的全面性热力系统举例

本节列出几个现代发电厂的全面性热力系统，为了便于读者进一步加深理解和分析发电

厂的全面性热力系统，要注意以下几点。

1. 熟悉图例

GB 4270—1984 热工图形与文字代号，以及电力规划设计院颁布 SDGJ49—1984《电力勘测设计制图统一规定（热机部分）》都规定了有关热力系统管线和主要管道附件的统一图例，如图 9-13 所示。应熟悉这些常用的图形符号，在设计和阅读图纸时加以正确地应用。

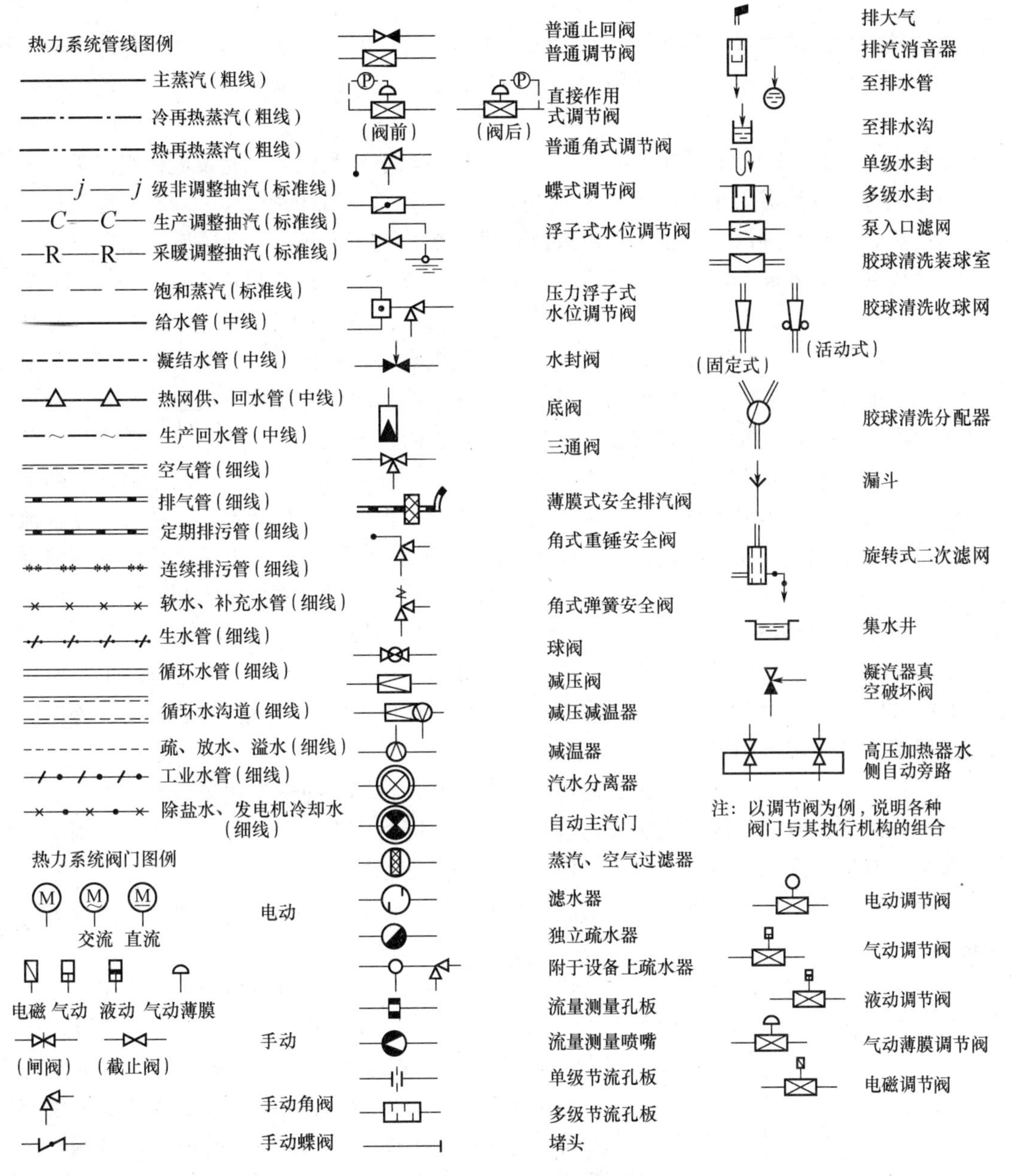

图 9-13　热力系统管线、阀门的图形符号

2. 以设备为中心，以局部系统为线索，逐步拓展

发电厂热力系统的主要设备包括锅炉、汽轮机、凝汽器、除氧器及各级回热加热器，各种水泵等，结合设备明细表，了解主要设备的特点和规范。再根据各局部系统，如回热系统、主蒸汽系统和旁路系统、给水系统等，找出各系统的连接方式及其特点、各系统间的相互关系及结合点，逐步扩大至全厂范围。

3. 区别不同的管线、阀门及其作用

辅助设备有经常运行的和备用的，管线和阀门也有正常工况运行和事故旁路、不同工况下切换甚至只有启动、停机时才起用的，这些都需要进行分析，最后综合成全厂的全面性热力系统。

图 9 - 14（见文末插页）为某电厂 2×135MW 燃煤单抽凝汽式汽轮发电机组发电厂的全面性热力系统。汽轮机为东方汽轮机厂的 NC150 - 135 - 13.24/0.981/535/535，超高压、一次中间再热、双缸双排汽、单轴、抽凝式汽轮机。配 2×465t/h 自然循环流化床锅炉。

汽轮机共设七级抽汽，其中一段为调整抽汽。一段抽汽由汽轮机高压缸排汽管接出供 1 号高加用汽；二、四、五、六、七段抽汽为非调整抽汽，分别用作 2 号高加和 4 台低加汽源，三段抽汽为调整抽汽，除为除氧器及厂用蒸汽供汽外，本段抽汽还要对外供汽。除氧器采用定压－滑压运行方式。高加疏水逐级自流到除氧器，两台高加均设危急疏水管，在高加汽侧水位不正常升高时能将大量的溢水及时排掉，以防汽轮机进水，危急疏水管上串联的两只隔断阀，其中一只为电动闸阀（常闭），另一只为手动阀（常开），电动阀的启闭与高加水位联锁，两台高加危急疏水管道分别接入高加危急疏水扩容器。低压加热器的疏水逐级流到 6 号低压加热器，然后用疏水泵送入该加热器后的主凝结水管道中，为保证低加异常情况下疏水能及时排放，设有事故疏水管路，每台低加的异常疏水都可直接排入凝汽器。对外供汽系统，三段抽汽为调整抽汽。夏季工况时，工业用设计热负荷为 1.1MPa、300℃，37t/h；冬季工况时，工业和采暖设计热负荷为 1.1MPa、300℃，150t/h。因三段抽汽参数为 1.1MPa、355.8℃，为满足热用户的需要，每台机组除设置三段抽汽减温装置一套外，两台机组还设置一套共用备用装置。

主蒸汽系统采用单元制，三大管道均采用双管制，在锅炉过热器出口设置堵阀供锅炉水压试验时隔断用，取消主汽门前所设的电动隔离门；同时取消主蒸汽管上的长颈喷嘴式流量测量装置，直接采用汽轮机调节级压差作为流量测量信号。

再热冷段在锅炉再热器进口设有堵阀，热段在再热器出口设有堵阀，供锅炉水压试验时隔断用。

由于旁路系统的功能只考虑在冷、热态等工况下机组启动和正常停机，因而采用二级串联简化旁路系统，高压段通流能力为 15%BMCR，即 70t/h。旁路系统不考虑热备用。

给水系统也采用单元制，每台机配两台 100%容量的电动调速给水泵，两台泵互为备用。正常运行时，锅炉给水调节完全依靠调速泵，不设主给水管路调节阀，考虑到电动调速给水泵的调节有一定范围（30%～100%），辅以 DN100（30%负荷）的电动调节阀，用于锅炉启停和低负荷工况。高压加热器采用大旁路，任何一台高压加热器事故，则两台高压加热器全部解列。

本机组采用 CFB 循环流化床锅炉，锅炉冷渣器冷却用水要求采用凝结水，可回收部分工质热量以提高机组效率。该部分凝结水由 7 号低压加热器凝结水进口引出，经两台 100%

变频调速升压泵（互为备用）升压送入锅炉冷渣器，回水接至7号低压加热器凝结水出口，与7号低压加热器并联运行。

低压加热器采用小旁路系统，除氧器水位调节阀设在4号低加出口、除氧器进口管道上，凝结水再循环管设在7号低加后，既保证轴封加热器的最小流量，又能在停机时带走锅炉排渣的热量。每台机组设100%容量的立式凝结水泵，一台运行，一台备用。每台机配两台射水抽气器，配两台射水泵，一台运行，一台备用。

设一台上水箱及三台上水泵，在启动前利用上水泵为锅炉及除氧器上水。夏季工况运行时补水系统不经过上水泵，采用化学除盐水直接补入凝汽器的补水方式。冬季工况时，除盐水经上水泵进入锅炉冷渣器加热，并入7号低压加热器凝结水出口管道，进入除氧器。

参 考 文 献

1. 王振铭. 我国热电联产的现状、前景与建议. 中国电力，2003，9：43～49
2. 王振铭. 中国热电联产与分布式能源的新发展. 沈阳工程学院学报（自然科学版），2006. 1：1～5
3. 王振铭. 我国热电联产的现状与发展. 中国电力，1999，10：66～69
4. 孙延海. 世界热电联产发展趋势. 电力设备，2004，7：31～33
5. 马仲元主编. 供热工程. 北京：中国电力出版社，2004
6. 杨玉恒主编. 发电厂热电联合生产及供热. 北京：水利电力出版社，1989
7. 武学素. 热电联产. 西安：西安交通大学出版社，1998
8. 高鄂，刘鉴民编. 热力发电厂. 上海：上海交通大学出版社，1995
9. 黄新元主编. 热力发电厂课程设计. 北京：中国电力出版社，2004
10. 姚秀平编著. 燃气轮机及其联合循环发电. 北京：中国电力出版社，2004
11. 郑体宽编. 热力发电厂. 北京：中国电力出版社，2001
12. 郑体宽主编. 热力发电厂. 北京：中国电力出版社，1997
13. 叶涛主编. 热力发电厂. 北京：中国电力出版社，2004
14. 靳智平主编. 电厂汽轮机原理及系统. 北京：中国电力出版社，2004
15. 程明一，阎洪环，石奇光合编. 热力发电厂. 北京：中国电力出版社，1998
16. 严俊杰，黄锦涛，张凯，屠珊，武学素. 发电厂热力系统及设备. 西安：西安交通大学出版社，2003
17. 武学素，高南烈合编. 热力发电厂习题集. 北京：水利电力出版社，1992
18. 辛长平编. 溴化锂吸收式制冷机实用教程. 北京：电子工业出版社，2004
19. 朱成章. 从热电联产走向冷热电联产. 国际电力，2000，02
20. 钟史明. 推广溴化锂制冷装置发展热电冷三联产. 区域供热，1997，4：83～94
21. 付林，江亿. 从发电煤耗看热电冷联供系统的热经济性. 热能动力工程，1999，1：10～13
22. 付林，江亿. 热电冷三联供系统的节能分析. 节能，1999，9：3～7
23. 付林，江亿. 几种溴化锂制冷机组应用型式的能耗分析. 制冷学报，1998，147～53
24. 贾明生，凌长明. 热电冷联产系统的几种主要评价模型分析. 制冷与空调，2004，8：34～38
25. 钟史明. 热电冷三联产节能效益讨论. 福建能源开发与节约，2003，4：9～11
26. 杨思文. 大力推广吸收式制冷机，发展热、电、冷联合生产. 热电冷联产学术交流会论文集，1997
27. 王振铭. 从能源需求看发展热、电、冷联产的战略意义. 热、电、冷联产学术交流会论文集，1997.
28. 赵迹. 热、电、冷三联供的原理和应用. 应用能源技术，2002，06
29. 何丽. 热电联产系统技术经济性分析. 华北电力大学（北京），2005
30. 熊霞利. 热电冷三联产系统的节能研究 [D]. 华中科技大学，2004
31. 国家电力信息网. 历年主要技术经济指标 http：//www. sp. com. cn/zgdl/dltj/d0105. htm
32. 清华 3E 暖通空调网：热电（冷）联产系统专题综述. http：//www. hvacr. com. cn/ztyj/rdlc/rdlc1. php
33. 双良集团网. 热电冷联供系统的常见模式及配置. http：//www. shuangliang. com. cn/xinping2-1. htm

34. 教学资源网. 氨的性质之课外阅读材料. http://www.hxok.net/article/show.asp?id=2473

35. 中国气体分离设备商务网. 氨吸收式制冷循环. http://www.cngspw.com/V30Books/ShowBook.asp?SubjectID=129&RootSubjectID=34

36. 冷暖空调网. 溴化锂冷水机组专题. http://whole.rhvacnet.com/topic/xiuhuali/6.htm

37. 中国能源网. 热电比大火电更节能—谢百军在热电联产行业生存现状与前景情况通报会发言. http://www.china5e.com/dissertation/cogen/20051019131444.html